水波动力学基础

SHUIBO DONGLIXUE JICHU

吴云岗 陶明德 编著

复旦大学 出版社

内容提要

本书主要讲述水波的一些基本物理现象，对水波动力学的初步知识进行了详细描述，在理论上涉及线性与非线性水波理论、内波理论、波流相互作用、与海洋物理学有关的旋转流体中的波动理论，还涉及近岸工程的近岸波浪理论等。

全书分成8章，内容丰富。从小振幅波理论开始，按浅水中的长波、非线性水波、流动中的波、内波、旋转流体中的波、近岸波浪的顺序分别独立成章，对各种波浪理论做了描述；同时，在数学处理上引入水波动力学中多种应用数学的方法，以解释各种水波的机制和现象，并注意各种理论和方法之间的联系和区别。本书在水波现象描述和水动力学知识的介绍中，尽量体现水波动力学学科本身的特点和规律，以帮助读者建立确实的水波的物理概念以及掌握一些常见的、重要的水波的数学处理方法，为他们今后进一步的工作和研究打下扎实的基础。

本书可作为高等院校流体力学专业高年级学生的选修课教材和研究生的专业基础课教材，也可供从事物理海洋学、海洋工程、船舶工程、港湾工程、水利工程等教学人员和研究人员参考。

前 言

·水·波·动·力·学·基·础·

波动现象是自然界最普遍的现象之一，水波的研究一直是科学和工程研究领域中的重要课题。尽管波动问题所涉及的领域不同，但是描述波动现象的方法却是相同的。

由于水波千姿百态，用肉眼就能观察到，因此很早就引起了人们的注意，可以说是人们最为熟悉的一种波。具有敏锐观察力的 da Vinci 就观察过由物体撞击水面而造成的水波，虽然他并未理解其机理，但他认为波动是可以叠加的。Newton 等科学家也都曾注意过水波。现在认为开始真正研究水波的应该是 Lagrange，也许是他独立地推导出了小振幅波理论的线性控制方程(1786)。实际上，Laplace 在早些时候就研究过一个初值问题(1776)：在液体表面上给定一个初值扰动，液体随后将如何运动？他从流体力学中的 Lagrange 方式而不是现在常用的 Euler 描述得到了流体质点的速度。随后，Cauchy 和 Poisson 详细讨论了一般的线性水波方程的初值问题。到后来，研究的科学家越来越多，有 Airy, Stokes, Kelvin, Rayleigh, Lamb, Boussinesq, Poincaré 等学者，水波的研究也越来越兴盛，它已经形成了一门相对比较成熟的理论学科体系。

在复旦大学出版社范仁梅同志的建议和支持下，我们决定在作者原有教材《水波引论》的基础上重新改编出版，希望本书既能作为本科或研究生在水波领域教学方面的教学参考书，又能作为从事波动研究有关科技工作者的入门教材。经同行建议，改名称为《水波动力学基础》。水波的研究已经经历了几个世纪，内容非常丰富，本书仅涉及水波动力学的初步知识，没有涉及海洋工程或随机波浪等理论，目的主要是为了使读者了解产生水波的机理和能够解释一些有关的波动现象，其次是使读者初步掌握水波的数学处理方法，希望本书能对读者有所裨益。

感谢复旦大学对于本书给予的出版基金资助！

作　者
2011 年 4 月

目 录

水 · 波 · 动 · 力 · 学 · 基 · 础

第一章 **绪论** 1
§1-1　概述 1
§1-2　水波的物理要素 1
§1-3　水波的基本方程 3

第二章 **小振幅波理论** 7
§2-1　水波问题的摄动展开 7
§2-2　行波和驻波 9
§2-3　容器中的驻波 15
§2-4　能量通量和群速度 19
§2-5　毛细波 21
§2-6　不定常运动 25
　　　2-6-1　问题的一般公式 25
　　　2-6-2　解的积分表达式 26
　　　2-6-3　Kelvin驻相法 29
　　　2-6-4　关于结果的讨论 32
§2-7　群速度的物理意义 34
§2-8　水波的缓慢调制 38
§2-9　水波的绕射 42
§2-10　水波的折射 48
§2-11　毛细射流的稳定性 55

第三章 **浅水中的长波** 58
§3-1　基本方程 58
§3-2　Boussinesq方程 61

§3–3 特征线法 ………………………………………………… 63
§3–4 孤立波 …………………………………………………… 68
§3–5 滚浪的形成 ……………………………………………… 71
§3–6 单斜波 …………………………………………………… 73
§3–7 变截面水道中的长波 …………………………………… 76
§3–8 静振 ……………………………………………………… 80
§3–9 潮汐 ……………………………………………………… 83
  3–9–1 引潮力 ……………………………………………… 84
  3–9–2 平衡理论 …………………………………………… 87
  3–9–3 动力理论 …………………………………………… 88

第四章 非线性水波 …………………………………………… 91
§4–1 深水中的 Gerstner 波 …………………………………… 91
§4–2 深水中的 Stokes 波 ……………………………………… 96
§4–3 漂移速度 ………………………………………………… 100
§4–4 幂级数求解 ……………………………………………… 107
§4–5 Boussinesq 方程和 KdV 方程 …………………………… 110
§4–6 Stokes 展开 ……………………………………………… 113
§4–7 椭圆余弦波 ……………………………………………… 117
§4–8 破坝问题 ………………………………………………… 120
§4–9 加速平板问题 …………………………………………… 126
§4–10 变分方法 ………………………………………………… 131
附录 (4.4.6)式的证明 ………………………………………… 136

第五章 流动中的波 …………………………………………… 138
§5–1 一个简单的模型 ………………………………………… 138
§5–2 波动的守恒量 …………………………………………… 140
  5–2–1 质量守恒 …………………………………………… 142
  5–2–2 动量守恒 …………………………………………… 144
  5–2–3 能量守恒 …………………………………………… 146
  5–2–4 一个例子 …………………………………………… 147
§5–3 在非均匀流动中的波动解 ……………………………… 149
  5–3–1 幂级数求解法 ……………………………………… 149
  5–3–2 渐近级数求解法 …………………………………… 153

    5-3-3 两个精确解 ………………………………………… 160
 §5-4 流动对激浪破碎的影响 ……………………………………… 164
 §5-5 在非均匀流动中水波的缓慢调制 …………………………… 168
 §5-6 在非均匀流动中的弱非线性波 ……………………………… 173
 附录 (5.3.49)式的证明 ………………………………………… 179

第六章　内波 …………………………………………………………… 182
 §6-1 界面的稳定性 ………………………………………………… 182
 §6-2 管中两层叠加流体的不稳定性 ……………………………… 186
 §6-3 界面上的波 …………………………………………………… 189
 §6-4 圆截面水槽中的内波 ………………………………………… 193
 §6-5 波运动的微分方程式 ………………………………………… 196
 §6-6 波运动的特征值问题 ………………………………………… 199
 §6-7 分层流体的稳定性问题 ……………………………………… 201
 §6-8 一些定性结果 ………………………………………………… 204
 §6-9 分层流体对坝上动压力的影响 ……………………………… 209

第七章　旋转流体中的波 ……………………………………………… 215
 §7-1 Coriolis 力和地转流动 ……………………………………… 215
 §7-2 惯性波 ………………………………………………………… 218
 §7-3 Rossby 波 ……………………………………………………… 220
 §7-4 定常螺旋运动中的惯性波 …………………………………… 223
 §7-5 旋转流动中的水跃 …………………………………………… 227
 §7-6 旋转流体中的长波方程 ……………………………………… 230
 §7-7 小振幅波运动 ………………………………………………… 234
 §7-8 Poincaré 波和 Kelvin 波 …………………………………… 238
 §7-9 河道和海洋中的 Rossby 波 ………………………………… 242
 §7-10 大洋中的波动 ……………………………………………… 246
 §7-11 问题 V 的特征值曲线 ……………………………………… 249
 §7-12 问题 H 的特征值曲线 ……………………………………… 252
 §7-13 地转效应对河口潮汐的影响 ……………………………… 255

第八章　近岸带的波浪 ………………………………………………… 259
 §8-1 浅化作用 ……………………………………………………… 259

§8-2 波在斜坡上的爬高 …………………………………… 263
§8-3 边缘波 …………………………………………………… 267
§8-4 破波和辐射应力 ……………………………………… 270
§8-5 增水和减水 …………………………………………… 277
§8-6 沿岸流 ………………………………………………… 282
§8-7 离岸流 ………………………………………………… 289

参考文献 ………………………………………………………… 295

第一章 绪 论

水·波·动·力·学·基·础

§1-1 概 述

波动是物质运动的重要形式,广泛存在于自然界。波动中被传递的物理量的扰动或振动有多种形式,例如,弦线中的波、空气或固体中的声波、水波、电磁波,等等。

我们知道,物体产生振动需要恢复力,要产生水波也必须有使水质点因受扰动而离开平衡位置后再回到原位置的力。在水波理论中,由于扰动导致流体惯性和恢复力之间的相互平衡引起了自由表面波。当这个恢复力主要是重力时,它所造成的波称为**重力波**;当这个力主要是表面张力时,它所造成的波就称为涟漪,或者称为**毛细波**;在某些场合,必须同时考虑重力和表面张力。另外,这种恢复力也可以是旋转系统中的 Coriolis 力,相应的波称为**惯性波**,也可以是宇宙中太阳和月亮的引力,等等。外力可以改变波动参数的值,但是各种波动现象还是有许多相同之处的。

§1-2 水波的物理要素

在进入水波的数学描述之前,我们先来回顾一下波动的基本的物理概念,水波的详细描述将见于后面各章。

直观上讲,波是以可识别的传播速度从介质的一部分传到另一部分的某种可识别的信号,这种信号可以是扰动的任何特征。受扰动物理量变化时具有时间周期性,在空间传递时又具有空间周期性,因此,受扰动物理量既是时间 t,又是空间位置 x 的周期函数。

假设某个向右传播的波可表示为 $\varphi = a\cos(kx - \omega t)$。在这个表达式中 a 是振幅，$\theta = kx - \omega t$ 代表波的**相位**，k 代表**波数**，$k = \dfrac{2\pi}{\lambda}$（$\lambda$ 即**波长**），其含义为单位距离通过的波的数量，方向沿着波的传播方向，ω 代表**圆频率**，$\omega = 2\pi f$（f 为**频率**），函数 $\omega = \omega(k)$ 由不同的具体的物理问题来确定。

对于单色波（单一频率波），假设某参考点在波的某个位置跟随波以同样的速度一起运动，这时相位等于常数（如这个位置在波峰上跟随一起运动，对于余弦波这个常数必为 2π 的某个整数倍数，即要保证参考点在波峰上，$kx - \omega t$ 必为某个 2π 的倍数）：$kx - \omega t =$ 常数，定义这个波速为 $c_0 = \dfrac{\Delta x}{\Delta t} = \dfrac{\omega}{k}$，称为**相速度**。

如果不是只有一个单色波，对于一列包含不同波数的波，形成波群或波包，每个 k 对应的波动模式将以不同的速度 $\dfrac{\omega(k)}{k}$ 传播，此时发生了**色散**。直观上看，一个波群的各个波的成分由于其频率不同，其传播速度也不同，而导致整个波群分解，这种现象即称为**色散现象**，具有这种现象的波称为**色散波**。当 $\omega'(k)$ 不是常数，而 $\omega''(k) \neq 0$ 时，就称波是色散的。对于各种色散波动理论，ω 和 k 存在函数关系 $\omega = \omega(k)$，称为**色散关系**。例如，在深水波和浅水波中的色散关系分别为 $\omega^2 = gk$ 和 $\omega^2 = ghk^2$（h 为水深）。水波是一种色散波，波速依赖于 k 也意味着波速随波长的不同而变化。在非均匀介质中，波速还与波的传播方向有关。

把两个波幅相同、但波数和频率稍有不同的行波叠加在一起，组成了一列波包：

$$\eta = a\sin(kx - \omega t) + a\sin[(k + \delta k)x - (\omega + \delta\omega)t], \qquad (1.2.1)$$

其中 $\dfrac{\delta k}{k} \ll 1$，$\dfrac{\delta\omega}{\omega} \ll 1$。(1.2.1)式可化为

$$\eta \approx 2a\cos\dfrac{1}{2}(x\delta k - t\delta\omega)\sin(kx - \omega t), \qquad (1.2.2)$$

其中，$A_g = 2a\cos\dfrac{1}{2}(x\delta k - t\delta\omega)$ 可看做波包振幅，这是一个调幅波。从(1.2.2)式可以看出，行波 $a\sin(kx - \omega t)$ 的幅值由于因子 A_g 而缓慢变化，这种情况称为原行波（基波）$a\sin(kx - \omega t)$ 被调制了（见图1-1），称 A_g 为调制波（携带和传递信息的是波包的振幅），并以速度

$$c_g = \dfrac{\delta\omega}{\delta k} \qquad (1.2.3)$$

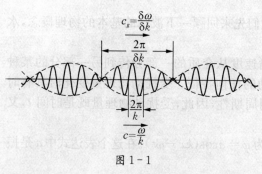

图 1-1

向前移动，其中 c_g 就称为**群速度**。群速度在水波(线性色散波)中是一个非常重要的概念。如果把 $\delta\omega$ 和 δk 看成为 $\mathrm{d}\omega$ 和 $\mathrm{d}k$，则

$$c_g = \frac{\mathrm{d}\omega}{\mathrm{d}k}. \tag{1.2.4}$$

因为 $c = \frac{\omega}{k}$，故 $\mathrm{d}\omega = \mathrm{d}(kc) = k\mathrm{d}c + c\mathrm{d}k$。又因为 $k = \frac{2\pi}{\lambda}$，故 $\mathrm{d}k = -2\pi \frac{\mathrm{d}\lambda}{\lambda^2}$。因此(1.2.4)式也可以写为

$$c_g = c - \lambda \frac{\mathrm{d}c}{\mathrm{d}\lambda}. \tag{1.2.5}$$

水的可压缩性很小，出现于波峰中的水必须由邻近波谷中的水来补充。也就是说，水波中的每个质点都处于纵向运动和横向运动的某种合成运动之中，在小振幅波理论中将清楚地表明这一点。因此，水波将不是通常意义下的纵波或者横波。

§1-3 水波的基本方程

现在我们来建立水波的数学控制方程。如图 1-2 所示，假定在初始时流体处于静止状态，并充满了空间 $R_0: -h(x,z) \leqslant y \leqslant 0$，$-\infty < x, z < \infty$。当 $t = 0$ 时，在自由面上的某一区域 D 中产生了一个扰动，要求确定 $t > 0$ 以后流体的运动，同时还要确定静止水面产生了波动以后自由面的形状 $y = \eta(x, z, t)$，这样最后的求解区域实际上变成了

$$R: -h(x, z) \leqslant y \leqslant \eta(x, z, t),$$
$$-\infty < x, z < \infty.$$

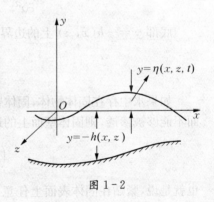

图 1-2

这里暂且假定水体为不可压缩的无黏流体，设流体的速度矢量为 $\mathbf{V}$(大小为 V)，其分量为 u, v, w，可得 Euler 方程：

$$\frac{\partial u}{\partial x} + \frac{\partial v}{\partial y} + \frac{\partial w}{\partial z} = 0, \tag{1.3.1}$$

$$\frac{\partial u}{\partial t} + u\frac{\partial u}{\partial x} + v\frac{\partial u}{\partial y} + w\frac{\partial u}{\partial z} = -\frac{1}{\rho}\frac{\partial p}{\partial x},$$

$$\frac{\partial v}{\partial t}+u\frac{\partial v}{\partial x}+v\frac{\partial v}{\partial y}+w\frac{\partial v}{\partial z}=-\frac{1}{\rho}\frac{\partial p}{\partial y}-g, \quad (1.3.2)$$

$$\frac{\partial w}{\partial t}+u\frac{\partial w}{\partial x}+v\frac{\partial w}{\partial y}+w\frac{\partial w}{\partial z}=-\frac{1}{\rho}\frac{\partial p}{\partial z}$$

或者简记为

$$\nabla \cdot \boldsymbol{V} = 0, \quad (1.3.3)$$

$$\frac{\partial \boldsymbol{V}}{\partial t}+\boldsymbol{V}\cdot\nabla \boldsymbol{V}=-\frac{1}{\rho}\nabla p+\boldsymbol{g}, \quad (1.3.4)$$

其中 $\boldsymbol{g} = \nabla(-gy)$。再假定流体正压,作用在流体上的体力是有势的,而且流体从静止开始运动,那么根据 Helmholtz 定理可知流体的运动是无旋的。由于无旋,则有 $\boldsymbol{\Omega} = \mathrm{rot}\,\boldsymbol{V} = \boldsymbol{0}$,因此,无旋运动存在着速度势 φ,使得 $\boldsymbol{V} = \mathrm{grad}\,\varphi$。由流体不可压缩知 $\mathrm{div}\,\boldsymbol{V} = 0$。所以,最后有 $\mathrm{div}\,\mathrm{grad}\,\varphi = 0$,亦即

$$\nabla^2 \varphi = 0 \quad (在 R 中)。 \quad (1.3.5)$$

这是一个 Laplace 方程,在直角坐标系中为

$$\frac{\partial^2 \varphi}{\partial x^2}+\frac{\partial^2 \varphi}{\partial y^2}+\frac{\partial^2 \varphi}{\partial z^2}=0。 \quad (1.3.6)$$

底部 $y = -h(x, z)$ 上的边界条件是:速度的法向分量为零,即

$$\frac{\partial \varphi}{\partial n} = 0。 \quad (1.3.7)$$

如果水中存在固体物体,固体壁面 S 也将成为流体的一个边界,假设固体壁面不能够被渗透,则固体壁面上的运动学边界条件为

$$\left(\frac{\partial \varphi}{\partial n}\right)_S = v_n。 \quad (1.3.8)$$

也就是说,紧贴在固体表面上任意一点的流体质点在该点上的法向速度等于物体表面上任意一点的法向速度,在这种情形下流体既没有流入物体的内部,也没有脱离物体表面,保证了壁面的不可渗透性质。

自由面上的表面条件则包括运动学条件和动力学条件。

自由面上的运动学条件是:**自由面上的流体质点永远在自由面上**。下面我们用 Lagrange 方法来推导这个条件。设 $F(x, y, z, t) = 0$ 为自由面方程,自由面上某质点 P 的坐标为

$$x = f(a, b, c, t),$$
$$y = g(a, b, c, t),$$

$$z = h(a, b, c, t),$$

其中 a, b, c 为 $t = 0$ 时该质点的直角坐标,我们来考察质点 P 的运动。根据运动学条件可知点 P 的坐标恒满足自由面方程,即

$$F(f(a, b, c, t)), (g(a, b, c, t), h(a, b, c, t), t) \equiv 0,$$

所以有

$$\frac{\mathrm{d}F}{\mathrm{d}t} = 0,$$

即

$$\frac{\partial F}{\partial x}\frac{\mathrm{d}x}{\mathrm{d}t} + \frac{\partial F}{\partial y}\frac{\mathrm{d}y}{\mathrm{d}t} + \frac{\partial F}{\partial z}\frac{\mathrm{d}z}{\mathrm{d}t} + \frac{\partial F}{\partial t} = 0。 \qquad (1.3.9)$$

(1.3.9)式就是自由面上的运动学条件。为进一步来了解(1.3.9)式的含义,我们来考察二维的情况。在二维情况中,因为 $y = \eta(x, t)$,所以 $F = \eta(x, t) - y$,上式简化为

$$\frac{\partial \varphi}{\partial y} = \frac{\partial \eta}{\partial t} + \frac{\partial \varphi}{\partial x}\frac{\partial \eta}{\partial x}。 \qquad (1.3.10)$$

如图 1-3 所示,质点 P 在垂直方向上的速度 $\dfrac{\partial \varphi}{\partial y}$ 应该包括两个部分:一部分是因为点 P 在自由面上,故随着自由面的升降而获得速度 $\dfrac{\partial \eta}{\partial t}$;另一部分是因为点 P 只能沿着自由面运动,故水平方向的速度 $\dfrac{\partial \varphi}{\partial x}$ 必须使点 P 获得一个垂直方向的速度 $\dfrac{\partial \varphi}{\partial x} \cdot \dfrac{\partial \eta}{\partial x}$。这两个部分分别为(1.3.10)式右边的前后两项。

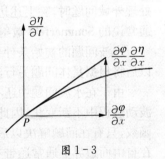

图 1-3

自由面上的动力学条件是:**自由面上的压力为常数(大气压)**。由

$$\nabla\left(\frac{V^2}{2}\right) = \nabla\left(\frac{\boldsymbol{V} \cdot \boldsymbol{V}}{2}\right) = (\boldsymbol{V} \cdot \nabla)\boldsymbol{V} + \boldsymbol{V} \times (\nabla \times \boldsymbol{V}),$$

Euler 方程可化为 Lamb 方程

$$\frac{\partial \boldsymbol{V}}{\partial t} + \nabla\left(\frac{V^2}{2}\right) - \boldsymbol{V} \times (\nabla \times \boldsymbol{V}) = -\frac{1}{\rho}\nabla p + \boldsymbol{g}。 \qquad (1.3.11)$$

根据无旋条件 $\mathrm{rot}\,\boldsymbol{V} = \nabla \times \boldsymbol{V} = \boldsymbol{0}$ 代入 Lamb 方程,并且考虑 $\boldsymbol{V} = \mathrm{grad}\,\varphi$,可化为

$$\nabla\left(\frac{\partial \varphi}{\partial t} + \frac{1}{2}V^2 + \frac{p}{\rho} + gy\right) = \boldsymbol{0}。 \qquad (1.3.12)$$

沿着流线积分后可得到 Lagrange 积分

$$\frac{\partial \varphi}{\partial t} + \frac{1}{2}V^2 + \frac{p}{\rho} + gy = c(t), \quad (1.3.13)$$

其中 $c(t)$ 为时间 t 的某个待定函数,对于不同流线,该函数是不同的。若流动是定常的,则

$$\frac{1}{2}V^2 + \frac{p}{\rho} + gy = c, \quad (1.3.14)$$

c 为某个常数,适用于整个流场。在波动中,在自由面上,压力为常数,则有

$$\frac{\partial \varphi}{\partial t} + \frac{1}{2}(\nabla \varphi)^2 + g\eta = 0, \quad (1.3.15)$$

其中常数 $c(t)$ 已经吸收到 φ 中去了。

在有些问题中,在无穷远处,即当 $x \to \pm \infty$, $z \to \pm \infty$ 时,还要求 φ 和 η 保持有限值,或者它们的函数值及其导数值都要趋于零,这要视问题的性质而定。由于自由表面的存在,问题的性质与无限流场的情况有很大的差别。这时流场的某处一受到扰动,在自由面上就会有波动,波动向外传播直致无限远处,所以在处理外域问题时,除上述边界条件外,还需要给出无限远处的边界条件,这就是通常说的 **Sommerfeld 散射条件**(见§2-9)。

水波问题的初始条件要求在初始时给定自由面的形状和速度场,初始条件以后将根据具体问题另行给出。

由于在水波问题中还有一个自由面(空气与水的界面)问题,而且自由面在波动过程中不断变化,因此,自由面这一边界不能预先给定,其位置是一个未知函数,只有在问题解决以后才能给定,这就是所谓的不定边界问题。除此之外,在自由面边界上通常还带有非线性边界条件,这些正是处理水波问题的困难所在。因此,我们在归结水波问题时就要做些假定和简化,在求解问题时还需要做进一步的假定和简化。从数学上讲,由于处理一般非线性问题是很困难的,因此,在使用水波问题的精确关系式来求解具体波动方面,以前在很长一段时间内几乎没有取得什么进展。但近年来,在浅水中有限振幅波的研究方面却取得了一系列成果。在解的存在性方面,虽然人们仅证明了在均匀水深时二维有限振幅周期行波的存在性以及在均匀水深条件下二维孤立波的存在性,但这并不妨碍我们去求解各种各样的水波问题。

第二章 小振幅波理论

水·波·动·力·学·基·础

前面说过,水波问题通常是带有非线性边界条件的不定边界问题,在解具体的某个问题时要根据特定条件需要加以简化。在水波问题中,一般采取数学物理方程中的摄动方法,把水波问题的解按照某个小参数用渐近级数展开,一阶近似的解即为**小振幅波(Airy 波)**。比如,这个小参数可设为波高与波长之比,小振幅波的振幅和速度都是小量,其压力由静水压力和动压力组成。本章除了讨论简谐变化的周期解外,还考察了自由面受到初始扰动后而产生的不定常运动;最后,我们还讨论了水波绕射和折射等现象,实际上,在任何波动中都会产生这些现象。

§2-1 水波问题的摄动展开

由第一章可知水波的控制方程为

$$\nabla^2 \varphi = 0; \tag{2.1.1}$$

自由面运动学和动力学边界条件为

$$\eta = u\frac{\partial \eta}{\partial x} + w\frac{\partial \eta}{\partial z} \quad (y = \eta(x, z, t)), \tag{2.1.2}$$

$$\frac{\partial \varphi}{\partial t} + \frac{1}{2}(\nabla \varphi)^2 + g\eta = 0 \quad (y = \eta(x, z, t)); \tag{2.1.3}$$

底部边界条件为

$$\frac{\partial \varphi}{\partial n} = 0 \quad (y = -h(x, z)). \tag{2.1.4}$$

(2.1.2)式、(2.1.3)式关于未知函数都是非线性的,而且都在不定边界 $y = \eta(x, z, t)$ 上成立,这就使求解十分困难。为此,我们采用一种近似处理的方法——小振幅波理论来讨论水波问题。在用这种方法处理问题时,要把 φ 和 η 分别展开成某一小参数 ε 的渐近级数

$$\varphi = \varepsilon\varphi^{(1)}(x, y, z, t) + \varepsilon^2\varphi^{(2)}(x, y, z, t) + \cdots, \tag{2.1.5}$$

和

$$\eta = \varepsilon\varphi^{(1)}(x, z, t) + \varepsilon^2\varphi^{(2)}(x, z, t) + \cdots. \tag{2.1.6}$$

将(2.1.5)式代入(2.1.1)式和(2.1.4)式后,比较等式两边 ε^k 的系数,得

$$\nabla^2 \varphi^{(k)} = 0, \tag{2.1.7}$$

和

$$\frac{\partial \varphi^{(k)}}{\partial n} = 0. \tag{2.1.8}$$

再将(2.1.5)式和(2.1.6)式代入(2.1.3)式,并把 $\varphi^{(k)}(x, y, z, t)$ 及其偏导数都在 $y = 0$ 处展开,则有

$$\varphi^{(k)}(x, y, z, t)|_{y=\eta(x, z, t)}$$
$$= \varphi^{(k)}(x, 0, z, t) + \frac{\partial \varphi^{(k)}(x, 0, z, t)}{\partial y}\eta + \frac{1}{2}\frac{\partial^2 \varphi^{(k)}(x, 0, z, t)}{\partial y^2}\eta^2 + \cdots,$$

相应地,偏导数也有类似的展开式。然后,再比较等式两边 ε^k 的系数,得

$$\varepsilon^1 : g\eta^{(1)} + \frac{\partial \varphi^{(1)}}{\partial t} = 0, \tag{2.1.9a}$$

$$\varepsilon^2 : g\eta^{(2)} + \frac{\partial \varphi^{(2)}}{\partial t} = -\frac{1}{2}\left[\left(\frac{\partial \varphi^{(1)}}{\partial x}\right)^2 + \left(\frac{\partial \varphi^{(1)}}{\partial y}\right)^2 + \left(\frac{\partial \varphi^{(1)}}{\partial z}\right)\right] - \eta^{(1)}\frac{\partial^2 \varphi^{(1)}}{\partial t \partial y}, \tag{2.1.9b}$$

……

$$\varepsilon^n : g\eta^{(n)} + \frac{\partial \varphi^{(n)}}{\partial t} = F^{(n-1)}. \tag{2.1.9c}$$

注意在 $y = 0$ 上已成立(2.1.9)式了,其中记号 $F^{(n-1)}$ 表示 $\eta^{(n)}$ 和 $\varphi^{(k)}(k \leqslant n-1)$ 的某一函数组合。最后,将(2.1.5)式和(2.1.6)式代入(2.1.2)式,按照推导(2.1.9)式的方法,可得

$$\varepsilon^1 : \frac{\partial \eta^{(1)}}{\partial t} = \frac{\partial \varphi^{(1)}}{\partial y}, \tag{2.1.10a}$$

$$\varepsilon^2 : \frac{\partial \eta^{(2)}}{\partial t} = \frac{\partial \varphi^{(2)}}{\partial y} - \frac{\partial \varphi^{(1)}}{\partial x}\frac{\partial \eta^{(1)}}{\partial x} - \frac{\partial \varphi^{(1)}}{\partial z}\frac{\partial \eta^{(1)}}{\partial z} + \eta^{(1)}\frac{\partial^2 \varphi^{(1)}}{\partial y^2}, \tag{2.1.10b}$$

……

$$\varepsilon^n : \frac{\partial \eta^{(n)}}{\partial t} = \frac{\partial \varphi^{(n)}}{\partial y} + G^{(n-1)}. \tag{2.1.10c}$$

注意在 $y = 0$ 上已成立(2.1.10)式,其中记号 $G^{(n-1)}$ 也表示 $\eta^{(n)}$ 和 $\varphi^{(k)}(k \leqslant n-1)$ 的某一函数组合。由此可见,上述处理方法是将速度势在水平的静止位置附近

展开的方法,利用得到的这些式子,原则上可逐次计算级数(2.1.5)和(2.1.6)中的各项。当然,我们要假定这些级数是收敛的。

下面我们来考察一种近似方法,即**小振幅波理论**。如果级数(2.1.5)和(2.1.6)只取一阶项,就是说 $\varphi = \varepsilon\varphi^{(1)}$ 和 $\eta = \varepsilon\eta^{(1)}$。这时,方程(2.1.7)和底部条件(2.1.8)化为

$$\nabla^2 \varphi = 0 \quad (-h(x, z) < y < 0), \qquad (2.1.11)$$

和

$$\frac{\partial \varphi}{\partial n} = 0 \quad (y = -h(x, z)); \qquad (2.1.12)$$

自由面上的边界条件(2.1.9a)和(2.1.10a)就分别化为

$$g\eta + \frac{\partial \varphi}{\partial t} = 0 \quad (y = 0), \qquad (2.1.13)$$

和

$$\frac{\partial \eta}{\partial t} - \frac{\partial \varphi}{\partial y} = 0 \quad (y = 0)。 \qquad (2.1.14)$$

把上述两个条件在消去 η 后组合起来就可以得到 Cauchy-Poisson 条件

$$g\frac{\partial \varphi}{\partial y} + \frac{\partial^2 \varphi}{\partial t^2} = 0。 \qquad (2.1.15)$$

用上面的几个式子确定了速度势 φ 后,就可以求得一阶近似下的压力 p。假定自由面处的压力为零,根据 Bernoulli 方程可知水中某点的压力为

$$\frac{p}{\rho} = -gy - \frac{\partial \varphi}{\partial t}。 \qquad (2.1.16)$$

由此可见,(2.1.16)式右边的第一项表示流体的静压力,而第二项则表示由波动引起的动压力。

由于将自由面上的边界条件取为一阶近似,因此问题得到了很大的简化。这样做不仅使问题变为线性问题,同时也使不定边界问题转化为固定边界问题。因此,从数学观点来看,小振幅波理论只是位势理论中典型的边值问题,处理起来当然就非常简单了。

§2-2 行波和驻波

为简单起见,这里我们只考虑二维的情形。假定各物理量沿 z 轴是不变的,而且底部是水平直线(见图 2-1)。那么,速度势 φ 满足

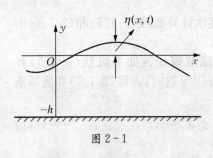

图 2-1

$$\frac{\partial^2 \varphi}{\partial x^2} + \frac{\partial^2 \varphi}{\partial y^2} = 0。 \quad (2.2.1)$$

在自由面 $y=0$ 上,有

$$g\frac{\partial \varphi}{\partial y} + \frac{\partial^2 \varphi}{\partial t^2} = 0; \quad (2.2.2)$$

在底部 $y=-h$ 上,有

$$\frac{\partial \varphi}{\partial y} = 0。 \quad (2.2.3)$$

在由上面 3 个式子求得 φ 后,可再分别由(2.1.14)式和(2.1.16)式求得自由面的形状和压力。

暂时我们不考虑初始条件,而是先找出边值问题的周期解,以便能对波的性质和一些重要参数有所了解。然后,把这些周期解叠加起来,就可以得到满足初始条件的水波问题的解(见 §2-6)。

由于上述方程和边界条件都是线性和齐次的,故可采用分离变量的方法来求解。首先设

$$\varphi(x, y, t) = \varphi_1(x, y) e^{-i\omega t}, \quad (2.2.4)$$

当然,所需的结果应取 φ 的实部或虚部。这是一种随时间简谐变化的周期解,其中 ω 为波动频率,周期 $T = \dfrac{2\pi}{\omega}$。将 φ 代入(2.2.1)~(2.2.3)各式得

$$\frac{\partial^2 \varphi_1}{\partial x^2} + \frac{\partial^2 \varphi_1}{\partial y^2} = 0, \quad (2.2.5)$$

$$g\frac{\partial \varphi_1}{\partial y} - \omega^2 \varphi_1 = 0 \quad (y=0), \quad (2.2.6)$$

$$\frac{\partial \varphi_1}{\partial y} = 0 \quad (y=-h)。 \quad (2.2.7)$$

如再设

$$\varphi_1 = X(x)\varphi_2(y),$$

则由(2.2.5)式可得

$$-\frac{X''}{X} = \frac{\varphi_2''}{\varphi_2} = k^2。$$

常数取成正数 k^2 是为了保证在 x 方向具有波动特征。由上式得到关于 X 的方程为

$$X'' + k^2 = 0.$$

这是一个最简单的 Helmoholtz 方程,其解为 e^{ikx}。如果从物理观点来看,只能在 x 方向引起波动,故也可直接设

$$\varphi_1 = \varphi_2(y)e^{ikx}, \qquad (2.2.8)$$

其中 k 为波动波数,波长 λ 为 $\lambda = \dfrac{2\pi}{k}$。这样,关于 φ_2 的方程和边界条件就化为

$$\dfrac{\partial^2 \varphi_2}{\partial y^2} - k^2 \varphi_2 = 0,$$

$$g\dfrac{\partial^2 \varphi_2}{\partial y^2} - k^2 \varphi_2 = 0 \quad (y=0),$$

$$\dfrac{\partial \varphi_2}{\partial y} = 0 \quad (y=-h)。$$

满足上述方程和底部条件的解为

$$\varphi_2 = D\,\mathrm{ch}\,k(y+h)。 \qquad (2.2.9)$$

为要得到非零解,即为了使 $D \neq 0$,则必须有

$$\omega^2 = gk\,\mathrm{th}\,kh。 \qquad (2.2.10)$$

这就是说,对于给定的某一个 k,在(2.2.4)式中引进的 ω 就不能随便选取,它一定要满足(2.2.10)式。ω 就是常微分方程特征值问题中的特征值,而 ω^2 就是特征函数。(2.2.10)式称为**色散关系式**,这是波动问题中一个非常重要的关系式。

将(2.2.8)和(2.2.9)两式代入(2.2.4)式可得

$$\varphi = D\,\mathrm{ch}\,k(y+h)e^{i(kx-\omega t)}。$$

取 φ 的实部代入(2.1.14)式,求得自由面高度为

$$\eta = -\dfrac{\omega}{g} D\,\mathrm{ch}\,kh\,\sin(kx-\omega t)。$$

令 $a = -\dfrac{\omega}{g}D\,\mathrm{ch}\,kh$,则 $D = \dfrac{-ga}{\omega\,\mathrm{ch}\,kh}$。因此

$$\eta = a\sin(kx-\omega t), \qquad (2.2.11a)$$

或者

$$\eta = a\sin k(x-ct), \qquad (2.2.11b)$$

其中 a 为波幅,c 由下面的(2.2.13)定义。相应地,用波幅 a 表示的速度势 φ 为

$$\varphi = -\dfrac{ga}{\omega}\dfrac{\mathrm{ch}\,k(y+h)}{\mathrm{ch}\,kh}\cos(kx-\omega t), \qquad (2.2.12a)$$

或者由(2.2.10)式得到

$$\varphi = -\frac{\omega a}{k}\frac{\operatorname{ch} k(y+h)}{\operatorname{sh} kh}\cos(kx-\omega t)。 \tag{2.2.12b}$$

下面我们再对一些波动参数作些说明。先考察波形上,某一高度上的一个点(例如波峰)的移动速度,由(2.2.11)式可知,要使该点在移动过程中保持高度不变,则要求相位 $kx-\omega t$ 也保持不变,若记该点的移动速度为 c 的话,则有

$$c = \frac{\mathrm{d}x}{\mathrm{d}t} = \frac{\omega}{k}。 \tag{2.2.13}$$

同相位的点的移动速度称为**相速度**。因为现在的波形是一正弦波形,故相速度也是正弦波形的移动速度,因此,由(2.2.11)式所表示的波形成为**行波**。如果固定(2.2.11)式中的 t,则可知波数 k 就是在 2π 长度上所包含的波的个数;如果固定该式中的 x,则可知频率 ω 就是在 2π 时间内从左向右通过点 x 的波的个数。因此,在单位时间内通过点 x 的波的个数为 $\frac{\omega}{2\pi}$,而每个波所占据的长度为 $\frac{2\pi}{k}$(即波长),故在单位时间内通过点 x 的长度即波形移动的距离为 $\frac{\omega}{k}$,这一比值就是相速度 c。波高为零的点称为**节点**,节点也以相速度 c 运动。

从(2.2.11)式可知,小振幅行波在传播过程中波幅保持不变,因此,对于给定波数为 k 的一个行波来说,求解波动问题就是要知道行波的传播速度,或者只需知道行波的频率即可。归根结底只需知道色散关系式(2.2.10)即可。色散关系式(2.2.10)如用相速度 c 和波长 λ 来表示则为

$$c = \sqrt{\frac{g\lambda}{2\pi}\operatorname{th}\frac{2\pi h}{\lambda}}, \tag{2.2.14a}$$

或者取成无量纲形式为

$$\frac{c}{\sqrt{gh}} = \sqrt{\frac{\lambda}{2\pi h}\operatorname{th}\frac{2\pi h}{\lambda}}。 \tag{2.2.14b}$$

当 $\frac{2\pi h}{\lambda} \ll 1$ 即在浅水时,$\frac{c}{\sqrt{gh}} \approx 1$;而当 $\frac{2\pi h}{\lambda} \gg 1$,即在深水时,$\frac{c}{\sqrt{gh}} \approx \sqrt{\frac{\lambda}{2\pi h}}$。色散关系式可用图形表示(见图 2-2)。图上虚线表示两种极端情况下的近似曲线。

但波流由深海向岸边传播时,由于深度 h 逐渐变小,因此相速度 $c = \sqrt{gh}$ 也逐渐变小,如图 2-3 所示,波峰就会越来越平行于海岸。因此,当人们瞭望大海的波浪时,总觉得波浪是迎面而来的。

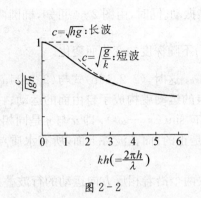

图 2-2

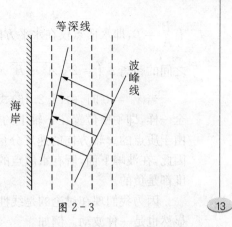

图 2-3

最后,让我们来求行波的单个水质点的轨迹。设 δx 和 δy 表示偏离质点平衡位置 (x_0, y_0) 的位移,假定 δx 和 δy 及其导数都是小量,因此,当忽略高阶小量后,在 $(x_0+\delta x, y_0+\delta y)$ 处的速度仍等于 (x_0, y_0) 处的速度,于是

$$\frac{\mathrm{d}\delta x}{\mathrm{d}t} = u(x_0+\delta x, y_0+\delta y, t)$$
$$\approx u(x_0, y_0, t) = a\omega \frac{\operatorname{ch} k(y_0+h)}{\operatorname{sh} kh}\sin(kx_0-\omega t).$$

沿着质点运动的轨道,从 t_0 到 t 积分上式,可得

$$\delta x = x - x_0 = a\frac{\operatorname{ch} k(y_0+h)}{\operatorname{sh} kh}\cos(kx_0-\omega t). \qquad (2.2.15\mathrm{a})$$

同理

$$\delta y = y - y_0 = a\frac{\operatorname{sh} k(y_0+h)}{\operatorname{sh} kh}\sin(kx_0-\omega t). \qquad (2.2.15\mathrm{b})$$

记

$$A = a\frac{\operatorname{ch} k(y_0+h)}{\operatorname{sh} kh}, B = a\frac{\operatorname{sh} k(y_0+h)}{\operatorname{sh} kh}. \qquad (2.2.16)$$

可见,行波的单个质点的轨迹为一椭圆,且其长轴和短轴分别为 A 和 B(见图 2-4),由(2.2.15)式可知质点沿椭圆按顺时针方向运动,并且椭圆的长、短轴之比 $\frac{B}{A}(=\operatorname{th} k(y_0+h))$ 随深度 (y_0) 的增大而减小,在底部 $y_0=-h$ 处

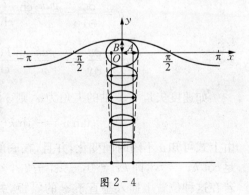

图 2-4

有 $\frac{B}{A} = 0$,即水质点仅在水平方向作简谐振动。同时,由图 2-4 可知,椭圆两焦点之间的距离 $2c \left(= 2\sqrt{A^2 - B^2} = \dfrac{2a}{\operatorname{sh} kh} \right)$ 不随深度的变化而变化。

当 $y_0 = 0$ 时,由(2.2.16)式有 $B = a$,这时,(2.2.15b)式与(2.2.11a)式完全一样,即平衡位置在 x 轴上的各水质点的运动就构成了自由面的运动。另外,由于质点的 x 轴方向的速度分量 u 中也有 $\sin(kx_0 - \omega t)$,即 u 与 η 是同相位的。因此,在波峰下面,所有水质点的速度都是正的;而在波谷下面,所有水质点的速度都是负的。

因为我们现在讨论的是线性问题,故两个沿着相反方向运动的行波叠加后,显然也是一种波动。例如

$$\eta(x, t) = \frac{[a\sin(kx + \omega t) + a\sin(kx - \omega t)]}{2}$$
$$= a\cos kx \cos \omega t。 \tag{2.2.17}$$

从上式可知,这种波与行波不同,它的节点在波动过程中不再移动,故称这种波为**驻波**。

对于(2.2.17)式所表示的驻波,根据(2.2.12)式可知其速度势为

$$\varphi = -\frac{\left[\dfrac{ga}{\omega}\dfrac{\operatorname{ch} k(y+h)}{\operatorname{ch} kh}\cos(kx + \omega t) + \dfrac{ga}{\omega}\dfrac{\operatorname{ch} k(y+h)}{\operatorname{ch} kh}\cos(kx - \omega t)\right]}{2}$$
$$= -\frac{ga}{\omega}\frac{\operatorname{ch} k(y+h)}{\operatorname{ch} kh}\cos kx \cos \omega t。$$
$$\tag{2.2.18}$$

水质点的速度为

$$u = \frac{\partial \varphi}{\partial x} = \frac{gak}{\omega}\frac{\operatorname{ch} k(y+h)}{\operatorname{ch} kh}\sin kx \cos \omega t, \tag{2.2.19a}$$

$$v = \frac{\partial \varphi}{\partial y} = -\frac{gak}{\omega}\frac{\operatorname{sh} k(y+h)}{\operatorname{ch} kh}\cos kx \cos \omega t。 \tag{2.2.19b}$$

如速度矢量与 x 轴的夹角为 α,则 α 满足

$$\tan \alpha = -\operatorname{th} k(y+h)\cot kx。 \tag{2.2.20}$$

由上式可知 α 不随时间变化,并且,在底部 $y = -h$ 处,水质点只作水平运动;在满足 $\cot kx = \infty$,即 $kx = 0, \pm\pi, \pm 2\pi, \cdots$ 的 x 处,水质点只作垂直运动。因此,若在这种位置上插入垂直于 x 的隔板,并不影响波动场。这样,我们就得到了

在有限容器中的驻波运动(见图2-5)。显然，这时容器的宽度必是半波长$\left(\dfrac{\pi}{k} = \dfrac{\lambda}{2}\right)$的整数倍。

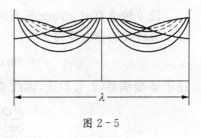

图2-5

不论行波和驻波，上述公式都是在有限水深时导得的。若要求出无限水深时的结果，只要令上述公式中的h趋于无限大就可直接得到。这里就不再另行给出了。

下面讨论一种测量海浪波幅的方法，这种方法是在海底安置一个压力传感器，然后利用海浪压力的幅度A来换算海浪的波幅a。我们按(2.1.16)式右端的第二项来计算出某一行波的动压力p_D为

$$p_D = \rho \dfrac{\partial \varphi}{\partial t} = \rho g a \dfrac{\operatorname{ch} k(y+h)}{\operatorname{ch} kh}\sin(kx - \omega t) 。$$

在底部$y = -h$处的动压力为

$$p_D = \rho g a \dfrac{\sin(kx - \omega t)}{\operatorname{ch} kh} 。$$

底部感受到的动压力的幅度A为

$$A = \dfrac{\rho g a}{\operatorname{ch} kh} 。$$

利用色散关系式(2.2.10)，上式可化为

$$A = \dfrac{\rho a c^2}{h}\left(\dfrac{\operatorname{sh} kh}{kh}\right)^{-1} = \dfrac{\rho a c^2}{h}\left(1 + \dfrac{(kh)^2}{3!} + \dfrac{(kh)^4}{5!} + \cdots\right)^{-1} 。 \quad (2.2.21)$$

对于波数很小即波长很长的波，因为$kh \ll 1$，故$A \approx \dfrac{\rho a c^2}{h}$，可见，利用测得的动压力幅度$A$能换算出行波的幅度$a$。但对于波数很大即波长很短的波，因为$kh \gg 1$，故$A = 0$。这时，海底水压式波高仪就显示不出动压力。因此，由于滤波的原因，短波的波幅就不能由底部的动压力分布推算出来[1]。

§2-3 容器中的驻波

早在1831年Faraday就曾观察到：当以一定的振幅和频率使容器作周期性的上下运动时，容器里的流体就会形成驻波。上节中我们曾提到过有限容器中的二维驻波，这一节我们来讨论有限容器中的三维驻波。

设 y 轴垂直向上，xz 平面为未扰动平面，底部为水平的，且深度为 h。不妨设三维驻波的速度势为

$$\varphi = \sin \omega t \operatorname{ch} k(y+h)\Phi(x,z)。 \tag{2.3.1}$$

由于 Φ 要满足(2.1.1)式，因此 $\Phi(x,z)$ 要满足 Helmholtz 方程

$$\frac{\partial^2 \Phi}{\partial x^2} + \frac{\partial^2 \Phi}{\partial z^2} + k^2 \Phi = 0, \tag{2.3.2}$$

或

$$\frac{\partial^2 \Phi}{\partial x^2} + \frac{\partial^2 \Phi}{\partial z^2} + \left(\frac{2\pi}{\lambda}\right)^2 \Phi = 0。 \tag{2.3.3}$$

设水质点的平衡位置为 (x,y,z)，质点相对于平衡位置的偏离为 $(\delta x, \delta y, \delta z)$，则在一阶近似下，有

$$\frac{\mathrm{d}\delta x}{\mathrm{d}t} = u = \frac{\partial \varphi}{\partial x}, \frac{\mathrm{d}\delta y}{\mathrm{d}t} = v = \frac{\partial \varphi}{\partial y}, \frac{\mathrm{d}\delta z}{\mathrm{d}t} = w = \frac{\partial \varphi}{\partial z}。$$

因此

$$\frac{\mathrm{d}\delta y}{\mathrm{d}t} = v = k \sin \omega t \operatorname{sh} k(y+h) \Phi(x,z)。$$

关于 t 积分后，得

$$\delta y = -\frac{k}{\omega} \cos \omega t \operatorname{sh} k(y+h)\Phi(x,z)。 \tag{2.3.4}$$

这里假定了当 $y = -h$ 时 $\delta y = 0$，此积分常数就消失了。在某一时刻 t，垂直位移为常数 c^* 的点就构成一些在水平面内的平面曲线，这些曲线的方程为

$$\Phi(x,z) = -\frac{c^* \omega}{k \cos \omega t \operatorname{sh} kh} = 常数。 \tag{2.3.5}$$

这样的曲线称为**等高线**，当上述常数为零时，等高线就称为节线。

我们再来讨论流线。现在的**流线**是由

$$\frac{\mathrm{d}x}{u} = \frac{\mathrm{d}z}{w}$$

定义的在水平面内的平面曲线。这个曲线方程很容易改写为

$$\frac{\mathrm{d}x}{\frac{\partial \Phi}{\partial x}} = \frac{\mathrm{d}z}{\frac{\partial \Phi}{\partial z}}。 \tag{2.3.6}$$

由(2.3.5)式和(2.3.6)式可知，在水平面内等高线和流线相互正交。

下面，我们选择一种特殊形式的 $\Phi(x,z)$ 来讨论在矩形容器中的三维驻波，取

$$\Phi = \cos\frac{2\pi x}{\lambda} + \cos\frac{2\pi z}{\lambda}。 \qquad (2.3.7)$$

显然，(2.3.7)式能满足方程(2.3.3)，即

$$\varphi = \sin\omega t\,\mathrm{ch}\,k(y+h)\left[\cos\frac{2\pi x}{\lambda} + \cos\frac{2\pi z}{\lambda}\right] = \phi_0\Phi,$$

其中 $\phi_0 = \sin\omega t\,\mathrm{ch}\,k(y+h)$。因此，在水平面内的两个速度分量分别为

$$u = -\frac{2\pi}{\lambda}\phi_0\sin\frac{2\pi x}{\lambda}, \qquad (2.3.8a)$$

$$w = -\frac{2\pi}{\lambda}\phi_0\sin\frac{2\pi z}{\lambda}。 \qquad (2.3.8b)$$

为了考察在水平面内的流动情况，我们先作一些坐标线

$$x = n\lambda,\ z = m\lambda,\quad n,m\ \text{为整数}。$$

在这种直线的交点（如图 2-6 中的点 O）上，$\Phi = \Phi_{\max} = 2$。另外再作一些坐标线

$$x = n\lambda + \frac{\lambda}{2},\ z = m\lambda + \frac{\lambda}{2},\quad n,m\ \text{为整数}。$$

在这种直线的交点（如图 2-6 中的点 Ω）上，$\Phi = \Phi_{\min} = -2$。我们将(2.3.4)式和(2.3.8)式进行对照和考察发现：当 $\omega t = 0$ 时，点 Ω 处在最高点，而点 O 处在最低点；当 $0 < \omega t < \frac{\pi}{2}$ 时，根据(2.3.8)式有 $u < 0$ 和 $w < 0$，故流体从点 Ω 流向点 O；当 $\omega t = \frac{\pi}{2}$ 时，由于 $\delta y = 0$，因此，波面就成为平面；当 $\frac{\pi}{2} < \omega t < \pi$ 时，流体继续从点 Ω 流向 O；直到当 $\omega t = \pi$ 时，点 Ω 才处在最低点，点 O 处在最高点，这时，流体就从点 O 流向点 Ω 了。

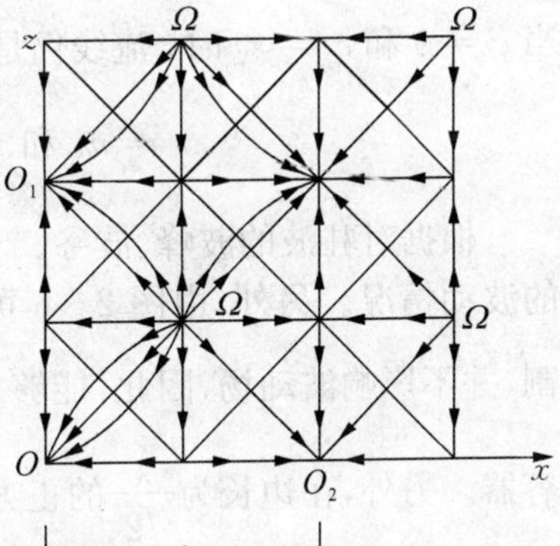

图 2-6

满足 $\Phi = 0$ 的曲线称为节线，因为

$$\Phi = \cos\frac{2\pi x}{\lambda} + \cos\frac{2\pi z}{\lambda} = 2\cos\frac{\pi}{\lambda}(x+z)\cos\frac{\pi}{\lambda}(x-z),$$

故节线方程为

$$x - z = \frac{\lambda}{2} + i\lambda, \quad x + z = \frac{\lambda}{2} + j\lambda, \quad i, j \text{ 为整数}.$$

这是两族直线。

在点 O 及点 Ω 附近的等高线是一族同心圆，例如在点 O 附近，有

$$\Phi \approx 1 - \frac{2\pi^2}{\lambda^2}x^2 + 1 - \frac{2\pi^2}{\lambda^2}z^2 = 2 - \frac{2\pi^2}{\lambda^2}(x^2 + z^2).$$

故 $\Phi =$ 常数的曲线就为同心圆。

在取定 $\Phi(x, z)$ 的形式为 (2.3.7) 式后，流线方程为

$$\frac{\mathrm{d}x}{\sin\frac{2\pi x}{\lambda}} = \frac{\mathrm{d}z}{\sin\frac{2\pi z}{\lambda}}.$$

上式积分后，有

$$\tan\frac{\pi x}{\lambda} = c \tan\frac{\pi z}{\lambda}.$$

我们再来考虑一些特殊流线。当 $c = 1$ 时，流线为直线，即

$$x - z = n\lambda \quad (n \text{ 为整数});$$

当 $c = -1$ 时，流线也为直线，即有

$$x + z = n\lambda \quad (n \text{ 为整数});$$

当 $c = 0$ 和 $c = \infty$ 时，流线仍是直线，这时

$$x = n\lambda \text{ 和 } x = n\lambda + \frac{\lambda}{2} \quad (n \text{ 为整数}).$$

根据对驻波的波峰、波谷、节线、等高线和流线的讨论，大致可以了解到驻波的波动情况。另外，由图 2-6 可知，在流线上用插入垂直隔板的方法将节线分割，并不影响波动场，因此，能够构成这种驻波的最小容器是边长为 $\frac{\lambda}{2}$ 的正方形容器。另外，在边长为 $\frac{\lambda}{\sqrt{2}}$ 的正方形容器中也能构成驻波，这一点与二维驻波不同，因为这时容器的边长不是半波长的整数倍。当然，在由两个边长为 $\frac{\lambda}{2}$ 的正方形构成的矩形容器中也能形成驻波，其他可以依此类推。

利用柱面坐标，依照上述的方法也不难讨论在圆形容器中的驻波，可以参阅文献[2]。

§2-4 能量通量和群速度

在考察二维波动问题时,我们先讨论一下流体通过某垂直于 x 轴的截面所传递的能量。由于流体的流动能携带动能和势能,同时,作用在流体上的压力也作了功,因此,每单位时间内的能量通量可记为

$$\left(\rho\frac{u^2+v^2}{2}+p+\rho gy\right)Au,$$

其中 A 为该截面的面积。把这表达式应用于水波并对时间求平均,则在一周期内的流体的平均**能量通量**为

$$F_{av}=\frac{1}{T}\int_t^{t+T}\int_{-h}^{\eta}\left(\rho\frac{u^2+v^2}{2}+p+\rho gy\right)u\,dt\,dy。 \tag{2.4.1}$$

这时 A 为垂直于 x 轴的,并从底部一直伸到自由面的狭长截面。对上式应用 Bernoulli 方程,并假定其中的常数 $c(t)$ 已吸收到 $\dfrac{\partial \varphi}{\partial t}$ 中去,则有

$$F_{av}=-\rho\frac{1}{T}\int_t^{t+T}\int_{-h}^{\eta}\frac{\partial\varphi}{\partial t}\frac{\partial\varphi}{\partial x}\,dt\,dy。 \tag{2.4.2}$$

这个公式具有一般性,其中的 φ 可为各种类型的(线性的或非线性的)无旋波的速度势。对于线性的周期行波,将(2.2.12b)式代入上式可得

$$F_{av}=\rho\frac{1}{T}\int_t^{t+T}\int_{-h}^{\eta}\frac{a^2\omega^3}{k}\frac{\mathrm{ch}^2 k(y+h)}{\mathrm{sh}^2 kh}\sin^2(kx-\omega t)\,dt\,dy$$

$$=\frac{\rho a^2\omega^3}{4\,k\,\mathrm{sh}^2 kh}\left[(\eta+h)+\frac{1}{2k}\mathrm{sh}\,2k(\eta+h)\right]。$$

因为 $\eta\ll h$,故

$$F_{av}=\frac{\rho a^2 gc}{4}\left(1+\frac{2kh}{\mathrm{sh}\,2kh}\right)。 \tag{2.4.3}$$

每波长的波所具有的能量为动能和势能之和,设波长为 λ,则每波长的波所具有的能量 E 为

$$E=\rho\int_x^{x+\lambda}\int_{-h}^{\eta}\left(\frac{u^2+v^2}{2}+gy\right)dx\,dy。$$

对于简谐行波,先计算其动能 E_k,有

$$E_k=\rho\int_x^{x+\lambda}\int_{-h}^{\eta}\frac{1}{2}(\varphi_x^2+\varphi_y^2)\,dx\,dy=\frac{\lambda\rho a^2\omega^2}{8\,k\,\mathrm{sh}^2 kh}\mathrm{sh}\,2k(\eta+h)。$$

因为 $\eta \ll h$，故得

$$E_k = \frac{\rho g a^2}{4}\lambda。 \tag{2.4.4}$$

再来计算其势能 E_p，因为在 $(-h, 0)$ 内流体的势能是不变的，故 E_p 仅为

$$E_p = \int_x^{x+\lambda}\int_0^{\eta}\rho g y \mathrm{d}x\mathrm{d}y = \frac{\rho g}{2}\int_x^{x+\lambda}\eta^2 \mathrm{d}x。$$

又因为 $\eta = a\sin(kx - \omega t)$，所以

$$E_p = \frac{\rho g a^2}{4}\lambda。 \tag{2.4.5}$$

可见，$E_k = E_p$，即每波长的波所具有的能量中的一半是动能，一半是势能，这称为**能量均分**。而

$$E = E_k + E_p = \frac{\rho g a^2}{2}\lambda,$$

因此，单位长度的波所具有的能量为

$$E_0 = \frac{E}{\lambda} = \frac{1}{2}\rho g a^2。 \tag{2.4.6}$$

因为能量通量为单位长度的波所具有的能量与能量传播速度之积，所以能量传播速度 U_E 为

$$U_E = \frac{F_{av}}{E_0} = \frac{c}{2}\left(1 + \frac{2kh}{\mathrm{sh}\,2kh}\right)。 \tag{2.4.7}$$

考察能量传播时，群速度 c_g 是一个重要的物理量，并且由第一章的讨论可知

$$c_g = c - \lambda\frac{\mathrm{d}c}{\mathrm{d}\lambda}。 \tag{2.4.8}$$

对于水深为常数 h 的简谐行波来说，从 (2.2.14a) 式可得

$$c_g = \frac{c}{2}\left(1 + \frac{2kh}{\mathrm{sh}\,2kh}\right)。 \tag{2.4.9}$$

比较 (2.4.7) 式和 (2.4.9) 式可见，群速度 c_g 在数值上就是能量传播速度。能量通量 F_{av} 为

$$F_{av} = E_0 \cdot c_g。 \tag{2.4.10}$$

在浅水中，即当 $kh \ll 1$ 时，$\frac{2kh}{\mathrm{sh}\,2kh} \approx 1$，故此时有

$$c_g = c。 \tag{2.4.11}$$

而在深水中，即当 $kh \gg 1$ 时，$\frac{2kh}{\mathrm{sh}\,2kh} \approx 0$，故此时有

$$c_g = \frac{c}{2}. \tag{2.4.12}$$

如果不考虑表面张力,则由于 $0 < \dfrac{2kh}{\operatorname{sh} 2kh} < 1$,因此,总有

$$c_g < c.$$

这就说明在图 1-1 中,波长较短的基波对于波长较长的包络来说在作相对运动,且由于这种相对运动使基波在包络里推进,在遇到包络节点时,基波就消失了。但在通过节点后,基波又将生成,然后又在包络里推进。

对于(2.4.9)式还需作一点说明。由(2.4.9)式我们可知群速度是波数的函数,即 $c_g = c_g(k)$。在 §2-7 中我们还将要证明:如果若干个行波的波数彼此比较接近,则有一个平均波数 k_0。这是因为由色散关系式可知,波数彼此比较接近的若干个行波其对应的频率 ω 当然也较接近。这样,若干个波在传播时就会形成波群,其波群的速度就为群速度 $c_g(k_0)$。也就是说,群速度的概念仅对波谱的宽度很窄的波群才有意义。至于对某一个波数为 k_0 的单个行波来说,由于在传播过程中波幅保持不变,因此,绝不可能形成波群,因而,也就不存在群速度的问题。能够形成波群的最简单情况就是波数比较接近的两个行波。

这里我们要着重指出,即群速度仅在数值上等于能量传播速度,而实际上两者是不同的。因为对于单个简谐波来说,它仅存在着能量传播速度,而不存在群速度。在文献[3]中曾强调过这一点。

§2-5 毛 细 波

在两层流体的界面上存在着表面张力,表面张力的方向与流体的界面相切。当界面的曲率半径较小时,表面张力就显得重要,这是因为表面张力在界面法向上的分量变大了,影响了法向力的平衡,从而使界面两侧的压力不再相等。因此,对于波长较短的波必须考虑表面张力的作用。

下面我们先来导出考虑表面张力效应时的动力学边界条件。用 γ 表示表面张力系数,即作用在一单位宽度上的表面张力。γ 与界面两侧的流体种类有关,而且受到温度的影响。例如,当温度为 15℃ 时,在水与空气的界面上,表面张力系数 $\gamma = 73$ dyn/cm。如图 2-7 所示,在相距 Δx 的两个点处截得一个自由面的微段 AB,在 A 和 B 处作用在该微段上的表面张力的 y 方向上的分量分

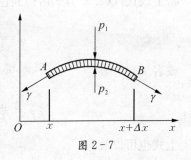

图 2-7

别为
$$-(\gamma\eta_x)|_x \text{和} (\gamma\eta_x)|_{x+\Delta x}。$$

设自由面上、下两侧的压力分别为 p_1 和 p_2，当自由面的斜率为小量时，则由微段在 y 方向上的静压力平衡条件可得

$$(p_2 - p_1)\Delta x + (\gamma\eta_x)|_{x+\Delta x} - (\gamma\eta_x)|_x = 0。$$

上式经整理后有

$$p_2 - p_1 = -(\gamma\eta_x)_x。$$

当 γ 不随 x 而变时，得到

$$p_2 - p_1 = -\gamma\eta_{xx}。 \tag{2.5.1}$$

我们现在来考察当水深 h 为常数时的二维小振幅波波动，这时，方程和边界条件为

$$\nabla^2 \varphi = 0 \quad (-h < y < 0), \tag{2.5.2}$$

$$\varphi_y = 0 \quad (y = -h), \tag{2.5.3}$$

$$\varphi_y - \eta_t = 0 \quad (y = 0)。 \tag{2.5.4}$$

(2.5.1)式在代入 Bernoulli 方程后，为

$$\varphi_t + g\eta - \frac{\gamma}{\rho}\eta_{xx} = 0 \quad (y = 0)。 \tag{2.5.5}$$

再由(2.5.4)式和(2.5.5)式消去 η，得

$$\varphi_{tt} + g\varphi_y - \frac{\gamma}{\rho}\varphi_{xxy} = 0 \quad (y = 0)。 \tag{2.5.6}$$

满足(2.5.2)式和(2.5.3)式的解为

$$\varphi = A \operatorname{ch} k(y+h) \cos(kx - \omega t)。$$

将上式代入(2.5.6)式后得到色散关系式

$$\omega = \sqrt{\left(g + \frac{\gamma}{\rho}k^2\right)k \operatorname{th} kh}, \tag{2.5.7}$$

或者

$$c = \frac{\omega}{k} = \sqrt{\left(\frac{g}{k} + \frac{\gamma k}{\rho}\right)\operatorname{th} kh}。 \tag{2.5.8a}$$

上式也可以改写

$$c = \sqrt{\left(\frac{g\lambda}{2\pi} + \frac{2\pi\gamma}{\rho\lambda}\right) \text{th}\frac{2\pi h}{\lambda}}。 \tag{2.5.8b}$$

对于长波来说,由于 $kh \ll 1$,则由(2.5.8a)式可得

$$c = \sqrt{gh}。 \tag{2.5.9}$$

可见,表面张力对于长波没有影响。与上述的情况相反,对于短波来说,由于 $kh \gg 1$,则由(2.5.8a)式可得

$$c = \sqrt{\frac{g}{k} + \frac{\gamma k}{\rho}} = \sqrt{\frac{g\lambda}{2\pi} + \frac{2\pi\gamma}{\rho\lambda}}。 \tag{2.5.10}$$

在(2.5.10)式中,当

$$\lambda_m = 2\pi\sqrt{\frac{\gamma}{\rho g}} \tag{2.5.11}$$

时,c 取极小值,这个极小值为

$$c_m = \left(\frac{4\gamma g}{\rho}\right)^{\frac{1}{4}}。 \tag{2.5.12}$$

对短波来说,因为波长较短,即 $\lambda < \lambda_m$,则(2.5.10)式中右边的第二项占优,故表面张力的影响显著,这样的波就称为**毛细波**。对于毛细波来说,波长越短,波速越大,波速随着波长的增加而减小。当 $\lambda \approx \lambda_m$ 时,表面张力和重力对于波动同时起作用,这样的波就称为**毛细重力波**。只有当 $\lambda > \lambda_m$ 时,表面张力的影响才减弱,这时,波动主要是由重力造成的,这样的波就称为**重力波**。$\frac{c}{c_m}$ 随 $\frac{k}{k_m}$ 变化的曲线绘在图2-8中。可见,上述关于波的分类就是根据这张图得出的。

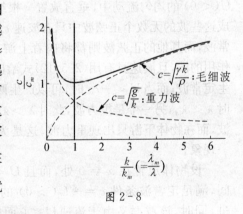

图2-8

如果取

$$\gamma = 73 \text{ dyn/cm}, \rho = 1 \text{ g/cm}^3, g = 980 \text{ cm/s}^2,$$

则

$$\lambda_m = 1.72 \text{ cm}, c_m = 23.2 \text{ cm/s}。$$

利用(2.5.10)~(2.5.12)式3个式子直接可得

$$\frac{c^2}{c_m^2} = \frac{1}{2}\left(\frac{\lambda}{\lambda_m} + \frac{\lambda_m}{\lambda}\right)。 \qquad (2.5.13)$$

不难看出，如果把某一无量纲波长 $\frac{\lambda_m^*}{\lambda_m}$ 代入(2.5.13)式后就可得某一波速，再把另一个无量纲波长 $\frac{\lambda_m}{\lambda^*}$ 代入(2.5.13)式后亦可得到同一波速。因此，用同一个波速 $c > c_m$ 传播的波可以是波长不同的两个波，显然，在这两个波中有一个波的波长大于 λ_m，而另一个波的波长则小于 λ_m。

现在来求毛细波的群速度。按(2.5.10)式，我们有 $c = \sqrt{\frac{2\pi\gamma}{\rho\lambda}}$，因此

$$c_g = c - \lambda\frac{\mathrm{d}c}{\mathrm{d}\lambda} = \frac{3}{2}c。 \qquad (2.5.14)$$

可见，毛细波的群速度与重力波不同，毛细波的群速度大于其相速度。

下面讨论在流动中放置一个微小物体所激发起来的定长波的问题[4]。对于以波速 c 传播的波，如果在以绝对速度 $U = c$ 运动的动坐标系中观察的话，则可以看到波面完全静止。同样，在波的传播方向上迎着波加上一个流速 $U = -c$ 的反向流动，也会出现静止波形，这种波形静止的波称为**定常波**。现在在流速为 $U(<0)$ 的均匀流动中，垂直放置一根细圆柱，这样，就能产生出一些波来。在构成这些波的无数个正弦波中只有波速 $c = -U$ 的这一简谐波才能停下来成为定常波，而其他的正弦波则都将向着上游或下游传播开去。如果考虑有表面张力作用的波，且波速具有用(2.5.12)式给出的最小值 c_m，则当 $U > -c_m$ 时就不能产生定常波；而当 $U < -c_m$ 时，可以产生两种类型的定常波，其中一个是毛细波，此时 $\lambda < \lambda_m$，另一个是重力波，此时 $\lambda > \lambda_m$。但实际上，只是在物体上游才出现毛细波，而在物体下游只出现重力波。这是为什么呢？我们用群速度的概念来说明这一现象。

设物体放置在 $x = 0$ 处，而且 $U < 0$。在由物体所产生的无数正弦波中间，满足定常波条件 $c = -U(>0)$ 的波群以群速度 $c_g(>0)$ 向 x 轴正向推进，同时，该波群又由于流速 $U < 0$ 而向 x 轴负向迁移。经过时间 t 后该波群应位于

$$x = (c_g + U)t = (c_g - c)t$$

处，因而，满足 $c_g > c$ 的波就占领了 $x > 0$ 即物体上游的区域，而满足 $c_g < c$ 的波占领了 $x < 0$ 即物体下游的区域。根据重力波波速大于其群速度，而毛细波波速小于其群速度的原因，可以得出结论：毛细波和重力波均作为定常波而分别存在于物体的上、下游。

上面仅讨论了二维定常波。这种定常波的结构在定性上可以推广到三维定常波，因此，对三维定常波的结构也可以有一个大致的了解。三维定常波在日常生活中是很容易看到的，例如，钓鱼竿上的细线以及船上的锚链沉在流水中所产生的扰动都是三维定常波（见图 2-9）。

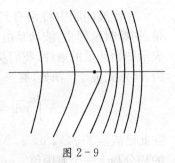

图 2-9

§2-6 不定常运动

利用小振幅波理论得到的周期解一般是不满足初始条件的，其波动图案是一系列无限伸展的波峰和波谷，并且，波幅、波长和周期等波参数也不随时间和空间变化。因此，这种波动只是一种近似的结果。但因为这种结果是从线性问题中得到的，所以，在将周期解进行叠加后，可以得到不同于简单波动的波动图案，同时也能满足一定的初始条件。一般在给定了初始扰动后，对于小振幅波来说可以用叠加原理把所要求的解写成 Fourier 积分，但却很难把该积分表达式写成代数表达式。对于由初始扰动所引起的这种瞬态响应通常可用 Lamb 的方法得到渐近解，但这里我们将使用更一般的 Kelvin 驻相法来得到所求问题的渐近解。虽然这种瞬态运动在文献[5]中已经描述过，但在这里我们采用文献[3]中的方法来进行讨论。

2-6-1 问题的一般公式

这里讨论的不定常运动实际上是指流体从静止开始运动的这种瞬态过程，求解不定常运动就是要寻找在流体占有的区域内满足适当的边界条件和在 $t=0$ 时满足所指定的初始条件的调和函数 $\varphi(x, y, z, t)$。根据小振幅波的近似，自由面上的边界条件(2.1.15)和(2.1.14)两式现在为

$$-\varphi_y + \eta_t = 0 \quad (y=0), \tag{2.6.1}$$

$$\varphi_t + g\eta = -\frac{1}{\rho}p \quad (y=0). \tag{2.6.2}$$

(2.6.2)式与(2.1.14)相比，可见多出了右端项，这说明边界上的压力现在不为零，若把(2.1.17)式用于 $(y=0)$ 处也可得到(2.6.2)式。在力学中永远是这样，即仅当 $t=0$ 时给定系统中所有质点的初始位置和初始速度后才能确定某一特殊的运动。因此，这就要求在 $t=0$ 时处处给定 φ 和 φ_t 的值，但是由于我们假定了当 $t \geqslant 0$ 时 φ 和 φ_t 是调和函数，故只要适当地给出 $t=0$ 时在边界上的 φ 和 φ_t 的值，我们就能在整个区域上充分确定初始时刻的这两个值。

在水波问题中特别有兴趣的是考虑两种不定常运动。第一种不定常运动是：初始时水静止，波动是由于作用在自由面上的一个冲量所引起的。为了得到表示初始冲量的条件，我们从(2.6.2)式出发，在一无限小的时间间隔 $0 \leqslant t \leqslant \tau$ 内，将该式关于 t 积分，有

$$\int_0^\tau p \mathrm{d}t = -\rho\varphi(x, 0, z, \tau) - \rho g \int_0^\tau \eta \mathrm{d}t,$$

在此已假定了 $\varphi(x, 0, z, 0) \equiv 0$。可以设想当 $\tau \to 0$ 时，$p \to \infty$，从而使上式左边的积分趋于一个有限值——单位面积上的冲量，即冲量强度 I。因为 η 是有限的，故当 $\tau \to 0$ 时右边的积分趋于零，由此我们得公式

$$I = -\rho\varphi(x, 0, y, 0)。 \tag{2.6.3}$$

这就是用 φ 值来表示的自由面上的初始冲量强度。如果在自由面上 I 已被指定（当然在其他边界上还要给定适当的条件）那么就可确定出 $\varphi(x, y, z, 0)$，或者说可求得全部质点的初始速度。

第二种有趣的不定常运动是：初始时流体静止，且自由面上的压力为零，而波动是由于自由面所具有的初始位移 $\eta(x, z, 0)$ 所引起的。这时，φ 的初始条件可直接从(2.6.2)式得到

$$\varphi_t(x, 0, z, 0) = -g\eta(x, z, 0)。 \tag{2.6.4}$$

这里，我们已经利用了当 $t = 0$ 时在自由面上 $p = 0$ 这一条件。因为本节的不定常运动问题是以速度势作为未知函数来求解的，故初始条件都要用 φ 给出。现在从(2.6.2)和(2.6.3)两式来看，指定自由面上的初始位置和初始速度等价于指定 φ_t 和 φ 的初值。

2-6-2 解的积分表达式

通常可用 Fourier 变换的方法来求得在适当初值条件下的、无界区域中的不定常运动问题的解。首先，我们研究一种特别简单的即仅由自由面的初始位移所引起的二维波动。设初始时流体处于静止状态，水深为无限大，自由面方程为

$$\eta(x, 0) = a\cos kx,$$

关于 φ 的定解条件为

$$\nabla^2 \varphi = 0 \quad (y < 0), \tag{2.6.5}$$

$$g\varphi_y + \varphi_{tt} = 0 \quad (y = 0), \tag{2.6.6}$$

$$\lim_{y \to \infty} \varphi \text{ 有界}。 \tag{2.6.7}$$

由(2.6.4)式，有

$$\varphi_t(x, 0, 0) = -ga\cos kx。 \tag{2.6.8}$$

由(2.6.3)式,有
$$\varphi(x, 0, 0) = 0 。 \quad (2.6.9)$$
不难由直接验证可得速度势 φ 为
$$\varphi = -ag\frac{\sin \omega t}{\omega}e^{ky}\cos kx 。 \quad (2.6.10)$$
此时色散关系式简化为
$$\omega^2 = gk 。 \quad (2.6.11)$$
任意时刻自由面的方程为
$$\eta = a\cos \omega t\cos kx 。 \quad (2.6.12)$$

现在我们来讨论由任意初始位移所引起的波动。设初始时自由面的方程为
$$\eta(x, 0) = f(x),$$
则速度势 φ 仍由(2.6.5)~(2.6.7)式和(2.6.9)式以及
$$\varphi_t(x, 0, 0) = -gf(x) \quad (2.6.13)$$
来确定。

现用 Fourier 变换来求 φ 的积分表达式。由 Fourier 积分定理可知:对定义在 $-\infty < x < \infty$ 上的函数 $f(x)$ 来说,只要 $f(x)$ 充分光滑(例如,$f(x)$ 为具有分段连续导数的分段函数)和绝对可积,则 $f(x)$ 可表示为
$$f(x) = \frac{1}{\pi}\int_0^\infty \int_{-\infty}^\infty f(a)\cos k(x-a)\mathrm{d}k\mathrm{d}a 。$$
因此,根据(2.6.13)式得
$$\varphi_t = (x, 0, 0) = -\frac{g}{\pi}\int_0^\infty \int_{-\infty}^\infty f(a)\cos k(x-a)\mathrm{d}k\mathrm{d}a 。 \quad (2.6.14)$$
上式表明 $-gf(x)$ 可以看成是许多形如 $a_k\cos kx$ 和 $b_k\sin kx$ 的函数之和,其中
$$a_k = -\frac{g}{\pi}\int_{-\infty}^\infty f(a)\cos ka\,\mathrm{d}a,$$
$$b_k = -\frac{g}{\pi}\int_{-\infty}^\infty f(a)\sin ka\,\mathrm{d}a 。$$
因为关于 φ 的方程和边界条件是线性的,参照(2.6.8)式、(2.6.10)式、(2.6.12)式,可直接写出速度势 φ 和自由面的方程为
$$\varphi = -\frac{g}{\pi}\int_0^\infty \frac{\sin \omega t}{\omega}e^{ky}\mathrm{d}k\int_{-\infty}^\infty f(a)\cos k(x-a)\mathrm{d}a, \quad (2.6.15)$$

$$\eta = \frac{1}{\pi} \int_0^\infty \cos \omega t \, dk \int_{-\infty}^\infty f(a) \cos k(x-a) \, da 。 \qquad (2.6.16)$$

至此，对于任意形式的初始位移 $f(x)$，我们都可以用上面两式来求出 φ 和 η。为了能对这种波动特性有一个大致的了解，我们用一特殊形式的初始位移来加以说明。设

$$f(x) = Q\delta(x), \qquad (2.6.17)$$

其中 Q 为常数，$\delta(x)$ 是脉冲函数。(2.6.17)式表示初始时在自由面上 $x=0$ 处有一强度为 Q 的集中位移。将(2.6.17)式代入(2.6.15)式，并利用脉冲函数的性质，即可得

$$\varphi = -\frac{gQ}{\pi} \int_0^\infty \frac{\sin \omega t}{\omega} e^{ky} \cos kx \, dk 。 \qquad (2.6.18)$$

(2.6.18)式就是初始时仅在原点处作用一个强度为 Q 的集中位移所造成的波的速度势。

我们再来讨论由另一类初始扰动所引起的波动。设流体初始时静止，自由面处于水平状态，作用在自由面上的初始冲量强度为 $I(x)$，则由(2.6.3)、(2.6.4)两式，得

$$\varphi(x, 0, 0) = -\frac{1}{\rho} I(x),$$
$$\varphi_t(x, 0, 0) = 0 。$$

如引进新的函数

$$\varphi_1(x, y, t) = \int_0^t \varphi(x, y, t) \, dt,$$

或

$$\varphi = \varphi_{1,t},$$

则容易证明 $\varphi_1(x, y, t)$ 也满足 (2.6.5)～(2.6.7)式 3 个式子及如下的初始条件

$$\varphi_1(x, 0, 0) = 0, \qquad (2.6.19)$$
$$\varphi_{1,t}(x, 0, 0) = -\frac{1}{\rho} I(x) 。 \qquad (2.6.20)$$

因此，仿照推导(2.6.15)式的方法，只要将(2.6.15)式中的 $gf(a)$ 换成 $\dfrac{I(a)}{\rho}$ 即可直接得出 φ_1 的积分表达式。

现在也举一例对上述方法加以说明。设冲量强度为

$$I(x) = P\delta(x), \qquad (2.6.21)$$

其中 P 也为一常数。将(2.6.18)式关于 t 求导,并以 $\dfrac{P}{\rho}$ 代替 gQ,则得

$$\varphi = -\frac{P}{\rho\pi}\int_0^\infty \cos\omega t\, e^{ky}\cos kx\, dk。 \tag{2.6.22}$$

(2.6.22)式就是初始时仅在原点处作用一个强度为 P 的集中冲量所造成的速度势。

2-6-3 Kelvin 驻相法

(2.6.18)式和(2.6.22)式这两个积分表达式通常都不能写成代数表达式,我们可用下面的 Kelvin 驻相法来求上述积分的渐近表达式。现在来考虑这样一类积分:

$$I(m) = \int_{-\infty}^{\infty} \Psi(\xi, m) e^{im\widetilde{\varphi}(\xi)} d\xi。 \tag{2.6.23}$$

上式特别适宜于对很大的实常数 m 作近似处理。Kelvin 已经对重力波特别是对船波问题导出了称之为驻相法的近似法。这个近似方法的一般思想是:当 m 很大时,函数 $\exp[im\widetilde{\varphi}(\xi)]$ 在 ξ 变化时迅速振荡,故对于 $I(m)$ 的值所作出的正的贡献和负的贡献就大部分相互抵消了,只有 $\widetilde{\varphi}(\xi)$ 接近于常数的情况例外。因此,可以预料,在从 $-\infty$ 到 ∞ 的区间中,在某些点的附近积分具有最大贡献,显然,在这些点积分振荡部分的相位变化最慢,即在这些点 $\widetilde{\varphi}'(\xi) = 0$。

假设 $\widetilde{\varphi}(\xi)$ 仅有这样一类点 a_r,使 $\widetilde{\varphi}'(a_r) = 0$,而 $\widetilde{\varphi}''(a_r) \neq 0$,先利用近似式

$$\Psi(\xi, m) \approx \Psi(a_r, m)。$$

当 m 很大时,再利用近似式

$$\widetilde{\varphi}(\xi) = \widetilde{\varphi}(a_r) + \frac{1}{2}\widetilde{\varphi}''(a_r)(\xi - a_r)^2,$$

则积分的主要贡献就来自项

$$\sum_r \Psi(a_r, m)\exp[im\widetilde{\varphi}(a_r)] \int_{-\infty}^{\infty} \exp\left[\frac{im\widetilde{\varphi}''(a_r)}{2}(\xi - a_r)^2\right] d\xi。$$

设 $\gamma = \dfrac{m|\widetilde{\varphi}''(a_r)|}{2}$ 后,其中的积分就可化为

$$\begin{aligned}&\int_{-\infty}^{\infty} \exp[-\gamma(-i\operatorname{sgn}(\widetilde{\varphi}''(a_r)))(\xi-a_r)^2]d\xi\\ &= \int_{-\infty}^{\infty} \exp[\gamma e^{i(-\frac{\pi}{2}\operatorname{sgn}(\widetilde{\varphi}''(a_r)))}(\xi-a_r)^2]d\xi,\end{aligned} \tag{2.6.24}$$

再设

$$e^{i\left(-\frac{\pi}{4}\text{sgn}(\widetilde{\varphi}''(a_r))\right)}(\xi - a_r) = z,$$

即把积分路径转动了 $-\frac{\pi}{4}\text{sgn}(\widetilde{\varphi}''(a_r))$ 这样一个角度，则(2.6.24)式的积分化为

$$e^{i\left(\frac{\pi}{4}\text{sgn}(\widetilde{\varphi}''(a_r))\right)}\int_{-\infty}^{\infty}e^{-\gamma z^2}dz = e^{i\left(\frac{\pi}{4}\text{sgn}(\widetilde{\varphi}''(a_r))\right)}\sqrt{\frac{\pi}{\gamma}}.$$

所以(2.6.23)式的积分化为

$$I(m) \approx \sum_r \Psi(a_r, m)\left(\frac{2\pi}{m|\widetilde{\varphi}''(a_r)|}\right)^{\frac{1}{2}}\exp\left[i\left(m\widetilde{\varphi}(a_r) + \frac{\pi}{4}\text{sgn}(\widetilde{\varphi}''(a_r))\right)\right]. \tag{2.6.25}$$

如果 $\widetilde{\varphi}(\xi)$ 除上述像 a_r 这一类点外，还有另一类点 a_s，使得 $\widetilde{\varphi}'(a_s) = \widetilde{\varphi}''(a_s) = 0$，但 $\widetilde{\varphi}'''(a_s) \neq 0$，则在(2.6.25)式的右边还必须加上一项

$$\sum_s \Psi(a_s, m)\frac{\Gamma\left(\frac{1}{3}\right)}{\sqrt{3}}\left(\frac{6}{m|\widetilde{\varphi}'''(a_s)|}\right)^{\frac{1}{2}}\exp[im\widetilde{\varphi}(a_s)].$$

其证明从略。

下面就用导得的(2.6.25)式来讨论(2.6.18)式和(2.6.22)式。利用深水色散关系(2.6.11)式，以 ω 代替 k 并将 ω 作为自变量，则由(2.6.18)式，我们有

$$\varphi(x, y, t) = -\frac{Q}{\pi}\left[\int_0^{\infty}e^{\frac{\omega^2}{g}y}\sin\left(\frac{\omega^2}{g}x + \omega t\right)d\omega - \int_0^{\infty}e^{\frac{\omega^2}{g}y}\sin\left(\frac{\omega^2}{g}x - \omega t\right)d\omega\right].$$

引进新的无量纲变数 ζ 为

$$\zeta = \frac{2x}{gt}\omega.$$

我们仅考虑 $x > 0$ 的情况（$x < 0$ 的情况也可同样处理），则上式的积分可以化为

$$\varphi(x, y, t) = \text{Im}\left\{-\frac{gtQ}{2x\pi}\left[\int_0^{\infty}e^{\frac{gt^2}{4x^2}\zeta^2 y}\sin\beta(\zeta^2 + 2\zeta)d\zeta - \int_0^{\infty}e^{\frac{gt^2}{4x^2}\zeta^2 y}\sin\beta(\zeta^2 - 2\zeta)d\zeta\right]\right\},$$

其中

$$\beta = \frac{gt^2}{4x}.$$

不妨把上式的积分取为

$$\varphi(x, y, t) = \text{Im}\left\{-\frac{gtQ}{2x\pi}\left[\int_0^{\infty}e^{\frac{gt^2}{4x^2}\zeta^2 y}e^{i\beta(\zeta^2+2\zeta)}d\zeta - \int_0^{\infty}e^{\frac{gt^2}{4x^2}\zeta^2 y}e^{i\beta(\zeta^2-2\zeta)}d\zeta\right]\right\}. \tag{2.6.26}$$

因为被积函数中有因子 $\exp\left(\dfrac{gt^2}{4x^2}\zeta^2 y\right)$，故收敛性是不成问题的。考虑 $\beta \gg 1$ 的情况，这时，可直接应用(2.6.25)式，这里

$$\Psi = e^{\frac{gt^2}{4x^2}\zeta^2 y},$$
$$\tilde{\varphi} = \zeta^2 \pm 2\zeta,$$
$$\tilde{\varphi}' = 2\zeta \pm 2,$$
$$\tilde{\varphi}'' = 2 \neq 0,$$

故

$$\zeta_r = \mp 1。$$

在 $0 < \zeta < \infty$ 的范围内，(2.6.26)式中只有后一个积分包含一个驻点 $\zeta_r = 1$。最后按(2.6.25)式，有

$$\varphi(x, 0, t) \approx -Q\sqrt{\dfrac{g}{\pi x}} \sin\left(\dfrac{gt^2}{4x} - \dfrac{\pi}{4}\right)。$$

因此

$$\eta = -\dfrac{1}{g}\varphi_t(x, 0, t) \approx \dfrac{Qtg^{\frac{1}{2}}}{2\sqrt{\pi}x^{\frac{3}{2}}} \cos\left(\dfrac{gt^2}{4x} - \dfrac{\pi}{4}\right)。 \qquad (2.6.27)$$

类似地，再来考察(2.6.22)式，我们有

$$\varphi(x, 0, t) = -\dfrac{P}{2\rho\pi}\left[\int_0^\infty e^{ky}\cos(kx + \omega t)\,dk + \int_0^\infty e^{ky}\cos(kx - \omega t)\,dk\right]$$
$$= -\dfrac{Pt^2 y}{4\rho\pi x^2}\left[\int_0^\infty \zeta e^{\frac{gt^2}{4x^2}\zeta^2 y}\cos\beta(\zeta^2 + 2\zeta)\,d\zeta + \int_0^\infty \zeta e^{\frac{gt^2}{4x^2}\zeta^2 y}\cos\beta(\zeta^2 - 2\zeta)\,d\zeta\right]$$
$$= \mathrm{Re}\left\{\dfrac{-Pt^2 g}{4\rho\pi x^2}\left[\int_0^\infty \zeta e^{\frac{gt^2}{4x^2}\zeta^2 y}e^{i\beta(\zeta^2+2\zeta)}\,d\zeta + \int_0^\infty \zeta e^{\frac{gt^2}{4x^2}\zeta^2 y}e^{i\beta(\zeta^2-2\zeta)}\,d\zeta\right]\right\}。$$

$$(2.6.28)$$

显然，此时在(2.6.28)式的后一个积分中有一个驻点 $\zeta_r = 1$。最后，按(2.6.25)式，也有

$$\varphi(x, 0, t) \approx -\dfrac{Ptg^{\frac{1}{2}}}{2\rho\sqrt{\pi}x^{\frac{3}{2}}} \cos\left(\dfrac{gt^2}{4x} - \dfrac{\pi}{4}\right),$$

因此

$$\eta(x, t) = -\dfrac{1}{g}\varphi_t(x, 0, t) \approx -\dfrac{Pt^2 g^{\frac{1}{2}}}{4\rho\sqrt{\pi}x^{\frac{5}{2}}} \sin\left(\dfrac{gt^2}{4x} - \dfrac{\pi}{4}\right)。 \qquad (2.6.29)$$

2-6-4 关于结果的讨论

我们先来比较一下初始时在自由面上某点由一集中位移所引起的波动((2.6.27)式)和初始时在自由面上某点由一集中冲量所引起的波动((2.6.29)式)。从下述的波动图案上,观察到其振荡部分彼此间没有本质的区别,但其缓慢变化的非振荡部分是不同的。在公式(2.6.27)中,当固定 x 时,扰动幅度随 t 线性增加;而当固定 t 时,扰动幅度则随着 x 的增加依 $x^{-\frac{3}{2}}$ 的规律减小。但在公式(2.6.29)中,当固定 x 时,扰动幅度随 t^2 而增加;而当固定 t 时,扰动幅度则随着 x 的增加依 $x^{-\frac{5}{2}}$ 的规律减小。当 $x=0$ 时,解在这里有奇性,因此(2.6.27)和式(2.6.29)式都不适用。此外,在两个公式中,设 x 为不等于零的某一固定值,则当 t 趋于无限大时,波高 η 也趋于无限大。造成这一矛盾的一个原因是解在 $x=0$ 处有奇性,另一个原因是当 η 增加得很大时,这里所使用的小振幅波理论已不再适用,水波的非线性能抑制波幅的增大。

为了能清晰地看出在初始扰动后波面的变化,我们再来讨论一下初始时在自由面上某点处有一集中位移的情况。在(2.6.27)式中令 $Q \equiv 1$,设 x 取某一固定值,就可得到 η 随 t 而变化的曲线(见图 2-10);同样地,设 t 取某固定值,就可得到 η 随 x 而变化的曲线(见图 2-11)。从公式(2.6.27)来看,当 x 和 t 的变化范围不太大时,相邻的几个波可以近似地看成是简谐行波。为了便于区别,我们把这种波称为**当地波**。在这种观点下,具体求出当地波的诸参数并详细讨论这种波的运动特征是很有意义的。

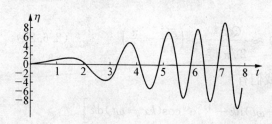

图 2-10

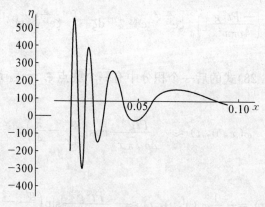

图 2-11

由于波面上同相位的点(例如，η 的最大值、最小值和节点)都以某一速度传播着，而每一特殊的相位又都对应着 $\dfrac{gt^2}{4x}$ 取某一个特殊常数 C，因此，同相位的点的传播规律为

$$x = \frac{gt^2}{4C} \text{。} \tag{2.6.30}$$

首先，求当地的周期 T。假定在相位中固定 x，使 $x = x_0$，仅 t 从 t_0 变化到 $t_0 + \Delta t$，则在前、后两个时刻的相位分别为

$$\varphi_0 = \frac{gt_0^2}{4x_0} \text{ 和 } \varphi = \frac{gt_0^2}{4x_0}\left[1 + \frac{2\Delta t}{t_0} + \left(\frac{\Delta t}{t_0}\right)^2\right] \text{。}$$

设 $\dfrac{\Delta t}{t_0} \ll 1$，我们从后面的(2.6.33)式可以看到这是一个很好的近似。这时，对应的相位变化就为

$$\Delta \varphi = \varphi - \varphi_0 \approx \frac{2\Delta t}{t_0}\left(\frac{gt_0^2}{4x_0}\right) \text{。} \tag{2.6.31}$$

当相位变化了 2π（即 $\Delta \varphi = 2\pi$）后，相应地，时间也应该经过了一个周期（即 $\Delta t = T$），故

$$T \approx \frac{4\pi x_0}{gt_0} \text{。} \tag{2.6.32}$$

该式的精度是很高的，这是因为在 $\beta = \dfrac{gt_0^2}{4x_0} \gg 1$ 的情况下，我们在得到(2.6.31)式时丢掉的项

$$\left(\frac{\Delta t}{t_0}\right)^2 = \left(\frac{T}{t_0}\right)^2 \approx \pi^2\left(\frac{4x_0}{gt_0^2}\right)^2 \tag{2.6.33}$$

是一个很小的量。在固定点 x_0 处，周期 T 随时间的变化率为

$$\frac{dT}{dt_0} \approx \frac{4\pi x_0}{gt_0^2} = -\frac{\pi}{\beta} \text{。} \tag{2.6.34}$$

因此，T 随时间 t_0 的增加而缓慢地减小，这可以从图 2-10 中看出来。

其次，用同样的方法对于固定的 t_0 可以得到波长为

$$\lambda \approx \frac{8\pi x_0^2}{gt_0^2} \text{。} \tag{2.6.35}$$

同样，这个公式的精度也很高，波长随位置的变化率为

$$\frac{d\lambda}{dx_0} \approx \frac{16\pi x_0}{gt_0^2} = \frac{4\pi}{\beta} \text{。} \tag{2.6.36}$$

因此,波长随位置 x_0 的增加而缓慢地增加,这可以从图 2-11 中看出来。

由(2.6.30)式还可得到同相位点的移动速度,在 $x=x_0$ 和 $t=t_0$ 时相速度 c 为

$$\frac{\mathrm{d}x}{\mathrm{d}t_0} = \frac{2x_0}{t_0}. \tag{2.6.37}$$

根据(2.6.32)式、(2.6.35)式和(2.6.37)式可得

$$\lambda = \frac{gT^2}{2\pi}, \tag{2.6.38}$$

$$c = \frac{\lambda}{T} = \frac{gT}{2\pi} = \sqrt{\frac{g\lambda}{2\pi}}. \tag{2.6.39}$$

由(2.6.39)式可知,当地波与通常深水中的简谐行波有相同的色散关系式。这是因为在深水中,相速度也是 $\sqrt{\dfrac{g\lambda}{2\pi}}$。

但与深水中的简谐行波所不同的是,当地波在传播过程中,其相位中的 x 和 t 都在变化,所以,当地波的波长、周期和波速都要发生变化,且其值在随流过程中变大。这是因为由(2.6.35)式和(2.6.37)式可有

$$\frac{\mathrm{d}\lambda}{\mathrm{d}t} = \frac{\partial \lambda}{\partial t} + c\frac{\partial \lambda}{\partial x} = \frac{16\pi x^2}{gt^3} = \frac{2\lambda}{t}, \tag{2.6.40}$$

故当地波的波长在传播过程中变大。这是因为由(2.6.35)式和(2.6.37)式可知此时当地波的周期和波速也变大。

我们很容易做一个试验,即把一块石头掷到水中去,这时,在水面上可以看到当地波会向周围传播开来,而且,可以观察到其波长在这个过程中会变大。

§2-7 群速度的物理意义

在§2-4 中我们已经阐明了单个行波的能量传播速度在数值上就等于群速度,并且通常就认为这是群速度的动力学意义。

现在我们来考察群速度的运动学意义。假设将一些波数为 k 且 k 都与 k_0 非常接近的波相互叠加,则合成波的自由面高度可用一积分来表达为

$$\eta = \int_{k_0-\Delta k}^{k_0+\Delta k} \psi(k) \mathrm{e}^{\mathrm{i}[kx-\omega(k)t]} \mathrm{d}k \quad \left(\frac{\Delta k}{k_0} \ll 1\right).$$

把频率 ω 作 Taylor 级数展开后,有

$$\omega = \omega(k) = \omega(k_0 + (k-k_0))$$
$$= \omega(k_0) + (k-k_0)\left(\frac{\mathrm{d}\omega}{\mathrm{d}k}\right)_{k_0} + O((\Delta k)^2).$$

设

$$\frac{k-k_0}{k_0} = \xi, \ \omega_0 = \omega(k_0), \ \left(\frac{d\omega}{dk}\right)_{k_0} = c_g,$$

则就有

$$\begin{aligned}\eta &\approx \psi(k_0) e^{i(k_0 x - \omega_0 t)} \int_{-\frac{\Delta k}{k_0}}^{\frac{\Delta k}{k_0}} k_0 \exp[ik_0 \xi(x - c_g t)] d\xi \\ &= 2\psi(k_0) \frac{\sin \Delta k (x - c_g t)}{x - c_g t} e^{i(k_0 x - \omega_0 t)}。\end{aligned} \quad (2.7.1)$$

由此可知,上式右端的波幅部分表示在传播过程中形状变化很慢的一个波,且该波的传播速度就是 $\frac{dx}{dt} = c_g$。在 §2-4 中我们已看到这种波群确实存在。

在以前的讨论中,我们都假定了波数 k 和频率 ω 都是不随时间 t 和位置 x 而变的,但在变深度水域中,ω 就是 x 的函数,因此一般可设

$$k = k(x, t), \ \omega = \omega(k) = \omega(x, t)。$$

现在考虑在一微段 $(x, x+\Delta x)$ 上波数的变化。在 Δt 时间内流入该微段的净增加的波为

$$\left(\frac{\omega(x, t)}{2\pi} - \frac{\omega(x+\Delta x, t)}{2\pi}\right)\Delta t,$$

而经过 Δt 时间后该微段中波数的增加量为

$$\left(\frac{k(x, t+\Delta t)}{2\pi} - \frac{k(x, t)}{2\pi}\right)\Delta x。$$

假设在这微段中波既不产生也不消失,则显然有

$$\frac{\partial k}{\partial t} + \frac{\partial \omega}{\partial x} = 0。 \quad (2.7.2)$$

这表示波数守恒法则。利用色散关系 $\omega = \omega(k)$,上式可化为

$$\frac{\partial k}{\partial t} + \frac{\partial \omega}{\partial k} \frac{\partial k}{\partial x} = \frac{\partial k}{\partial t} + c_g \frac{\partial k}{\partial x} = 0。 \quad (2.7.3)$$

再注意到

$$\frac{\partial k}{\partial t} = \frac{\partial k}{\partial \omega} \frac{\partial \omega}{\partial t}, \ \frac{\partial k}{\partial x} = \frac{\partial k}{\partial \omega} \frac{\partial \omega}{\partial x},$$

就有

$$\frac{\partial \omega}{\partial t} + c_g \frac{\partial \omega}{\partial x} = 0。 \quad (2.7.4)$$

在(2.7.3)式和(2.7.4)式中,如取

$$\frac{\mathrm{d}x}{\mathrm{d}t} = c_g, \tag{2.7.5}$$

则以上两式可分别化为

$$\frac{\mathrm{d}k}{\mathrm{d}t} = 0, \quad \frac{\mathrm{d}\omega}{\mathrm{d}t} = 0。$$

因此,可以认为在 x-t 平面上,波数 k 和 ω 沿着曲线 $\frac{\mathrm{d}x}{\mathrm{d}t} = c_g$ 保持不变,或者可以说群速度就是保持波数 k 和频率 ω 不变的点的移动速度。然而,由于假定了 ω 只是 k 的函数,因此,c_g 也只是 k 的函数。于是,c_g 在 k 取定值的曲线上保持不变,故(2.7.5)式的解曲线为直线

$$x - c_g t = 常数。 \tag{2.7.6}$$

当水深非均匀时,ω 除了与 k 有关外还与 x 有关,因此,(2.7.3)式不再成立。这时,群速度可定义为固定 x 时 ω 关于 k 的偏导数,即

$$c_g = \left(\frac{\partial \omega}{\partial k}\right)_x。 \tag{2.7.7}$$

于是,有

$$\left(\frac{\partial \omega}{\partial k}\right)_x \left(\frac{\partial k}{\partial t}\right)_x = \left(\frac{\partial \omega}{\partial t}\right)_x。$$

再利用(2.7.2)式仍可得(2.7.4)式。由此我们可以得出结论:当水深均匀时,在 xt 平面内沿着曲线 $\frac{\mathrm{d}x}{\mathrm{d}t} = c_g$,$k$ 和 ω 都保持不变;当水深非均匀时,在 xt 平面内沿着曲线 $\frac{\mathrm{d}x}{\mathrm{d}t} = c_g$,仅 ω 保持不变(见图 2-12)。Whitham 在 1960 年就作了这种解释。

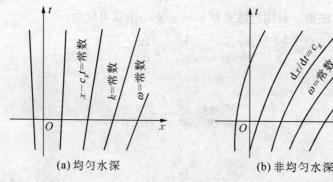

(a) 均匀水深　　(b) 非均匀水深

图 2-12

我们还可从群速度的角度来讨论§2-6中的结果。与导出(2.7.1)式时相同,我们将波数接近于k_0的许多深水波进行叠加,此时,合成波的自由面的位移为(ε为小量)

$$\eta = \int_{k_0-\varepsilon}^{k_0+\varepsilon} A(k) e^{i(kx-\omega t)} dk, \tag{2.7.8}$$

$$\omega^2 = gk。 \tag{2.7.9}$$

也采用驻相法来求该积分的渐近表达式。作变换

$$\zeta = \frac{2x}{\sqrt{g}\,t}\sqrt{k} \text{ 或 } k = \frac{gt^2}{4x^2}\zeta^2, \tag{2.7.10}$$

这样,(2.7.8)式可变换为

$$\eta = \int_{\zeta(k_0-\varepsilon)}^{\zeta(k_0+\varepsilon)} A(k(\zeta)) \frac{gt^2}{2x^2} \zeta \cdot e^{i\frac{gt^2}{4x}(\zeta^2-2\zeta)} d\zeta。 \tag{2.7.11}$$

在此仍设

$$\beta = \frac{gt^2}{4x},$$

$$\widetilde{\varphi} = \zeta^2 - 2\zeta,\ \widetilde{\varphi}' = 2\zeta - 2,$$

$$\widetilde{\varphi}'' = 2 > 0,\ \zeta_r = 1,$$

故

$$\eta = \begin{cases} \dfrac{F\left(\dfrac{gt^2}{4x^2}\right)}{\sqrt{t}} e^{-i\left(\frac{gt^2}{4x} - \frac{\pi}{4}\right)}, & \left|\dfrac{gt^2}{4x^2} - k_0\right| \leqslant \varepsilon, \\ 0, & \left|\dfrac{gt^2}{4x^2} - k_0\right| > \varepsilon, \end{cases} \tag{2.7.12}$$

其中

$$F(k) = 8^{\frac{1}{2}} g^{-\frac{1}{4}} \pi^{\frac{1}{2}} k^{\frac{3}{4}} A(k)。$$

在现在的情况中,驻点$\zeta_r = 1$,故由(2.7.11)式可知,只有当

$$\zeta(k_0-\varepsilon) < 1 < \zeta(k_0+\varepsilon)$$

时,即当

$$\frac{2x}{\sqrt{g}\,t}\sqrt{(k_0-\varepsilon)} < 1 < \frac{2x}{\sqrt{g}\,t}\sqrt{(k_0+\varepsilon)},$$

或

$$k_0 - \varepsilon < \frac{gt^2}{4x^2} < k_0 + \varepsilon$$

时,积分才不为零。也就是说,对任意的 t 和 x,只有满足

$$\frac{1}{2}\sqrt{\frac{g}{k_0}}t + \frac{1}{2}\sqrt{\frac{g}{k_0}}t \cdot \frac{\varepsilon}{2k_0} > x > \frac{1}{2}\sqrt{\frac{g}{k_0}}t - \frac{1}{2}\sqrt{\frac{g}{k_0}}t \cdot \frac{\varepsilon}{2k_0},$$

积分才不为零,从而这些行波才能构成波群。这时,波群的中心位置 x_0 为

$$x_0 = \frac{1}{2}\sqrt{\frac{g}{k_0}}t, \qquad (2.7.13)$$

波群长度 L_g 为

$$L_g = \frac{1}{2}\sqrt{\frac{g}{k_0}}t \cdot \frac{\varepsilon}{k_0}, \qquad (2.7.14)$$

由(2.7.13)式可知,波群中心是移动速度为

$$\frac{\mathrm{d}x_0}{\mathrm{d}t} = \frac{1}{2}\sqrt{\frac{g}{k_0}} = \left(\frac{\mathrm{d}\omega}{\mathrm{d}k}\right)_{k_0} = c_g(k_0), \qquad (2.7.15)$$

由此可知,波群中心运动的速度就是群速度。另一方面由(2.7.15)式我们还知道,波群长度在波群运动中会拉长,这就是说,波群能量虽然没有损耗但却不断分散开来,这就是色散波的一个特征。

因此,初始时在自由面上的某点处施加一个扰动后,就能形成波群,并且,我们所看到的波群的中心是以群速度传播的。

§2-8 水波的缓慢调制

在绪论中我们已经看到,当将波数和频率分别为 $k, k+\Delta k$ 和 $\omega, \omega+\Delta\omega$ 的两列行波互相叠加时,波数为 k、频率为 ω 的行波(基波)的波幅就会被缓慢调制,即波幅因空间和时间的缓慢变化而形成了**包络波**。很明显,基波的各个波动参数随空间和时间的变化是较快的,而包络波的波动参数的变化则就比较缓慢,故可以把变量分为快、慢这两种尺度不同的变量。基于这种观点,本节将采用多重尺度的方法来更一般地分析缓慢调制问题。

假如我们只考察在垂直平面中的二维波动问题,设 x 和 t 为快变量,并在形式上引进慢变量[6]

$$x_1 = \varepsilon x, \ x_2 = \varepsilon^2 x, \cdots, \qquad (2.8.1a)$$

$$t_1 = \varepsilon t, \ t_2 = \varepsilon^2 t, \cdots, \tag{2.8.1b}$$

其中 $0 < \varepsilon \leqslant 1$，$\varepsilon$ 是两种空间和时间的尺度比。在摄动分析中把上述慢变量也当作独立的自变量来处理。假定速度势 φ 和自由面的位移 η 为

$$\varphi(x, y, t) = \varphi(x, x_1, x_2\cdots; y; t, t_1, t_2, \cdots), \tag{2.8.2a}$$

$$\eta(x, t) = \eta(x, x_1, x_2\cdots; t, t_1, t_2, \cdots)。 \tag{2.8.2b}$$

这时，关于 x 和 t 的导数应作如下的变化

$$\frac{\partial}{\partial x} \to \frac{\partial}{\partial x} + \varepsilon \frac{\partial}{\partial x_1} + \varepsilon^2 \frac{\partial}{\partial x_2} + \cdots, \tag{2.8.3a}$$

$$\frac{\partial}{\partial t} \to \frac{\partial}{\partial t} + \varepsilon \frac{\partial}{\partial t_1} + \varepsilon^2 \frac{\partial}{\partial t_2} + \cdots, \tag{2.8.3b}$$

和

$$\frac{\partial^2}{\partial x^2} \to \frac{\partial^2}{\partial x^2} + 2\varepsilon \frac{\partial^2}{\partial x \partial x_1} + \varepsilon^2 \left(\frac{\partial^2}{\partial x_1^2} + 2 \frac{\partial^2}{\partial x \partial x_2} \right) + \cdots, \tag{2.8.4a}$$

$$\frac{\partial^2}{\partial t^2} \to \frac{\partial^2}{\partial t^2} + 2\varepsilon \frac{\partial^2}{\partial t \partial t_1} + \varepsilon^2 \left(\frac{\partial^2}{\partial t_1^2} + 2 \frac{\partial^2}{\partial t \partial t_2} \right) + \cdots。 \tag{2.8.4b}$$

关于 y 的导数维持原状。这里由于仅限于研究正弦波的缓慢调制，因此，假定有如下的摄动级数

$$\varphi = (\psi_0 + \varepsilon \psi_1 + \varepsilon^2 \psi_2 + \cdots) e^{i(kx-\omega t)}, \tag{2.8.5}$$

其中

$$\psi_\alpha = \psi_\alpha(x_1, x_2\cdots; y; t_1, t_2, \cdots) \quad (\alpha = 0, 1, 2, \cdots)。 \tag{2.8.6}$$

即 ψ_α 是慢变量的函数，所以正弦波的波幅缓慢地变化。把 (2.8.4)~(2.8.6) 式代入二维的 Laplace 方程，归并 ε 的各次幂项，得如下的递推方程

$$\varepsilon^0: -k^2 \psi_0 + \psi_{0,yy} = 0, \tag{2.8.7a}$$

$$\varepsilon^1: -k^2 \psi_1 + \psi_{1,yy} = -2ik\psi_{0,x_1}, \tag{2.8.7b}$$

$$\varepsilon^2: -k^2 \psi_2 + \psi_{2,yy} = -[2ik\psi_{1,x_1} + \psi_{0,x_1 x_1} + 2ik\psi_{0,x_2}]。 \tag{2.8.7c}$$

类似地，由自由面条件 (2.2.2) 得到（在 $y = 0$ 上）

$$\varepsilon^0: -g\psi_{0,y} - \omega^2 \psi_0 = 0, \tag{2.8.8a}$$

$$\varepsilon^1: -g\psi_{1,y} - \omega^2 \psi_1 = 2i\omega \psi_{0,t_1}, \tag{2.8.8b}$$

$$\varepsilon^2: -g\psi_{2,y} - \omega^2 \psi_2 = 2i\omega \psi_{1,t_1} - (\psi_{0,t_1 t_1} - 2i\omega \psi_{0,t_2})。 \tag{2.8.8c}$$

由底面条件 (2.2.3) 得到（在 $y = -h$ 上）

$$\psi_{0,y} = 0, \quad (2.8.9a)$$

$$\psi_{1,y} = 0, \quad (2.8.9b)$$

$$\psi_{2,y} = 0。 \quad (2.8.9c)$$

显然,由(2.8.7a)式、(2.8.8a)式和(2.8.9a)式得到的 ψ_0 的解就是

$$\psi_0 = -\frac{igA}{\omega}\frac{\operatorname{ch} k(k+h)}{\operatorname{ch} kh}, \quad (2.8.10)$$

其中

$$A = A(x_1, x_2, \cdots; t_1, t_2, \cdots), \quad \omega^2 = gk\operatorname{th} kh。 \quad (2.8.11)$$

把(2.8.10)式代入(2.8.5)式,如果只取零阶的解,则所得的结果就是小振幅波的解。但是,现在的波幅 A 不是常数,而是 x 和 t 的缓变函数,因此,要由下几阶的近似来确定。把 ψ_0 代入(2.8.7b)式和(2.8.8b)式,得到 ψ_1 的非齐次方程和在自由面上的非齐次边界条件。由于与这个非齐次边值问题对应的齐次边值问题以 ψ_0 为其非平凡解,故非齐次问题必须满足一个可解性条件才能有解。在这个条件下,对 ψ_0,ψ_1 应用 Green 公式可得到

$$\int_{-h}^{0}\mathrm{d}y[\psi_0(\psi_{1,yy}-k^2\psi_1)-\psi_1(\psi_{0,yy}-k^2\psi_0)] = [\psi_0\psi_{1,y}-\psi_1\psi_{0,y}]\Big|_{-h}^{0}。$$

如果把(2.8.7a)式即(2.8.7b)式用于上式左端,把(2.8.9a)式及(2.8.9b)式用于上式右端,则上式的左端为

$$-2ik\int_{-h}^{0}\psi_0\psi_{0,x_1}\mathrm{d}y = \frac{ig}{k}\left(1+\frac{2kh}{\operatorname{sh} 2kh}\right)AA_{x_1} = \frac{2ig}{\omega}c_gAA_{x_1}。$$

上式的右端为

$$-\frac{igA}{\omega}\psi_{1,y}\Big|_0 + \frac{\omega^2}{g}\frac{igA}{\omega}\psi_1\Big|_0 = -\frac{2ig}{\omega}AA_{t_1}。$$

比较左、右两端即可得

$$A_{t_1} + c_gA_{x_1} = 0。 \quad (2.8.12)$$

易证(2.8.12)式的解为 $A(x_1 - c_gt_1)$,这意味着包络波以群速度传播且不改变其形状,(2.7.1)式也可作为这个一般结果的特例。

(2.8.12)式所确定的性质仅适用于 $O(\varepsilon^{-1})$ 的尺度,即关于 x_1,t_1 的情况。现在我们来研究关于 ψ_2 的方程的可解性条件,即考察在更长的距离和时间 $O(\varepsilon^{-2})$ 上的变化,亦即涉及到 x_2,t_2 的情况。

鉴于方程(2.8.7b)的左端已出现因子 $\operatorname{ch} q$(其中 $q = k(y+h)$),故可以设该方程的解为 $\psi_1 = Bq\operatorname{sh} q$,然后将这个解代入(2.8.7b)式来确定常数 B。结果得

$$B = -\frac{g}{\omega k}\frac{1}{\operatorname{ch} kh}A_{x_1}。$$

由上式可知 B 中确实不包含 y。因此

$$\psi_1 = -\frac{g}{\omega k}\frac{q\operatorname{sh} q}{\operatorname{ch} kh}A_{x_1}。 \qquad (2.8.13)$$

显然上式已满足边界条件(2.8.9b)。利用(2.8.12)式,(2.8.8b)式右端和左端都可化为 $-2gc_g$,故自由面上的边界条件(2.8.8b)式也能满足。这里不计 ψ_1 的齐次解,因为它可以包含在 ψ_0 中。

将(2.8.10)式和(2.8.13)式代入(2.8.7c)式和(2.8.8c)式的右端,得到

$$\psi_{2,yy} - k^2\psi_2 = \frac{2\mathrm{i}g}{\omega}A_{x_1x_1}\frac{q\operatorname{sh} q}{\operatorname{ch} kh} + \frac{\mathrm{i}g}{\omega}(A_{x_1x_1} + 2\mathrm{i}kA_{x_2})\frac{\operatorname{ch} q}{\operatorname{ch} kh}, \qquad (2.8.14a)$$

$$\psi_{2,y} - \frac{\omega^2}{g}\psi_2 = \mathrm{i}\left(\frac{2h\operatorname{sh} kh}{\operatorname{ch} kh}c_g + \frac{c_g^2}{\omega}\right)A_{x_1x} + 2A_{t_2} \quad (y=0), \qquad (2.8.14b)$$

$$\psi_{2,y} = 0 \quad (y=-h)。 \qquad (2.8.14c)$$

在推导(2.8.14b)式时我们已应用了(2.8.12)式。

现在不求解 ψ_2 而只利用 ψ_2 的可解条件。在这个可解性条件下,对 ψ_0, ψ_2 应用 Green 公式,可得

$$\int_{-h}^{0}\mathrm{d}y\left[\psi_0(\psi_{2,yy} - k^2\psi_2) - \psi_2(\psi_{0,yy} - k^2\psi_0)\right] = \left[\psi_0\psi_{2,y} - \psi_2\psi_{0,y}\right]\Big|_{-h}^{0}。$$

同样,把(2.8.7)式和(2.8.14)式用于上式的左端,把(2.8.9a)式和(2.8.9c)式用于上式的右端,则上式的左端为

$$-\left(\frac{\mathrm{i}g}{\omega}\right)^2\frac{A}{\operatorname{ch} 2kh}\left[I_1A_{x_1x_1} + I_2(A_{x_1x} + 2\mathrm{i}kA_{x_2})\right],$$

其中

$$I_1 = \int_{-h}^{0}q\operatorname{sh} 2q\,\mathrm{d}y = \frac{1}{2k}\left(kh\operatorname{ch} 2kh - \frac{1}{2}\operatorname{sh} 2kh\right),$$

$$I_2 = \int_{-h}^{0}\operatorname{ch}^2 q\,\mathrm{d}y = \frac{1}{2}\left(h + \frac{1}{2k}\operatorname{sh} 2kh\right) = \frac{c_g}{2\omega}。$$

上式的右端为

$$-\frac{\mathrm{i}gA}{\omega}\left(\psi_{2,y} - \frac{\omega^2}{g}\psi_2\right)\Big|_0 = -\frac{\mathrm{i}gA}{\omega}\left[\mathrm{i}\left(\frac{2h\operatorname{sh} kh}{\operatorname{ch} kh}c_g + \frac{c_g^2}{\omega}\right)A_{xx} + 2A_{t_2}\right]。$$

最后,可整理为

$$A_{t_2} + c_g A_{x_2} = \frac{\mathrm{i}}{2}\omega'' A_{x_1 x_1}, \quad (2.8.15)$$

其中

$$\omega'' = \frac{\mathrm{d}^2\omega}{\mathrm{d}k^2} = \frac{c_g}{k}(1 - 2kh\,\mathrm{th}\,kh) - \frac{c_g^2}{\omega} + \frac{c}{2k}(2kh\,\mathrm{cth}\,2kh - 1)。$$

将(2.8.12)式的两端分别乘以 ε，将(2.8.15)式的两端分别乘以 ε^2，并将得到的两个式子的左、右两端分别相加，再去掉小参数，恢复 x，t 变量，得

$$A_t + c_g A_x = \frac{\mathrm{i}}{2}\omega'' A_{xx}。 \quad (2.8.16)$$

此方程制约着包络波的缓慢调制。

在将坐标系变换为以群速度 c_g 运动的坐标系，即用变换

$$\xi = x - c_g t$$

后，(2.8.16)式就变换成了 Schrödinger 方程

$$A_t = \frac{\mathrm{i}}{2}\omega'' A_{\xi\xi}。 \quad (2.8.17)$$

这个方程只含有一个空间坐标，所以，它比包含 x 和 y 的边值问题更容易处理。

§2-9 水波的绕射

水波作为一种特殊的波动现象，应该具有波动的一般特征，例如，水波能够绕射和折射。本节先讨论**水波的绕射**问题，后面一节再讨论水波的折射问题。

当水波向前传播时，可能会遇到岛屿和防波堤之类的障碍物，显然，这些障碍物会阻挡水波的传播。但是经验告诉我们，即使在障碍物的背后，也可以存在波动，尽管那里的波动强度较弱。这一现象当然是水波发生绕射后产生的结果。

考虑绕射问题时应采用小振幅波理论中三维 Laplace 方程。设水深 h 为常数，则绕射问题中的速度势 φ 首先应该满足

$$\varphi_{xx} + \varphi_{yy} + \varphi_{zz} = 0 \quad (-h < y < 0), \quad (2.9.1)$$

$$\xi_t = \varphi_y \quad (y = 0), \quad (2.9.2)$$

$$\xi = -\frac{1}{g}\varphi_t \quad (y = 0), \quad (2.9.3)$$

$$\varphi_n = 0 \quad (y = -h)。 \quad (2.9.4)$$

假设
$$\varphi = \Phi \operatorname{ch} k(y+h)\exp(i\omega t), \tag{2.9.5}$$
其中 Φ 是复速度势，φ 只须取(2.9.5)是对实部或虚部即可。将(2.9.5)式代入(2.9.1)式，得
$$\Phi_{xx} + \Phi_{zz} + k^2\Phi = 0。 \tag{2.9.6}$$
Helmholtz 方程(2.9.6)就是绕射问题的基本方程。此外，Φ 还应该满足在障碍物表面和无穷远处的某些边界条件。

为了能确定边界条件，我们讨论一个具体的绕射问题[7]，即如图 2-13 所示，考虑波幅为 1 的**入射波**（入射角为 α）绕射第四象限这一直角的绕射问题。在使用极坐标 (r, θ) 求解时，我们把离原点的无量纲距离 kr 记为 ρ，则(2.9.6)式成为

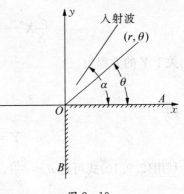

图 2-13

$$\Phi_{\rho\rho} + \frac{1}{\rho}\Phi_\rho + \frac{1}{\rho^2}\Phi_{\theta\theta} + \Phi = 0。 \tag{2.9.7}$$

这里，$0 \leqslant \rho < \infty$，$0 \leqslant \theta \leqslant \frac{3\pi}{2}$。把解分成两个部分，即

$$\Phi(\rho, \theta) = g(\rho, \theta) + f(\rho, \theta), \tag{2.9.8}$$

其中 g 仅与入射波有关，而 f 是由障碍物的扰动所引起的。当 $0 \leqslant \alpha < \frac{\pi}{2}$ 时，有

$$g(\rho, \theta) = \begin{cases} \exp\{i\rho\cos(\theta-\alpha)\} + \exp\{i\rho\cos(\theta+\alpha)\} & (0 \leqslant \theta < \pi-\alpha), \\ \exp\{i\rho\cos(\theta-\alpha)\} & (\pi-\alpha \leqslant \theta \leqslant \pi+\alpha), \\ 0 & (\pi+\alpha \leqslant \theta \leqslant \frac{3\pi}{2})。 \end{cases} \tag{2.9.9}$$

由(2.9.9)式的右端我们可以看到：在第三个区域中没有入射波，这是因为障碍物的掩护作用使得入射波不能到达；在第二个区域中仅有入射波；在第一个区域中入射波和反射波都存在。因为只有当 $0 \leqslant \theta < \frac{\pi}{2}$ 和 $\pi < \theta \leqslant \frac{3\pi}{2}$ 时才会引起绕射，而且由于问题的对称性，我们只须考虑 $0 \leqslant \alpha < \frac{\pi}{2}$ 这种情况。

在障碍物上的边界条件为

$$\Phi_0 = 0 \quad \theta = 0, \frac{3\pi}{2}. \tag{2.9.10}$$

此外,在 $0 \leqslant \theta \leqslant \frac{3\pi}{2}$ 内,(2.9.8)式中的 $f(r, \theta)$ 应该满足 Sommerfeld 散射条件

$$\lim_{\rho \to \infty} \sqrt{\rho}(f_\rho + \mathrm{i}f) = 0. \tag{2.9.11}$$

该条件可保证问题的解具有唯一性。

这里,我们利用分离变量法来求解。设 $\Phi(\rho, \theta) = X(\rho)Y(\theta)$,并代入(2.9.7)式得

$$\frac{\rho^2}{X}X'' + \frac{\rho}{X}X' + \rho^2 = -\frac{1}{Y}Y'' = n^2. \tag{2.9.12}$$

关于 Y 的方程为

$$Y'' + n^2 Y = 0,$$

则

$$Y = C\cos n\theta + D\sin n\theta.$$

利用(2.9.10)式可得 $n = \frac{2m}{3}$,故特解可以取为

$$Y_m = \cos\frac{2}{3}m\theta, \tag{2.9.13}$$

其中 m 为正整数。关于 X 的方程为

$$X'' + \frac{1}{\rho}X' + \left(1 - \frac{n^2}{\rho^2}\right)X = 0.$$

这是 n 阶 Bessel 方程,考虑到 $\rho = 0$ 时解取有限值,故特解 X_m 可取为

$$X_m = J_{\frac{2}{3}m}(\rho). \tag{2.9.14}$$

因此,Φ 可以表示为

$$\Phi(\rho, \theta) = \sum_{m=0}^{\infty} c_m J_{\frac{2}{3}m}(\rho)\cos\frac{2}{3}m\theta, \tag{2.9.15}$$

其中 c_m 是复系数,$J_{\frac{2}{3}m}(\rho)$ 是第一类 $\frac{2}{3}m$ 阶的 Bessel 函数。现在再作变换

$$\overline{\Phi}(\rho, m) = \int_0^{\frac{3}{2}\pi} \Phi(\rho, m)\cos\frac{2}{3}m\theta \mathrm{d}\theta, \tag{2.9.16}$$

将(2.9.7)式的两边同时乘以 $\cos\frac{2}{3}m\theta$,然后关于 θ 从 0 到 $\frac{3}{2}\pi$ 积分,利用

(2.9.10)式再经过两次分部积分,有

$$\int_0^{\frac{3}{2}\pi} \Phi_{\theta\theta} \cos\frac{2}{3}m\theta \, d\theta = -\frac{4}{9}m^2 \int_0^{\frac{3}{2}\pi} \Phi \cos\frac{2}{3}m\theta \, d\theta = -\frac{4}{9}m^2 \overline{\Phi}。$$

故(2.9.7)式最后可化为

$$\overline{\Phi}_{\rho\rho} + \frac{1}{\rho}\overline{\Phi}_{\rho} + \left(1 - \frac{4m^2}{9\rho^2}\right)\overline{\Phi} = 0, \tag{2.9.17}$$

其解为

$$\overline{\Phi}(\rho, m) = \alpha_m J_{2m}(\rho), \tag{2.9.18}$$

其中 α_m 为待定系数。

对 g 也作同样变换,有

$$\overline{g} = \int_0^{\frac{3}{2}\pi} g(\rho, \theta) \cos\frac{2}{3}m\theta \, d\theta,$$

则 f 的变换 $\overline{f}$ 就成为

$$\overline{f}(\rho, \theta) = \overline{\Phi} - \overline{g} = \alpha_m J_{2m}(\rho) - \int_0^{\frac{3}{2}\pi} g(\rho, \theta) \cos\frac{2}{3}m\theta \, d\theta。 \tag{2.9.19}$$

将上式代入散射条件(2.9.11)的变换式,有

$$\lim_{\rho\to\infty}\sqrt{\rho}(\overline{f}_{\rho} + i\overline{f}) = \lim_{\rho\to\infty}\sqrt{\rho}\left(\frac{\partial}{\partial\rho} + i\right)\left\{\alpha_m J_{\frac{2}{3}m} - \int_0^{\frac{3}{2}\pi} g(\rho, \theta)\cos\frac{2}{3}m\theta \, d\theta\right\} = 0。 \tag{2.9.20}$$

当 $\rho \to \infty$ 时,左边的 Bessel 函数的渐近展开式为

$$J_{2m}(\rho) \approx \sqrt{\frac{2}{\pi\rho}} \cos\left(\rho - \frac{\pi}{4} - \frac{m\pi}{3}\right)。$$

因此,(2.9.20)式左边的第一项可表示为

$$\left(\frac{\partial}{\partial\rho} + i\right) J_{2m}(\rho) \approx \sqrt{\frac{2}{\pi\rho}} \exp\left\{i\left(\rho + \frac{\pi}{4} - \frac{m\pi}{3}\right)\right\}。 \tag{2.9.21}$$

当 $\rho \to \infty$ 时(2.9.20)式左边第二项的渐近展开式可用 Kelvin 驻相法得

$$\sqrt{\rho}\left(\frac{\partial}{\partial\rho} + i\right) \int_0^{\frac{3}{2}\pi} g(\rho, \theta)\cos\frac{2}{3}m\theta \, d\theta \approx 2\sqrt{2\pi}\cos\frac{2}{3}m\alpha \exp\left\{i\left(\rho + \frac{\pi}{4}\right)\right\}。$$

(2.9.22)

把(2.9.21)式和(2.9.22)式代入(2.9.20)式得

$$\alpha_m = 2\pi\cos\frac{2}{3}m\alpha \exp\left(\frac{im\pi}{3}\right). \tag{2.9.23}$$

因而由(2.9.18)式得

$$\overline{\Phi} = 2\pi\cos\frac{2}{3} \exp\left(\frac{im\pi}{3}\right) J_{\frac{2}{3}m}(\rho). \tag{2.9.24}$$

现在设

$$\Phi = \sum_{n=0}^{\infty} D_n(\rho)\cos\frac{2}{3}n\theta,$$

将上式代入(2.9.16)式求 $D_n(\rho)$。由于三角函数序列 $\left\{1, \cos\frac{2}{3}\theta, \cdots, \cos\frac{2}{3}n\theta, \cdots\right\}$ 在 $\left[0, \frac{3\pi}{2}\right]$ 中具有完备性和正交性,因此可得

$$D_0(\rho) = \frac{2}{3\pi}\overline{\Phi}(\rho, 0),$$

$$D_n(\rho) = \frac{4}{3\pi}\overline{\Phi}(\rho, n) \quad (n \geqslant 1).$$

故最后有

$$\Phi = \frac{2}{3\pi}\overline{\Phi}(\rho, 0) + \frac{4}{3\pi}\sum_{n=-1}^{\infty}\overline{\Phi}(\rho, n)\cos\frac{2}{3}n\theta.$$

注意到(2.9.24)式,就有

$$\Phi = \frac{4}{3}J_0(\rho) + \frac{8}{3}\sum_{n=-1}^{\infty}\exp\left(\frac{in\pi}{3}\right)J_{\frac{2}{3}n}(\rho)\cos\frac{2}{3}n\alpha\cos\frac{2}{3}n\theta. \tag{2.9.25}$$

这里,$0 < \alpha < \frac{\pi}{2}$。当入射波沿着 AO 传播,即当 $\alpha = 0$ 时,因为在用驻相法求得的渐近公式的积分表达式中,驻点就处于积分的下限,积分值应该减少一半,故

$$\Phi = \frac{2}{3}J_0(\rho) + \frac{4}{3}\sum_{n=-1}^{\infty}\exp\left(\frac{in\pi}{3}\right)J_{\frac{2}{3}n}(\rho)\cos\frac{2}{3}n\theta. \tag{2.9.26}$$

图 2-14(其中 $\alpha = \frac{\pi}{4}$)显示了上述理论结果与实测结果的比较,图中纵轴表示当地波幅与入射波幅之比,横轴表示离原点的无量纲距离。上面一条曲线表示沿着 OA 的波幅分布,下面一条曲线表示沿着 OB 的波幅分布。从图中可以看出,在离开原点适当远的地方,理论与实测这两者的结果符合得很好。同时,由于存在着反射波,因此,在 OA 上的某些地方,当地波幅与入射波幅之比可以达到 2。另外,由于沿 OB 存在着绕射,故不论由实测结果还是由理论结果都可以

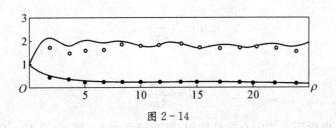

图 2-14

看到当地波幅不为零。当角 AOB 不等于 $\frac{\pi}{2}$ 时，在文献[7]中也给出了一些解析结果。

关于波的绕射问题，即使不用严格的数学描述，用 Huygens 原理也能很直观地予以定性说明。假定在水面上的某点处产生一个扰动，例如，用笔尖触动一下平静的水面，就会形成一个扩展着的圆形脉冲波。假如，圆形脉冲波在 $t=0$ 时在原点处形成且以某速度 v（v 应该是群速度）向外扩散，则离原点为 r 处使水质点在 $t=\frac{r}{v}$ 时便投入运动。按照 Huygens 的看法，那些在 $t+\frac{\Delta r}{v}$ 时出现在 $r+\Delta r$ 处的效应仍是由 r 处的水质点在 t 时的扰动造成的。不论是圆形波还是直线形波，若波在传播过程中遇到有一条垂直的、有狭缝的壁板，那么这狭缝就可作为一个新的点波源并向前发出圆形波，这种圆形波称为 Huygens 子波。其实，波阵面上的任意一点的都可作为一个新的点波源而能发出 Huygens 子波。因此，当 $\alpha=\frac{\pi}{4}$（见图 2-15）时，假定波阵面传到 OC 位置时，在 OC 上的任一点处都可以发出 Huygens 子波。设在某一时刻后，子波的半径为 r，这时波阵面为包络线 $O'C'$ 以及圆弧 $O'D'$，$O'D'$ 是由在点 O 的点波源发出的子波波阵面。这一过程可以随时间推移而依次类推，因此，在掩护区域内 $\left(\frac{5\pi}{4}<\theta\leqslant\frac{3\pi}{2}\right)$ 也存在波动。

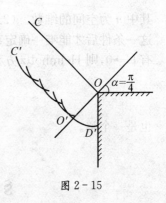

图 2-15

下面对散射条件(2.9.11)式作些说明。在本节所讨论的问题中，除入射波外还有绕射波和反射波（通常都合称为散射波）传播到无穷远处。如 u 是散射波的某一物理量，则

$$\nabla^2 u - u_{tt} = 0。 \qquad (2.9.27)$$

设 $u=Ue^{-i\omega t}$，则 U 满足三维的 Helmholtz 方程

$$L[U] = \nabla^2 U + \omega^2 U = 0。$$

现在来考虑满足方程(2.9.27)的球面波

$$u = \frac{e^{-i\omega(t-r)}}{4\pi r}, \qquad (2.9.28a)$$

或

$$U = \frac{e^{i\omega r}}{4\pi r}。 \qquad (2.9.28b)$$

该球面波以坐标原点为中心向外散射,其相速度为1。当 $r \gg 1$ 时,由实际验证可知

$$\left| \frac{\partial U}{\partial r} - i\omega U \right| = O\left(\frac{1}{r^2}\right)。 \qquad (2.9.29)$$

从能量守恒这一观点来看,在二维问题中,扰动引起的波动在向左右两边传播的过程中波幅保持不变;而在三维问题中,自由面上外传柱面波的波幅在远处则以 $\frac{1}{\sqrt{r}}$ 的速率衰减。按照 Sommerfeld 的说法,这是上述球面波在无穷远处应该满足的关系式。一般来说,条件(2.9.29)为

$$\lim_{r \to \infty} r^{\frac{n-1}{2}} \left| \frac{\partial U}{\partial r} - i\omega U \right| = 0, \qquad (2.9.30)$$

其中 n 为空间的维数。(2.9.30)式就称为 Sommerfeld 散射条件。只有满足了这一条件后才能唯一确定某一散射波。如果把条件(2.9.30)减弱到当 $r \to \infty$ 时有 $U \to 0$,则 Helmholtz 方程的解就不唯一了。例如,不难验证

$$U = \frac{\sin \omega r}{\omega r}$$

也是一个解。

§2−10 水波的折射

本节研究水波的另一个特征,即水波的折射问题。从小振幅波的色散关系可知,波速依赖于水深。我们把(2.2.1a)稍作变换就可得到

$$c = \sqrt{\frac{g}{k} \text{th } kh}。$$

当 h 缓慢变化时,认为此式也是适用的。这时,我们可以这样来定义水面上某点 P 的波速,即波速恰为给定波数为 k 的波在与点 P 同样深度的均匀水深 h 中的波速。正如在 §2−2 中曾提到过的,当外海的小振幅波进入近海水域时,由于深

度变浅波速也要变小。因此,在同一波峰上的各点的波速可能不同,这就使得波峰线不断弯曲,波的传播方向也不断变化,这种现象称为**水波的折射**。研究波的折射很有实用价值,例如,了解波的传播方向对建造防波堤来说是很重要的。此外,波传播方向的改变必然会引起波能的集中和发散,因而波的折射也会使波高发生变化。

我们假定波长远小于水深变化的水平尺度,即

$$\mu = O\left(\frac{|\nabla h|}{kh}\right) \ll 1 \text{。} \tag{2.10.1}$$

这就是说在一个波长范围内,h 的相对变化很小,我们将这种海底称为**缓变海底**。我们就取 μ 作为小参数来作摄动分析。此外,还允许时间也有缓慢变化。引进慢变量[6]

$$\bar{x} = \mu x, \bar{z} = \mu z, \bar{t} = \mu t \text{。} \tag{2.10.2}$$

令 $\varphi = \Phi(\bar{x}, y, \bar{z}, \bar{t})$, $h = h(\bar{x}, \bar{z}, \bar{t})$,那么,三维小振幅波的控制方程变成

$$\mu^2(\Phi_{\bar{x}\bar{x}} + \Phi_{\bar{z}\bar{z}}) + \Phi_{yy} = 0 \quad (-h(\bar{x}, \bar{z}, \bar{t}) < y < 0), \tag{2.10.3}$$

$$\mu^2 \Phi_{\bar{t}\bar{t}} + g\Phi_y = 0 \quad (y = 0), \tag{2.10.4}$$

$$\Phi_y = -\mu^2(\Phi_{\bar{x}} h_{\bar{x}} + \Phi_{\bar{z}} h_{\bar{z}}) \quad y = -h(\bar{x}, \bar{z}, \bar{t}) \text{。} \tag{2.10.5}$$

将折射以后的行波速度势记为

$$\Phi(\bar{x}, y, \bar{z}, \bar{t}) = [\varphi_0 + (-i\mu)\varphi_1 + (-i\mu)^2 \varphi_2 + \cdots] e^{\frac{iS}{\mu}}, \tag{2.10.6}$$

其中

$$\varphi_j = \varphi_j(\bar{x}, y, \bar{z}, \bar{t}), S = S(\bar{x}, \bar{z}, \bar{t}) \text{。}$$

这种展开的目的是使波幅随慢变量变化,而相位则由于引进了因子 μ^{-1} 后能较快地变化。根据(2.10.6)式,有

$$\Phi_x = \mu \Phi_{\bar{x}} = iS_{\bar{x}} [\varphi_0 + (-i\mu)\varphi_1 + \cdots] e^{\frac{iS}{\mu}} + \mu [\varphi_{0,\bar{x}} + (-i\mu)\varphi_{1,\bar{x}} + \cdots] e^{\frac{iS}{\mu}} \text{。}$$

因为在相位中引进了因子 μ^{-1},故使第一项中有了 $O(1)$ 的量。

通过对(2.10.6)式关于 $\bar{t}$ 直接求导,得到

$$\mu^2 \Phi_{\bar{t}\bar{t}} = -(-i\mu)^2 \Phi_{\bar{t}\bar{t}} = -\{iS_{\bar{t}}^2 [\varphi_0 + (-i\mu)\varphi_1 + (-i\mu)^2 \varphi_2 + \cdots]$$
$$+ (-i\mu)[S_{\bar{t}\bar{t}}(\varphi_0 + (-i\mu)\varphi_1 + \cdots) + 2S_{\bar{t}}(\varphi_{0,\bar{t}}$$
$$+ (-i\mu)\varphi_{1,\bar{t}} + \cdots)] + (-i\mu)^2 [\varphi_{0,\bar{t}\bar{t}} + \cdots]\} e^{\frac{iS}{\mu}},$$
$$\tag{2.10.7}$$

$$\overline{\nabla}\Phi = \left\{[\overline{\nabla}\varphi_0 + (-i\mu)\overline{\nabla}\varphi_1 + \cdots] + \frac{i\overline{\nabla}S}{\mu}[\varphi_0 + (-i\mu)\varphi_1 + \cdots]\right\} e^{\frac{iS}{\mu}},$$
$$\tag{2.10.8}$$

$$\mu^2 \overline{\nabla}\Phi = -(-i\mu)^2 \overline{\nabla}^2 \Phi = (-i\mu)^2 \{\overline{\nabla}^2 \varphi_0 + (-i\mu)\overline{\nabla}^2 \varphi_1 + \cdots]$$
$$+ \frac{i\overline{\nabla}S}{-i\mu} \cdot [\overline{\nabla}\varphi_0 + (-i\mu)\overline{\nabla}\varphi_1 + \cdots]$$
$$+ \frac{1}{-i\mu}[\overline{\nabla} \cdot (\varphi_0 \overline{\nabla}S) + (-i\mu)\overline{\nabla} \cdot (\varphi_1 \overline{\nabla}S) + \cdots]$$
$$+ \left(\frac{\overline{\nabla}S}{-i\mu}\right)^2 [\varphi_0 + (-i\mu)\varphi_1 + \cdots]\} e^{\frac{iS}{\mu}}.$$
(2.10.9)

我们定义

$$\boldsymbol{k} = \overline{\nabla}S, \quad (2.10.10a)$$

$$\omega = -S_{\bar{t}}, \quad (2.10.10b)$$

它们都表示**局部波矢**和**局部频率**。把(2.10.7)~(2.10.10)式一起代入 (2.10.3)~(2.10.5)式 3 式,再分离$(-i\mu)$的各次幂,便得下列递推方程

$$(-i\mu)^0: \varphi_{0,yy} - k^2 \varphi_0 = 0 \quad (-h < y < 0), \quad (2.10.11)$$

$$\varphi_{0,y} - \frac{\omega^2}{g}\varphi_0 = 0 \quad (y=0), \quad (2.10.12)$$

$$\varphi_{0,y} = 0 \quad (y=-h)。 \quad (2.10.13)$$

$$(-i\mu)^1: \varphi_{1,yy} - k^2 \varphi_1 = \boldsymbol{k} \cdot \overline{\nabla}\varphi_0 + \overline{\nabla} \cdot (\boldsymbol{k}\varphi_0) \quad (-h<y<0), \quad (2.10.14)$$

$$\varphi_{1,y} - \frac{\omega^2}{g}\varphi_1 = \frac{-(\omega\varphi_{0,\bar{t}} + \omega\varphi_0)_{\bar{t}}}{g} \quad (y=0), \quad (2.10.15)$$

$$\varphi_{1,y} = \varphi_0 \boldsymbol{k} \cdot \overline{\nabla}h \quad (y=-h)。 \quad (2.10.16)$$

(2.10.11)~(2.10.13)式 3 式和(2.10.14)~(2.10.16)式 3 式分别是两个常微分方程的边值问题。可把前一个问题中方程的解表示成

$$\varphi_0 = \frac{igA}{\omega} \frac{\operatorname{ch} k(y+h)}{\operatorname{ch} kh}, \quad (2.10.17)$$

其中

$$\omega^2 = gk \operatorname{th} kh。 \quad (2.10.18)$$

因此,局部频率$\omega(\bar{x}, \bar{z}, \bar{t})$和局部波数$k(\bar{x}, \bar{z}, \bar{t})$与局部深度$h(\bar{x}, \bar{z}, \bar{t})$之间的关系就是通常$h$为常数时的色散关系,但这时,振幅$A(\bar{x}, \bar{z}, \bar{t})$是一个待定函数。

为了确定 A 所满足的方程,我们要应用 φ_1 的可解性条件(2.10.11)~(2.10.13)是齐次问题的方程,而方程(2.10.14)~(2.10.16)恰是相应的非齐次

问题的方程。因此,要使非齐次方程有解,必须满足 φ_1 的可解性条件。关于 φ_0 和 φ_1 应用 Green 公式,该可解性条件表示为

$$\int_{-h}^{0} \mathrm{d}y [\varphi_1(\varphi_{0,yy} - k^2\varphi_0) - \varphi_0(\varphi_{1,yy} - k^2\varphi_1)] = [\varphi_1\varphi_{0,y} - \varphi_0\varphi_{1,y}]\Big|_{-h}^{0}。$$

利用条件(2.10.11)~(2.10.16)式各式,上式可化为

$$\int_{-h}^{0} \mathrm{d}y \varphi_0 [(\boldsymbol{k} \cdot \overline{\nabla}\varphi_0) + \overline{\nabla} \cdot (\boldsymbol{k}\varphi_0)]$$

$$= -\frac{1}{g}\{\varphi_0[\omega\varphi_{0,\bar{t}} + (\omega\varphi_0)_{\bar{t}}]\}_{y=0} - \{\varphi_0^2\}_{y=-h}\boldsymbol{k} \cdot \overline{\nabla}h。$$

上式又可化为

$$\int_{-h}^{0} \mathrm{d}y \overline{\nabla} \cdot (\boldsymbol{k}\varphi_0^2) = -\frac{1}{g}\frac{\partial}{\partial \bar{t}}[\omega\varphi_0^2]\big|_{y=0} - \{\varphi_0^2\}_{y=-h}\boldsymbol{k} \cdot \overline{\nabla}h。 \quad (2.10.19)$$

利用 Leibniz 法则,得

$$D\int_b^a \mathrm{d}y = \int_b^a Df\mathrm{d}y + (Da)[f]_{y=a} - (Db)[f]_{y=b},$$

其中 D 可为 $\frac{\partial}{\partial \bar{t}}$, $\frac{\partial}{\partial \bar{x}}$ 或 $\frac{\partial}{\partial \bar{z}}$,将(2.10.19)式左端的积分和右端的最后一项合并起来,则有

$$\overline{\nabla} \cdot \int_{-h}^{0} \mathrm{d}y \boldsymbol{k}\varphi_0^2 + \frac{1}{g}\frac{\partial}{\partial \bar{t}}[\omega\varphi_0^2]_{y=0} = 0。$$

将(2.10.17)式代入上式,有

$$\overline{\nabla} \cdot \left(\boldsymbol{k}\frac{A^2}{\omega^2}\frac{1}{\mathrm{ch}^2 kh}\int_{-h}^{0} \mathrm{ch}^2 k(y+h)\mathrm{d}y\right) + \frac{1}{g}\frac{\partial}{\partial \bar{t}}\left(\frac{A^2}{\omega}\right) = 0,$$

即

$$\overline{\nabla} \cdot \left(\boldsymbol{k}\frac{E}{\omega^2}\frac{1}{\mathrm{ch}^2 kh}\frac{\mathrm{sh}^2 kh}{2k}\frac{c_g}{c}\right) + \frac{1}{g}\frac{\partial}{\partial \bar{t}}\left(\frac{E}{\omega}\right) = 0。$$

利用色散关系式,可得

$$\overline{\nabla} \cdot \left(\frac{E}{\omega}c_g\right) + \frac{\partial}{\partial \bar{t}}\left(\frac{E}{\omega}\right) = 0。 \quad (2.10.20)$$

这里的 $\frac{E}{\omega}$ 称为**波作用量**,由上式可知它在传播速度为群速度的传播过程中是守恒的。

综上所述,对缓变水深的水波来说,相函数 S 的控制方程由(2.10.10)式和(2.10.18)式联立而得,这是一个高度非线性的二阶偏微分方程,在光学中称为

程函方程。一旦求得了相函数 S 后,振幅就可由解波作用量方程(2.10.20)求得。

我们还注意到,由定义(2.10.10)式立即可得

$$\frac{\partial k}{\partial \bar{t}} + \overline{\nabla}\omega = 0。 \qquad (2.10.21)$$

其一维形式为

$$\frac{\partial k}{\partial \bar{t}} + \frac{\partial \omega}{\partial \bar{x}} = 0。 \qquad (2.10.22)$$

这就是波数守恒定律。

如果波是稳恒的,即 $\frac{\partial}{\partial \bar{t}} = 0$,那么由(2.10.21)式可知 ω 为常数。现在来讨论在正弦波时的情况。根据(2.10.20)式,振幅变化的控制方程为

$$\nabla \cdot (Ec_g) = 0。 \qquad (2.10.23)$$

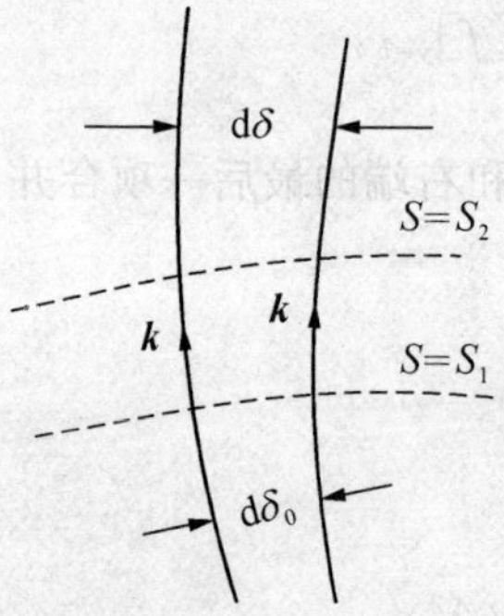

我们想象在 $x\text{-}z$ 平面上画满了 k 矢量,它们的大小和方向随空间位置都有变化。从一定点出发画出处处切于 k 矢量的曲线,这种曲线称为**射线**。由(2.10.10a)式知,$k = \overline{\nabla}S$,故射线总是正交于当地的相线 $S = $ 常数的。从不同的出发点可引出不同的射线,相近的射线形成了射线管。我们来考察一段射线管,其两端的宽度为 $\mathrm{d}\delta_0$ 和 $\mathrm{d}\delta$(见图 2-16)。现在沿着由一射线管段的边界形成的封闭周线积分(2.10.23)式,利用 Gauss 散度定理以及 c_g 切于射线这一事实,可证得通过射线管两端的能流相等,即

图 2-16

$$Ec_g \mathrm{d}\delta = E_0 c_{g0} \mathrm{d}\delta_0 = 常数。 \qquad (2.10.24)$$

这是对仅适用于常深度情况的结果(2.4.10)式的推广。由(2.10.24)式可知,振幅沿一射线的变化为

$$\frac{A}{A_0} = \left[\frac{c_{g0}\mathrm{d}\delta_0}{c_g \mathrm{d}\delta}\right]^{\frac{1}{2}}, \qquad (2.10.25)$$

其中 $\frac{\mathrm{d}\delta}{\mathrm{d}\delta_0}$ 称为**射线间隔因子**。

现在的问题是求射线或与它们正交的曲线——相线 $S(x, z) = $ 常数。一旦确定了射线,并且已知点 O 处的振幅后,就立即可求得射线上任一点处的振幅。

将(2.10.10a)式两边平方后,得到 S 的非线性偏微分方程为

$$|\nabla S|^2 = k^2 \quad 即 \quad S_x^2 + S_z^2 = k^2。 \tag{2.10.26}$$

上式右端的 k^2 由色散关系(2.10.18)式确定,下面对程函方程(2.10.26)作较为初等的论述。

令 $z = z(x)$ 为一特定的射线,根据(2.10.16b)式,其斜率必定是

$$z' = z_x = \frac{S_z}{S_x}。$$

由(2.10.26)式得

$$\sqrt{1+z'^2} = \frac{k}{S_x}, \quad \frac{k_z'}{\sqrt{1+z'^2}} = S_x。$$

对第二个方程关于 x 求导数,有

$$\frac{\mathrm{d}}{\mathrm{d}x}\left(\frac{k_z'}{\sqrt{1+z'^2}}\right) = S_{xx} + S_{xz} \cdot z' = \frac{S_{xx} \cdot S_x + S_{zx} \cdot S_z}{S_x}$$

$$= \frac{\frac{1}{2}\frac{\partial}{\partial z}|\nabla S|^2}{S_x} = k_z\sqrt{1+z'^2},$$

即得射线方程为

$$\frac{\mathrm{d}}{\mathrm{d}x}\left(\frac{k_z'}{\sqrt{1+z'^2}}\right) = \sqrt{1+z'^2} \cdot k_z, \quad k = k(x, z(x))。 \tag{2.10.27}$$

上式就是 $z(x)$ 的非线性常微分方程。一旦已知始点的射线斜率,就可用数值方法求得射线路径。

下面考虑一个特例。设所有等深线平行于 z 轴,因此 $h = h(x)$,$k = k(x)$,于是,方程(2.10.27)简化为

$$\frac{\mathrm{d}}{\mathrm{d}x}\left(\frac{k_z'}{\sqrt{1+z'^2}}\right) = 0。 \tag{2.10.28}$$

由此得到

$$\frac{k_z'}{\sqrt{1+z'^2}} = K = 常数。 \tag{2.10.29}$$

设 S 为射线的弧长,α 是射线与正 x 轴的夹角,于是

$$\frac{z'}{\sqrt{1+z'^2}} = \frac{\mathrm{d}z}{\mathrm{d}S} = \sin\alpha。 \tag{2.10.30}$$

将(2.10.30)式代入(2.10.29)式,就得到通常的 Snell 定律

$$k\sin\alpha = k_0 \sin\alpha_0 = K,$$

或

$$\frac{\sin\alpha}{c} = \frac{\sin\alpha_0}{c_0}. \tag{2.10.31}$$

这里 k_0, α_0 为射线上某一已知点 (x_0, z_0) 处的 k, α 值。

从 (2.10.29) 式求出 z' 为

$$z' = \frac{\mathrm{d}z}{\mathrm{d}x} = \frac{\pm K}{\sqrt{k^2 - K^2}}. \tag{2.10.32}$$

积分上式,得到

$$z - z_0 = \pm \int_{x_0}^{x} \frac{K \mathrm{d}x}{\sqrt{k^2(x) - K^2}}. \tag{2.10.33}$$

很清楚,仅在 $k^2 > K^2$ 处才可能存在射线。

现在用 (2.10.32) 式来分析入射到海脊或海滩上的平面波是怎样行进的。设海脊是由平行于 z 轴的直线构成的,来自左方的入射波是平面波,平行的入射射线在 $x = x_0$ 处进入海脊 ($x_0 < 0$),且与 x 轴的夹角是 α_0 (见图 2-17),因此 (2.10.32) 式和 (2.10.33) 式的右端应取正号。当入射波进入海脊后,一方面由色散关系式 (2.10.18) 可知,当 h 变小时 k 会变大;另一方面由 $K = k\sin\alpha < k$ 可知,(2.10.32) 式中的根式总取实数。于是,由 (2.10.32) 式可知此时 z' 会减小,射线越来越平行于 x 轴,在过脊顶后射线再越来越偏离 x 轴。

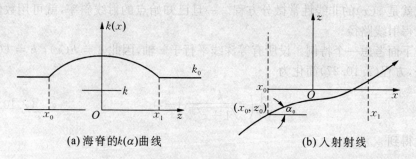

(a) 海脊的 $k(\alpha)$ 曲线 (b) 入射射线

图 2-17

作为一种极限情况,设脊顶露出水面两侧形成海滩。此时色散关系式 (2.10.18) 可以近似为 $k \approx \dfrac{\omega}{\sqrt{gh}}$,当 h 趋于零时 k 趋于无限大。故由 (2.10.32) 式可知 z' 趋于零,即射线平行于 x 轴,或者说射线将垂直于岸线向前推进,这一结果在 §2-2 中也曾阐述过。

§2-11 毛细射流的稳定性

水射流从出口流出,经过不长的一段距离后其表面就由于不平滑而呈现出波状,最后破碎成水滴。由于这时表面的平衡位置是曲面(柱面)而不是平面,因此,这种射流的不稳定是由表面张力引起的。

现在我们来考察一水射流。设水的密度为 ρ,表面张力系数为 T,且射流以恒定速度 c 向右移动。为简单起见,假设未扰动时射流截面是半径为 a 的一个圆。

我们在以速度 c 向右移动的动坐标系 (r, θ, z) 中来考察扰动问题。显然,在未扰动时,有

$$v_r = v_\theta = v_z = 0, \quad p = \frac{T}{a}.$$

为了讨论水射流的稳定性,对系统施加一个扰动,假定小扰动仍具有速度势,设该扰动速度势为 φ,则

$$\nabla^2 \varphi = 0, \qquad (2.11.1)$$

扰动速度为 $v = \nabla \varphi$。再假设扰动形式取为

$$\varphi(x, \theta, z, t) = \varphi_1(r, \theta) \cos kz \cos \sigma t. \qquad (2.11.2)$$

这是任意一个真实扰动的某一个 Fourier 分量。因为要保持扰动不随时间增长,所以射流稳定的条件是

$$\sigma^2 \geqslant 0. \qquad (2.11.3)$$

另一方面,由于忽略了速度平方项和重力项,故 Bernoulli 方程为

$$\frac{p}{\rho} = -\varphi_t + 常数。 \qquad (2.11.4)$$

这里的常数是可以吸收到 φ 中去。在表面处,有

$$p = T\left(\frac{1}{R_1} + \frac{1}{R_2}\right), \qquad (2.11.5)$$

其中 R_1 和 R_2 是曲面的两个主曲率半径。

将 (2.11.2) 式代入 (2.11.1) 式得到

$$\varphi_{1,rr} + \frac{1}{r}\varphi_{1,r} + \frac{1}{r^2}\varphi_{1,\theta\theta} - k^2 \varphi_1 = 0. \qquad (2.11.6)$$

再取

$$\varphi_1 = R(r)\Theta(\theta),$$

将上式代入(2.11.6)式再分离变量后,得

$$\Theta_{\theta\theta} = -s^2\Theta. \tag{2.11.7}$$

常数取为负值是为了保证 φ 在 θ 方向具有周期性,因此

$$\Theta \propto \cos s\theta. \tag{2.11.8}$$

关于 R 的方程为

$$R_{rr} + \frac{1}{r}R_r + \left[(\mathrm{i}k)^2 - \frac{s^2}{r^2}\right] = 0, \tag{2.11.9}$$

这是一个 s 阶的虚宗量的 Bessel 方程。因为在 $r=0$ 处,φ 应取有限值,故 R 只能取特解 $I_s(kr)$,这个特解称为第一类虚宗量函数,即为 $\mathrm{e}^{\frac{\mathrm{i}\pi s}{2}} \cdot J_s(\mathrm{i}kr)$。因此,最后有

$$\varphi = A I_s(kr)\cos s\theta \cos kz \cos \sigma t. \tag{2.11.10}$$

下面利用边界条件来继续讨论。

当施加扰动后,射流表面偏离圆柱面,此时,表面上各点离轴线的距离 r 可记为

$$r = a + \eta. \tag{2.11.11}$$

这里,η 表示自由面偏离的小参数。在 $r=a$ 上的运动学条件为

$$\eta_t = \varphi_r. \tag{2.11.12}$$

在 $r=a$ 上的动力学条件由(2.11.5)式即得

$$p = T\left[\frac{1}{a} - \frac{1}{a^2}(\eta + \eta_{\theta\theta}) - \eta_{zz}\right]. \tag{2.11.13}$$

再从(2.11.12)式可得

$$\eta = \frac{kA}{\sigma} I'_s(ka)\cos s\theta \cos kz \sin \sigma t. \tag{2.11.14}$$

如不计常数,则由(2.11.4)式给出

$$p = \rho\sigma A I_s(kr)\cos s\theta \cos kz \sin \sigma t. \tag{2.11.15}$$

也不计(2.11.13)式中的常数,在将(2.11.13)~(2.11.15)式联立起来就可得

$$\sigma^2 = ka \frac{I'_s(ka)}{I_s(ka)}[k^2a^2 + s^2 - 1]\frac{T}{\rho a^3}. \tag{2.11.16}$$

在色散关系式中也包括了表面张力系数 T,故与毛细波相对应,我们可把这种射流称为毛细射流。根据给定的扰动参数 k 和 s,由上式可求得扰动频率 σ,再根据

σ 是实数还是虚数,就可判断出系统是不是稳定。

由于 Bessel 函数具有性质

$$\frac{I'_s(ka)}{I_s(ka)} > 0,$$

故对于任何情况,仅当

$$k^2 a^2 + s^2 - 1 < 0 \tag{2.11.17}$$

时,射流不稳定。另外,从(2.11.16)式可知 σ 是一个复数,而

$$\cos \sigma t = \frac{1}{2}(e^{i\sigma t} + e^{-i\sigma t}),$$

所以,扰动幅度是按 $\exp(|\operatorname{Im}\sigma|t)$ 的规律随时间增长的。

从(2.11.8)式我们还可以看出 s 必为整数,这是因为 Θ 是 θ 的、周期为 2π 的周期函数。这就是说,如果 s 为任何非零的数(必有 $s^2 \geqslant 1$),则(2.11.17)式决不能成立,因此,我们可以得出结论:所有非轴对称的扰动都是稳定的,这时,射流成为具有凹槽的柱体(见图 2-18)。对于 $s=0$ 的特殊情况,则仅需考察轴向扰动,这时只要

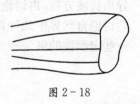

图 2-18

$$ka < 1, \tag{2.11.18}$$

就能满足(2.11.17)式。因为 $k = \dfrac{2\pi}{\lambda}$,所以在扰动波长满足

$$\lambda > 2\pi a \tag{2.11.19}$$

后,轴对称的扰动就能使射流不稳定,扰动幅度就随时间按指数规律增长,这就是射流不稳定的 **Rayleigh 准则**。

从(2.11.19)式我们还注意到,当轴对称扰动的波长大于未扰动的射流的圆截面的周长时,毛细射流的确会不稳定,以致使毛细射流最后破碎成水滴。这种现象产生的原因是:在颈缩部位的圆截面的周界上,曲率变大,于是表面张力使"颈"越来越细。方程(2.11.16)还告诉我们,扰动在什么情况下随时间增长得最快。从该方程可知,当 $ka = 0$ 和 $ka = 1$ 时,$\sigma^2 = 0$,因此 σ^2 在 $ka = 0$ 和 $ka = 1$ 之间会达到最小值(负值),所以 $|\operatorname{Im}\sigma|$ 就达到最大值。在对(2.11.16)式进行数值分析后可知,当

$$\lambda = 9.2a$$

时,扰动幅度随时间增长得最快。毛细射流不稳定的情况如图 2-19 所示。

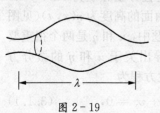

图 2-19

第三章 浅水中的长波

· 水 · 波 · 动 · 力 · 学 · 基 · 础 ·

长波理论同小振幅波一样也是一种近似理论,该理论要求水深与波长之比是小量,从而可抛弃掉垂直方向的加速度。在本章中,我们先用静水压力的假定导出长波方程,再讨论包含部分垂直加速度的修正,并导出 Boussinesq 方程,最后讨论自然界中几种常见的长波运动。尽管长波在传播过程中会变形,但也有一些定型波的解。

§3-1 基本方程

水波问题的另外一种近似方法,是认为水深相对于波长来说是一个小量,这就是浅水中的**长波**。在这个理论中不必假定波幅是小量,因此,所得的方程是非线性的。长波理论能说明许多自然界中的波动现象,例如,海洋中的潮汐、湖泊中的静振、很浅的水中的孤立波和在浅滩上波浪的破碎,等等。因为水深是一个小量,所以水质点在垂直方向上的加速度可忽略。在忽略了垂向加速度后,由垂直方向的动量方程可知,此时流体中的压力仅为静水压力,即 $p = \rho g(\eta - y)$,其中 η 为自由面的高度。本节在推导长波的基本方程时就从静水压力的假定出发。推导长波方程的另外一种方法是使用某一小参数的幂级数展开式(见第四章)。在最低阶近似中这两种方法是相同的。

现在我们来导出长波的基本方程。设速度的水平分量和垂直分量分别为 $u(x, y, t)$ 和 $v(x, y, t)$,自由面的高度为 $\eta(x, t)$(见图 3-1)。在长波问题中,u 和 η 是两个很重要的参数,因此,要导出关于 u 和 η 的微分方程。二维的连续性方程为

$$u_x + v_y = 0, \qquad (3.1.1)$$

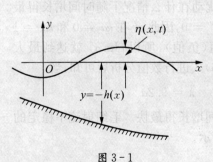

图 3-1

自由面上的运动学条件为

$$\eta_t + u\eta_x - v = 0 \quad (y = \eta), \tag{3.1.2}$$

动力学条件为

$$p = 0 \quad (y = \eta), \tag{3.1.3}$$

底部条件为

$$uh_x + v = 0 \quad (y = -h(x)). \tag{3.1.4}$$

从底部到自由面关于 y 积分(3.1.1)式,有

$$\int_{-h}^{\eta}(u_x)\mathrm{d}y + v\Big|_{-h}^{\eta} = 0。$$

利用(3.1.2)式和(3.1.4)式,可得

$$\int_{-h}^{\eta}(u_x)\mathrm{d}y + \eta_t + u\big|_{\eta}\cdot\eta_x + u\big|_{-h}\cdot h_x = 0。\tag{3.1.5}$$

利用 Leibniz 法则引进关系式

$$\frac{\partial}{\partial x}\int_{-h(x)}^{\eta(x,t)}u\mathrm{d}y = u\big|_{y=\eta}\cdot\eta_x + u\big|_{y=-h}\cdot h_x + \int_{-h(x)}^{\eta(x,t)}u_x\mathrm{d}y。$$

将上式与(3.1.5)式组合起来可得

$$\frac{\partial}{\partial x}\int_{-h}^{\eta}u\mathrm{d}y = -\eta_t。\tag{3.1.6}$$

至此,我们尚未作过任何近似。

下面,我们使用长波的静水压力假定,以便使问题得以简化。我们认为,在流体内部 y 处的压力为

$$p = \rho g(\eta - y), \tag{3.1.7}$$

其中 ρ 为水的密度。从(3.1.7)式我们可得出一个有用的结果,即把该式关于 x 求导,可得

$$p_x = \rho g\eta_x。\tag{3.1.8}$$

可见,p_x 与 y 无关。由此再根据水平方向的动量方程可知 x 方向的加速度分量 $\dfrac{\mathrm{d}u}{\mathrm{d}t}$ 与 y 无关。因此,如果初始时 u 与 y 无关,则以后 u 与 y 将永远无关(如初始时流体静止就可以属于这种情况)。故 x 方向的动量方程可写为

$$u_t + uu_x = -g\eta_x。\tag{3.1.9}$$

这里已使用了 $u_y = 0$。另外,(3.1.6)式现在可写为

$$[u(\eta+h)]_x = -\eta_t。 \tag{3.1.10}$$

这是因为 u 与 y 无关,可以从积分号内移出来。(3.1.9)式和(3.1.10)式是两个一阶偏微分方程,这就是关于函数 $u(x,t)$ 和 $\eta(x,t)$ 的非线性长波微分方程组。一旦指定了流体的初始状态,即指定了 $t=0$ 时的 u 值和 η 值,从(3.1.9)式和(3.1.10)式就可得到 $t>0$ 后任一时刻的流体的运动。

如果除了由(3.1.7)式所给出的静水压力的假定外,我们还假定 u,η 及它们的导数都是小量,以至于与线性项相比其乘积项都可略去,则立刻就可把(3.1.9)式和(3.1.10)式简化为

$$u_t = -g y_x, \tag{3.1.11}$$

$$(uh)_x = -\eta_t。 \tag{3.1.12}$$

在以上两式中消去 η 就得到关于 u 的方程

$$(uh)_{xx} - \frac{1}{g} u_{tt} = 0。 \tag{3.1.13}$$

如果还假定 h 为常数,即容易得到 u 所满足的线性波动方程为

$$u_{xx} - \frac{1}{gh} u_{tt} = 0。 \tag{3.1.14}$$

在这种情况下,η 也满足同样的二阶双曲型方程。这样,从(3.1.14)式我们就可得出重要的结果:长波的扰动传播速度为 $\sqrt{gh}$。

在潮汐理论中,虽然还要加上月亮和太阳的引力,以及水质点由于地球的转动所受到的 Coriolis 力,然而,从数学的观点来看,潮汐理论仍属于线性长波理论。这是因为虽然海洋较深(例如水深为 1 000 m),但与波长(此时约为 4 427 km)比起来尚属小量,因此浅水近似仍是一种十分好的近似,而且,因为潮高即水质点的垂直位移很小(一般不超过 1~2 m),所以,可用线性长波理论来研究潮汐现象。另外,湖泊中水面的静振也可以用线性长波方程来求解,甚至在研究大气波动时也可使用长波方程。

当然,在使用长波方程时,还要根据具体情况稍加修正。例如,在二维波动中,由底部摩擦而造成的剪应力实际上相当重要,必须予以考虑。若设该剪应力为 τ_b,由于水深较浅,可近似地认为 τ_b 均匀地分布在整个深度上。因此,单位质量上的体力为 $\dfrac{\tau_b}{\rho(h+\eta)}$,这时,动量方程修正为

$$u_t + u u_x = -g \eta_x - \frac{\tau_b}{\rho(h+\eta)}。 \tag{3.1.15}$$

如设水的总深度为 $H = h + \eta$,故在将 $\eta = H - h$ 代入(3.1.15)式后就得到

$$u_t + uu_x + gH_x = gh_x - \frac{\tau_b}{\rho H}。 \tag{3.1.16}$$

这就是 St. Venant 方程，我们可以用它来研究河流中洪水波的运动。

§3-2 Boussinesq 方程

在长波方程中，由于抛弃了垂直方向上的加速度对流体压力的影响，因此，流体中的压力就是静水压力。但是，如果部分保留垂直方向上的加速度，那么，对波动方程应作怎样的修正呢？而且，这样的修正是否有可能改变波动的特征呢？

下面我们就在部分保留垂直方向上的加速度的情况下，推导 Boussinesq 方程。

设垂直方向上的动量方程为

$$\frac{\mathrm{d}v}{\mathrm{d}t} = -\frac{1}{\rho}p_y - g。$$

我们假定 $\frac{\mathrm{d}v}{\mathrm{d}t} \approx v_t$，即在全导数中忽略了非线性项 uv_x 和 vv_y，这纯粹是为了数学处理的方便，但并不忽略线性项 v_t，以便能保留一些垂直方向上加速度的影响。这样，有

$$v_t = -\frac{1}{\rho}p_y - g。 \tag{3.2.1}$$

因此，流体的压力已不仅仅是静水压力了，这是由于垂直方向上的加速度 v_t 修正了上节中静水压力的近似。如图 3-2 所示，我们仅考虑河底是水平直线的情况，这时，底部速度的垂直分量 $v_b = 0$；而在自由面上，v 就是

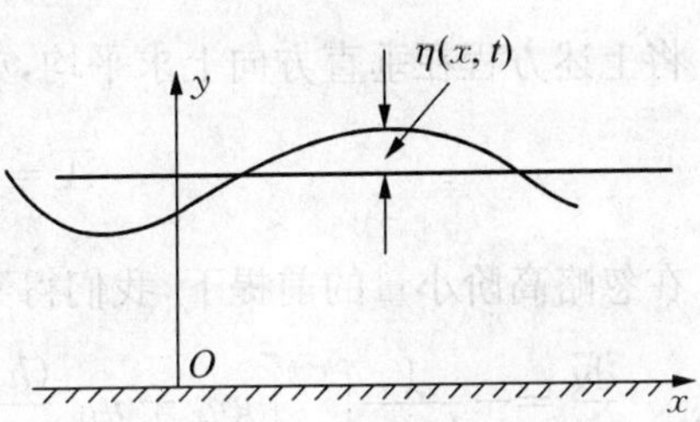

$$\frac{\mathrm{d}\eta}{\mathrm{d}t} = \eta_t + u\eta_x。$$

图 3-2

如果再将非线性项 $u\eta_x$ 忽略，那么，就有 $v_s \approx \eta_t$，这里 v_s 为自由面上水质点速度的垂向分量。因此 $v(x, y, t)$ 从底部的 $v_b = 0$ 增加到自由面上的 $v_s = \eta_t$。假定 v 仅沿深度线性变化，故可有

$$v(x, y, t) = \frac{y}{h + \eta}\eta_t。 \tag{3.2.2}$$

将(3.2.2)式的两边都对 t 求导,得到

$$v_t = -\frac{y}{(h+\eta)^2}\eta_t^2 + \frac{y}{h+\eta}\eta_{tt}。$$

上式右边第一项为小量可以忽略,这样便有

$$v_t = \frac{y}{h+\eta}\eta_{tt}。$$

将此式代入(3.2.1)式后,得到

$$\frac{y}{h+\eta}\eta_{tt} = -\frac{\partial}{\partial y}\left(\frac{p}{\rho} + gy\right)。$$

将上式从 y 沿着垂直方向直到自由面 $h+\eta$ 关于 y 积分,于是

$$\frac{p}{\rho} = g(h+\eta-y) + \eta_{tt}\frac{(h+\eta)^2 - y^2}{2(h+\eta)},$$

其中已假定了自由面上的大气压为零。在上式中,其第一项为静水压力,其第二项则是由于垂直方向上的加速度而引起的修正。将上式关于 x 求导后,再将 p_x 代入垂直方向上的动量方程,可得

$$\frac{1}{\rho}p_x = g\eta_x + \eta_{ttx}\frac{(h+\eta)^2 - y^2}{2(h+\eta)},$$

从而,有

$$\frac{du}{dt} = -g\eta_x - \eta_{ttx}\frac{(h+\eta)^2 - y^2}{2(h+\eta)}。$$

将上述方程在垂直方向上求平均,亦即对每一个量,有

$$\overline{A} = \frac{1}{h+\eta}\int_0^{h+\eta} A\,dy。$$

在忽略高阶小量的前提下,我们得到

$$\frac{d\overline{u}}{dt} = -\frac{1}{h+\eta}\int_0^{h+\eta}\left[g\eta_x + \eta_{ttx}\frac{(h+\eta)^2 - y^2}{2(h+\eta)}\right]dy$$

$$= -g\eta_x - \eta_{ttx}\frac{1}{2(h+\eta)}\left[(h+\eta)^3 - \frac{1}{3}(h+\eta)^3\right] = -g\eta_x - \frac{h+\eta}{3}\eta_{ttx}。$$

移项可得

$$u_t + uu_x + g\eta_x + \frac{h+\eta}{3}\eta_{ttx} = 0。 \quad (3.2.3)$$

由(3.2.3)式容易看出,其前 3 项就是非线性长波方程(3.1.9),而其最后一项则

是由部分垂直方向上的加速度所引起的附加项。方程(3.1.10)和方程(3.2.3)就称为 **Boussinesq 方程**，这是由 Boussinesq 首先导出的。

§3-3 特征线法

在§3-1中导出的方程(3.1.9)和方程(3.1.10)是浅水中长波问题的控制方程，这两个方程就构成了一阶拟线性双曲型方程组，再加上适当的初值和部分边值，长波问题就有了完整的定解条件。求解双曲型偏微分方程可以使用特征线法把偏微分方程化为相当简单的常微分方程，从而使问题得到简化。我们把用特征线法所得到的常微分方程称为**特征微分方程**。

这里，我们不拟从一般的特征线理论出发来讨论问题，而直接将方程组变形使方程得到简化。参照图 3-1，设 s 为底部斜率，即

$$\frac{\partial(-h(x))}{\partial x} = s(x) \quad \text{或者} \quad g(h_x + s) = 0。$$

将上式两边分别加到(3.1.9)式的两边，就得

$$u_t + uu_x + [g(h+\eta)]_x = -gs。 \tag{3.3.1}$$

因为底部是固定的，不随时间变化，故 $h_t = 0$。因此，(3.1.10)式可化为

$$[g(h+\eta)]_t + [ug(h+\eta)]_x = 0。 \tag{3.3.2}$$

定义

$$c = \sqrt{g(h+\eta)}, \tag{3.3.3}$$

该量具有速度的量纲。将(3.3.3)式分别代入(3.3.1)式和(3.3.2)式，因为 $\frac{\partial c^2}{\partial x} = \frac{c\partial(2c)}{\partial x}$，$\frac{\partial c^2}{\partial t} = \frac{c\partial(2c)}{\partial t}$，所以，有

$$u_t + uu_x + c(2c)_x = -gs, \tag{3.3.4}$$

$$(2c)_t + cu_x + u(2c)_x = 0。 \tag{3.3.5}$$

将上面两式的两边分别相加、相减后可得到

$$(u \pm 2c)_t + (u \pm c)(u \pm 2c)_x = -gs。 \tag{3.3.6}$$

又某一物理量 $A(x,t)$ 关于 t 的全导数为

$$\frac{dA(x,t)}{dt} = A_t + A_x \frac{dx}{dt}。$$

故若将(3.3.6)式中的 $u \pm c$ 记为 $\frac{dx}{dt}$ 的话，则该式左边的部分就为全导数

$\dfrac{\mathrm{d}(u\pm 2c)}{\mathrm{d}t}$。这就意味着在 x-t 平面中斜率为 $\dfrac{\mathrm{d}x}{\mathrm{d}t}=u\pm c$ 的曲线上,将成立关系式

$$\dfrac{\mathrm{d}}{\mathrm{d}t}(u\pm 2c)=-gs。 \qquad(3.3.7)$$

通常将斜率为 $\dfrac{\mathrm{d}x}{\mathrm{d}t}=u+c$ 的曲线称为**正特征线** C_1,将斜率为 $\dfrac{\mathrm{d}x}{\mathrm{d}t}=u-c$ 的曲线称为**负特征线** C_2。对于 x-t 平面上的任意一点都可以引出两条特征线。因此,在 x-t 平面上存在着两个特征线族。关系式(3.3.7)称为成立在特征线 $\dfrac{\mathrm{d}x}{\mathrm{d}t}=u\pm c$ 上的特征方程。当 $s=0$ 时,由(3.3.7)式就有

$$J_1 = u+2c = 常数 \quad (沿 C_1),$$
$$J_2 = u-2c = 常数 \quad (沿 C_2),$$

其中 J_1 和 J_2 称为 **Riemam 不变量**。

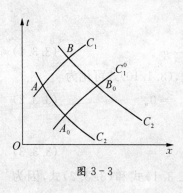

图 3-3

现在,我们仅考虑底部水平的情况,即 $s=0$ 的情况。假定在过 x-t 平面中某点的两条特征线上,u 和 c 分别为常数 u_0 和 c_0,则不难得到在整个区域内,u 和 c 都分别为常数 u_0 和 c_0,而且两族特征线都为直线族,这种区域我们称为**均匀区域**。如果在两条特征线的某一条(例如 C_1^0)上,u 和 c 分别为常数 u_0 和 c_0,则在特征线族 C_1 族上,u 和 c 都分别为常数 u_0 和 c_0,而且特征线族 C_1 为直线族,这种区域称为**简单波区域**。这里,我们可以用图 3-3 来证明这些结论。

首先,由于 u 和 c 沿着 C_1^0 均为常数,而沿着 C_1^0 有

$$\dfrac{\mathrm{d}x}{\mathrm{d}t}=u_0+c_0。$$

因此,C_1^0 为直线。其次,设 C_1 是 C_1^0 附近的另一条同族特征线,在 C_1^0 上任取两点 A_0 和 B_0,过 A_0 和 B_0 的特征线 C_2 和 C_1 分别交于 A 和 B。因为 A 和 A_0 在同一条特征线 C_2 上,根据在 C_2 上成立的特征方程,这时应有

$$u_A - 2c_A = u_{A_0} - 2c_{A_0}。$$

同理

$$u_B - 2c_B = u_{B_0} - 2c_{B_0}。$$

但因为在 C_1^0 上已有

$$u_{A_0} = u_{B_0} = u_0, \quad c_{A_0} = c_{B_0} = c_0,$$

所以
$$u_A - 2c_A = u_B - 2c_B. \tag{3.3.8}$$

我们再来考虑特征线 C_1。因为 A 和 B 都在 C_1 上,故由特征方程得
$$u_A + 2c_A = u_B + 2c_B. \tag{3.3.9}$$

将(3.3.8)式和(3.3.9)式联立就得
$$u_A = u_B, \quad c_A = c_B.$$

故在 C_1 上 u 和 c 也都分别为常数,因此,$\dfrac{\mathrm{d}x}{\mathrm{d}t} = u + c$ 也为常数。可见 C_1 也是直线。由 C_1 的任意性,可知整个 C_1 族为直线族,这就是简单波区域。现在,如果在过 A_0 的特征线族 C_2 族上的 u 和 c 也都为常数 u_0 和 c_0,则根据上面已有的结果,沿着特征线 C_1,有
$$u_A = u_B = u_0, \quad c_A = c_B = c_0.$$

因为点 B 是任意选取的,故对于区域内的任一点,都有
$$u = u_0, \quad c = c_0.$$

又由于在过 A_0 的 C_2 上 u 和 c 都为常数 u_0 和 c_0,因此,整个特征线族 C_2 族为直线族,这就是均匀区域。

由上面所证明的结论我们还可以得推论:与均匀区域相邻的区域一定是简单波区域。这是因为两相邻的区域具有一条 u 和 c 都为常数的特征线,这条特征线就是两区域的分界线。这一点对分析 x-t 平面内各时刻的流动区域是有用的。

从(3.3.3)式我们可以知道,公式中的 c 就是波速,扰动沿着特征线传播的速度包括两个部分,即流速 u 和波速 c。因为在长波方程中包含了非线性项,故与小振幅波不同,长波的波速与波高有关,波高越高,波速越大。因此,波在传播过程中波形会发生变形,而且,波的前沿会变得越来越陡,这是长波的一个显著特征。

下面用特征线法来求解一个破坝问题。如图 3-4 所示,设在初始时坝位于原点处,水库位于 x 轴负半轴的上方,x 轴正半轴为无水的干床。当 $t = 0$ 时,初始条件为

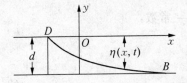
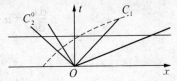

图 3-4

$$u = 0 \quad (-\infty < x < \infty),$$
$$h = 0 \quad (0 < x < \infty),$$
$$h = d > 0 \quad (-\infty < x < 0)。$$

当 $t = t_1 > 0$ 时,沿水平方向可将整个区域分为 3 个区域:上游未扰动区域和下游未扰动区域以及两者之间的扰动区域。上游未扰动区域是一个均匀区域,这是因为当 $t = 0$ 时,在该区域内的任一点上其水深都是 d,且波高为零,故按(3.3.3)式得该点的波速为 $\sqrt{gd}$。此外,显然流速为零,故有

$$c_0 = \sqrt{gd}, \; u_0 = 0。$$

假定在 t_1 时 u 和 c 是该区域内任一点上的流速和波速,则由两个 Riemann 不变量得

$$u + 2c = 2\sqrt{gd},$$
$$u - 2c = -2\sqrt{gd}。$$

从而解得

$$u = 0 \text{ 和 } c = \sqrt{gd}。$$

显然,该区域是均匀区域。

由于扰动区域与上游未扰动区域(均匀区域)相邻,故该扰动区域是简单波区域。因为在 C_2^0(见图 3-4)上,u 和 c 均为常数(为上游未扰动区域的 u,c,即 $u = 0, c = \sqrt{gd}$),所以 C_2^0 为直线,亦即整个 C_2 族为直线族。此外,因为在初始时刻扰动区域仅局限在 $x = 0$ 处,且扰动区域只是随着时间的推移越来越大,所以,在简单波区域中,C_2 族的每一条特征线都通过原点,这种简单波区域称为**中心扇形区域**。下面来求解该区域中的各物理量。

从 x 轴负半轴出发的任一条正特征线 C_1 通过 C_2^0 后进入中心扇形区,此时,在 C_1 上成立关系式

$$u + 2c = 2\sqrt{gd}, \tag{3.3.10}$$

其中 u 和 c 是扰动区域中任一点的流速和波速。又由于该点必在过原点的特征线 C_2 上,故有关系式

$$\frac{\mathrm{d}x}{\mathrm{d}t} = u - c = 常数,$$

因此

$$\frac{x}{t} = u - c。 \tag{3.3.11}$$

由(3.3.10)式和(3.3.11)式两式得

$$c = \frac{1}{3}\left(2\sqrt{gd} - \frac{x}{t}\right) \quad \left(-\sqrt{gd} \leqslant \frac{x}{t} \leqslant 2\sqrt{gd}\right), \quad (3.3.12a)$$

$$u = \frac{2}{3}\left(\sqrt{gd} + \frac{x}{t}\right) \quad \left(-\sqrt{gd} \leqslant \frac{x}{t} \leqslant 2\sqrt{gd}\right)。 \quad (3.3.12b)$$

由图 3-4 还可看出，下游的水尖 B 向 x 轴正向运动，在这点上，有 $x = 2\sqrt{gd}\,t$，将该式代入(3.3.12)式，得

$$c_B = 0, \; u_B = 2\sqrt{gd}。$$

故水尖 B 的运动速度为

$$\left(\frac{dx}{dt}\right)_B = u_B - c_B = 2\sqrt{gd}。$$

同理，上游水尖 D 向 x 轴负向运动，在这点上，有 $x = -\sqrt{gd}\,t$，将该式代入(3.3.12)式，得

$$c_D = \sqrt{gd}, \; u_D = 0。$$

故水尖 D 的运动速度为

$$\left(\frac{dx}{dt}\right)_D = u_D - c_D = -\sqrt{gd}。$$

两水尖之间的自由面形状也可以由(3.3.12a)式得到。在固定的时刻 t 考察 (3.3.12a)式，因为 $c = \sqrt{g(d+\eta)}$，将此式代入(3.3.12a)式后再解出 η，就有

$$\eta = \frac{1}{9g}\left(2\sqrt{gd} - \frac{x}{t}\right)^2 - d。 \quad (3.3.13)$$

可见对于固定的时刻，η-x 曲线是一条抛物线。坝破以后 $(t > 0)$ 在坝处 $(x = 0)$ 的自由面位置可从(3.3.13)式求得，为

$$\eta_d = -\frac{5d}{9}。 \quad (3.3.14)$$

可见，η_d 不随时间变化。因此，一旦坝破，坝处水面会突然下降 $\frac{5d}{9}$，这一点不符合实际情况。产生这一问题的原因是我们这里的讨论都是在长波方程的基础上进行的，而在导出长波方程时，我们忽略了水质点的垂直方向上的加速度。实际上在坝刚破时，垂直水面上的质点在垂直方向上是作初速为零的自由落体运动，这一结果在第四章中将会得到。

虽然破坝这一类问题都用长波方程来分析，但在这一类问题中不存在水平

方向的特征长度,这一点不符合长波的要求。

§3-4 孤 立 波

从(3.3.3)式来看,在长波波形上,各点的波速与其波高有关,因此,各点的波速是不同的,这就必然使波在传播时变形,以致波形不能保持恒定形状,这是长波的一个典型特征。但是,若在长波方程中加上底部摩擦,或者保留部分垂直方向上的加速度,就能抵消长波波速随自由面高度变化的影响,并能得到一些定形波的解。孤立波就是其中的一个例子。1844年Scott Russell 就观察到以恒定形状和速度传播的孤立波。下面,我们从 Boussinesq 方程(方程(3.1.10)和方程(3.2.3))出发来进行讨论。在 Boussinesq 方程中,虽然只是部分地保留了垂直方向上的加速度,但对波动特征的影响还是很显著的。

讨论**定形波**的解就是要研究这种函数

$$\left.\begin{array}{c}\eta\\u\end{array}\right\} = f(x-ct) = f(\xi), \tag{3.4.1}$$

其中 c 为常数,因此 $\dfrac{\partial}{\partial t} = -c\dfrac{\partial}{\partial x}$。把这个关系式代入方程(3.2.3)和方程(3.1.10),就可得

$$\left[-cu + \dfrac{u^2}{2} + g\eta + \dfrac{c^2(h+\eta)}{3}\eta_{xx}\right]_x = 0, \tag{3.4.2}$$

和

$$[-c\eta + c^2(h+\eta)u]_x = 0。 \tag{3.4.3}$$

上面两式括号中的量都与 x 无关,因此均为常数。假设当 $x\to\pm\infty$ 时 u 和 η 都趋于零,则这两个常数也都为零,即有

$$-cu + \dfrac{u^2}{2} + g\eta + \dfrac{c^2(h+\eta)}{3}\eta_{xx} = 0, \tag{3.4.4}$$

和

$$-c\eta + (h+\eta)u = 0。 \tag{3.4.5}$$

从(3.4.5)式可得到

$$u = \dfrac{c\eta}{(h+\eta)},$$

将上式代入(3.4.4)式,得

$$\frac{c^2\eta}{h+\eta} = \frac{c^2\eta^2}{2(h+\eta)^2} + g\eta + \frac{c^2(h+\eta)}{3}\eta_{xx}.$$

解出

$$c^2\left(1 - \frac{\eta}{2(h+\eta)} - \frac{(h+\eta)^2}{3\eta}\eta_{xx}\right) = g(h+\eta).$$

上式中括号内的第二项为小量。假设第三项也为小量，再利用

$$\frac{1}{1-a} = 1 + a + O(a^3)$$

(当 $a \ll 1$ 时)，就可得

$$c^2 = g(h+\eta)\left(1 + \frac{\eta}{2h} + \frac{h^2}{3\eta}\eta_{xx}\right); \tag{3.4.6}$$

或者，将(3.4.6)式展开，有

$$c^2 - gh = \frac{3g\eta}{2} + \frac{gh^3}{3\eta}\eta_{xx} + \frac{g\eta^2}{2h} + \frac{g\eta^2}{3}\eta_{xx}. \tag{3.4.7}$$

上式左端为一常数，设为 gH。上式右端的第三项与第一项相比是小量，第四项与第二项相比也是小量。因此，可忽略不计。从而，有

$$\frac{3\eta}{2h} + \frac{h^2}{3\eta}\eta_{xx} = \frac{H}{h}. \tag{3.4.8}$$

整理后，得

$$\eta_{xx} = \frac{3\eta}{2h^3}(2H - 3\eta).$$

因为 $\xi = x - ct$，故 $\dfrac{d^2\eta}{d\xi^2} = \dfrac{\partial^2\eta}{\partial x^2}$，这样上式就化为

$$\frac{d^2\eta}{d\xi^2} = \frac{3\eta}{2h^3}(2H - 3\eta). \tag{3.4.9}$$

将(3.4.9)式两边分别乘以 $\dfrac{2d\eta}{d\xi}$，再从 $-\infty$ 到 ξ 积分，得

$$\left(\frac{d\eta}{d\xi}\right)^2 = \frac{3\eta^2}{h^3}(H - \eta).$$

这里已经应用到：在以波速 c 平动的坐标系中，在 $\xi = -\infty$ 处有 $\eta = 0$ 和 $\dfrac{d\eta}{d\xi} = 0$。

因此，有

$$\frac{d\eta}{d\xi} = \left(\frac{3}{h^3}\right)^{\frac{1}{2}} \eta(H-\eta)^{\frac{1}{2}}. \tag{3.4.10}$$

从上式可知,能使 $\frac{d\eta}{d\xi}=0$ 的点有 3 个,即 η 在 $\xi=\pm\infty$(上、下游)处取极小值零,而在某一 ξ 处取极大值 H。又由于方程(3.4.9)关于 ξ 是对称的,因此,极大值只能在 $\xi=0$ 处达到。可见,H 为 $\xi=0$ 处的波高。将(3.4.10)式两边积分,有

$$\int_H^\eta \frac{d\bar\eta}{\bar\eta(H-\bar\eta)^{\frac{1}{2}}} = \int_0^\xi \left(\frac{3}{h^3}\right)^{\frac{1}{2}} d\xi.$$

设 $H-\bar\eta=t^2$,则上式化为

$$-2\int_0^{H-\eta} \frac{dt}{H-h^2} = \left(\frac{3}{h^3}\right)^{\frac{1}{2}} \xi.$$

解得

$$\eta = H\left[1 - \left(\frac{1-\exp\left(\left(\frac{3H}{h^3}\right)^{\frac{1}{2}}\xi\right)}{1+\exp\left(\left(\frac{3H}{h^3}\right)^{\frac{1}{2}}\xi\right)}\right)^2\right] = H\,\mathrm{sech}^2\left[\left(\frac{3H}{h^3}\right)^{\frac{1}{2}}\frac{\xi}{2h}\right]. \tag{3.4.11}$$

这就是孤立波的波形,如图 3-5 所示。

最后,我们来计算孤立波的波速,注意在推导(3.4.8)式时,常数恰为

$$c^2 - gh = gH,$$

所以

$$c = \sqrt{gh}\left(1+\frac{H}{h}\right)^{\frac{1}{2}} \approx \sqrt{gh}\left(1+\frac{H}{2h}\right). \tag{3.4.12}$$

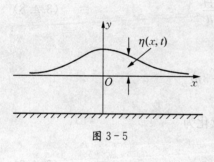

图 3-5

由(3.4.11)式及(3.4.12)式我们可以看出孤立波这种定形波具有以下的特性:

(1) 在 $\xi=\pm\infty$ 处,孤立波的波高都为零,在这两个渐近状态之间的过渡是在 ξ 的一个局部范围内完成的,故称这种波为**孤立波**。

(2) 波高越高,波速越大,因此波高越高的孤立波运动得越快。

(3) 从 η 的表达式可知,当 H 值越大时,波形随 ξ 的变化就越快,即波形从 $\xi=0$ 处的最大值 H 更快地趋于渐近值零。这也就是说,若孤立波的高度越高,则其宽度就越窄,波形越尖。

§3-5 滚浪的形成

我们假设明渠底部是倾斜的平面,该倾斜平面与水平面的夹角为 α(见图3-6)。为方便起见,这里认为明渠截面是矩形,其宽度和深度均为常数。在 St. Venant 方程中的重力加速度现在由于底面的倾斜而修正为 $g' = g\cos\alpha$,而 τ_b 则假定为 $\rho c_f u^2$,明渠底部的斜度设为 s,则 $s = \tan\alpha$。于是,方程(3.1.16)就可化为

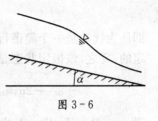

图 3-6

$$u_t + uu_x + g'H_x = g's - c_f \frac{u^2}{H}。 \qquad (3.5.1)$$

此外,还可将连续性方程(3.1.10)化为

$$H_t + uH_x + Hu_x = 0。 \qquad (3.5.2)$$

这里,我们假定了阻力系数 c_f 为常数。那么,方程(3.5.1)和方程(3.5.2)就是未知函数 u 和 H 的控制方程。

显然,$u = u_0$(常数) 和 $H = h$(常数)是控制方程(3.5.1)和(3.5.2)的解。下面,我们来讨论这一恒定状态是否稳定。由(3.5.1)式可得

$$c_f \frac{u_0^2}{h} = g's。 \qquad (3.5.3)$$

给该恒定状态一个扰动,即考虑

$$u = u_0 + w \quad H = h + \eta。$$

把上述两式代入方程(3.5.1)和(3.5.2),并只保留扰动量 w 和 η 的一阶项,就有

$$\eta_t + u_0 \eta_x + hw_x = 0, \qquad (3.5.4)$$

$$w_t + u_0 w_x + g'\eta_x + g's\left(\frac{2w}{u_0} - \frac{\eta}{h}\right) = 0。 \qquad (3.5.5)$$

将方程(3.5.5)关于 x 求导,得

$$w_{tx} + u_0 w_{xx} + g'\eta_{xx} + g's\left(\frac{2w_x}{u_0} - \frac{\eta_x}{h}\right) = 0。 \qquad (3.5.6)$$

再从方程(3.5.4)中解出 w_x 代入(3.5.6)式,稍加整理后就可得到仅含 η 的方程为

$$\left(\frac{\partial}{\partial t} + c_+ \frac{\partial}{\partial x}\right)\left(\frac{\partial}{\partial t} + c_- \frac{\partial}{\partial x}\right)\eta + \frac{2g's}{u_0}\left(\frac{\partial}{\partial t} + c_0 \frac{\partial}{\partial x}\right)\eta = 0, \qquad (3.5.7)$$

其中

$$c_+ = u_0 + \sqrt{g'h}, \quad c_- = u_0 - \sqrt{g'h}, \quad c_0 = \frac{3}{2}u_0 。 \quad (3.5.8)$$

我们通常假定

$$\eta = \eta_0 e^{i(kx-\omega t)}, \quad (3.5.9)$$

即认为扰动是一个简谐行波。当波数 k 给定后,如有 $\mathrm{Im}\,\omega \leqslant 0$,则恒定状态是稳定的;反之,该恒定状态是不稳定的。将(3.5.9)式代入(3.5.7)式就得

$$-\omega^2 + 2u_0 k\omega - (u_0^2 - g'h)k^2 + i\frac{2g's}{u_0}(-\omega + c_0 h) = 0。$$

设 $\omega = R + iI$,代入上式后再分离出实部和虚部,就有

$$-R^2 + I^2 + 2u_0 kR - (u_0^2 - g'h)k^2 + \frac{2g's}{u_0}I = 0, \quad (3.5.10)$$

$$-2RI + 2u_0 kI + \frac{2g's}{u_0}(-R + c_0 k) = 0。 \quad (3.5.11)$$

考虑中性状态,即取 $I = 0$。那么,由(3.5.11)式可有

$$R = c_0 k。$$

再由(3.5.10)式得

$$c_0^2 - 2c_0 u_0 + u_0^2 - g'h = 0。$$

解得

$$c_0 = u_0 \pm \sqrt{g'h}。$$

当恒定流速 u_0 太大时,显然,恒定状态是不稳定的,故稳定性条件要求

$$c_- < c_0 < c_+。 \quad (3.5.12)$$

利用(3.5.8)式,条件(3.5.12)还可改写为

$$u_0 < 2\sqrt{g'h}, \quad (3.5.13)$$

或者利用(3.5.3)式后,有

$$s < 4c_f。 \quad (3.5.14)$$

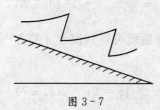

图 3-7

对于明渠,u_0 通常要比 $\sqrt{g'h}$ 小很多;而对于在溢洪道和其他人工水道中的流动,流速很容易超出上述临界值。但超出临界值后流动也未必就杂乱无章,有时会形成如图 3-7 所示的一种所谓**滚浪**。这种滚浪是

由一系列激浪排列而成,而两个激浪之间则由一段光滑的水面连接。

有关这种现象的早期数据和照片早在 1905 年就有人得到了。例如,当底斜 $s = \dfrac{1}{14}$、平均水深约为 7.6 cm 时,平均流速约为 411 cm/s。此时 Froude 数取为 $\dfrac{u_0}{\sqrt{g'h}}$,可知其值约为 5.6,明显超过临界值 2,因此,就出现了滚浪[8]。

§3-6 单 斜 波

如图 3-8 所示,在明渠中可以看到这样一种流动:上游的自由面较高,下游的自由面较低,中间形成一个水坡,水坡以恒定的形状和速度 U 向下游运动,这种运动的水坡称为**单斜波**。显然,单斜波是一种定形波,在不同初始条件下可以形成不同形状的定形波。

下面我们就来寻找方程(3.5.1)和(3.5.2)的定形波解。为此,设
$$H = H(X), \quad u = u(X), \quad X = x - Ut,$$
则这两个方程分别可以化为

$$(u-U)\frac{\mathrm{d}U}{\mathrm{d}X} + g'\frac{\mathrm{d}H}{\mathrm{d}X} = g's - c_f\frac{u^2}{H},$$
$$-U\frac{\mathrm{d}H}{\mathrm{d}X} + \frac{\mathrm{d}}{\mathrm{d}X}(uH) = 0。 \tag{3.6.1}$$

因为 U 为常数,所以很容易由第二式积分得

$$H(U-u) = B, \tag{3.6.2}$$

其中 B 为积分常数。在 $X = \pm\infty$ 处,流动是均匀的(见图 3-8),则按图 3-8 所示,就应有

$$g's - c_f\frac{u_1^2}{X} = g's - c_f\frac{u_2^2}{H_2} = 0,$$
$$H_1(U - u_1) = H_2(U - u_2) = B。$$

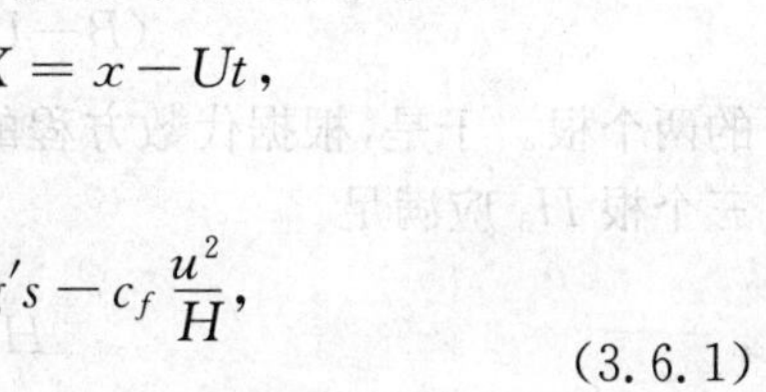

图 3-8

如果把所有的流动参数都用 H_1 和 H_2 来表达,则有

$$u_1^2 = \frac{s}{c_f}g'H_1, \quad u_2^2 = \frac{s}{c_f}g'H_2, \tag{3.6.3}$$

$$B = \left(\frac{u_2 - u_1}{H_2 - H_1}\right)H_1 H_2 = \left(\frac{g's}{c_f}\right)^{\frac{1}{2}}\frac{H_1 H_2}{H_1^{\frac{1}{2}} + H_2^{\frac{1}{2}}}, \tag{3.6.4}$$

$$U = \left(\frac{u_2 H_2 - u_1 H_1}{H_2 - H_1}\right) = \left(\frac{g's}{c_f}\right)^{\frac{1}{2}} \frac{H_2^{\frac{3}{2}} - H_1^{\frac{3}{2}}}{H_2 - H_1}, \qquad (3.6.5)$$

即使在通过单斜波后流动参数会不连续,但上述这些关系式仍是精确的,这是一般的结论。

现在从方程(3.6.1)和(3.6.2)来求出单斜波前、后各流动参数之间的关系。先从(3.6.2)式求出 u 为

$$u = U - \frac{B}{H}。$$

然后,将 u 的表达式代入(3.6.1)式,得

$$\frac{dH}{dX} = -\frac{(B - UH)^2 c_f - g' H^3 s}{g' H^3 - B^2}。 \qquad (3.6.6)$$

因为在上游和下游处,有 $\frac{dH}{dX} = 0$,所以右边分式的分子在 $H = H_1$ 和 $H = H_2$ 时必然为零。因此,H_1 和 H_2 是方程

$$(B - UH)^2 c_f - g' H^3 s = 0 \qquad (3.6.7)$$

的两个根。于是,根据代数方程的根与系数之间的关系可知,方程(3.6.7)的第三个根 H_3 应满足

$$H_1 H_2 H_3 = \frac{c_f B^2}{g' s}。$$

故

$$H_3 = \frac{c_f}{g' s} \frac{B^2}{H_1 H_2}。$$

利用(3.6.4)式后,得

$$H_3 = \frac{H_1 H_2}{(H_1^{\frac{1}{2}} + H_2^{\frac{1}{2}})^2}。 \qquad (3.6.8)$$

从(3.6.8)式可知,H_3 既小于 H_1,又小于 H_2,而从图 3-8 可知,所有的 H 都应介于 H_1 和 H_2 之间,故在此可以不必考虑 $H = H_3$ 这个解。

方程(3.6.6)又可改写为

$$\frac{dH}{dX} = -s \frac{(H_2 - H)(H - H_1)(H - H_3)}{H^3 - \frac{B^2}{g'}}。 \qquad (3.6.9)$$

这个方程的解的性质主要依赖于分母 $H^3 - \frac{B^2}{g'}$ 可能取的符号。从(3.6.2)式

可得
$$g'H^3 - B^2 = g'H^3 - (U-u)^2 H^2$$
$$= H^2[g'H - (U-u)^2]$$
$$= H^2\left[\sqrt{g'H} - (U-u)\right]\left[\sqrt{g'H} + (U-u)\right].$$

因此，当

$$\begin{cases} \sqrt{g'H} - (U-u) > 0, \\ \sqrt{g'H} + (U-u) > 0, \end{cases} \text{或} \begin{cases} \sqrt{g'H} - (U-u) < 0, \\ \sqrt{g'H} + (U-u) < 0 \end{cases}$$

时，分母取正号；当

$$\begin{cases} \sqrt{g'H} - (U-u) > 0, \\ \sqrt{g'H} + (U-u) < 0, \end{cases} \text{或} \begin{cases} \sqrt{g'H} - (U-u) < 0, \\ \sqrt{g'H} + (U-u) > 0 \end{cases}$$

时，分母取负号。但由(3.6.4)式可知 $B>0$，由(3.6.2)式可知 $U>u$，则当然有 $U>u-\sqrt{g'H}$。故最后当

$$U \lessgtr u + \sqrt{g'H}$$

时，(3.6.9)式右端的分母分别取正号或负号，我们将对应于这两种情况的流动分别称为**亚临界流动**和**超临界流动**。当 $U<u+\sqrt{g'H}$ 时，即在亚临界流动时，分母取正值，整个分式即 $\dfrac{dH}{dX}$ 取负值。因此，随着 X 轴的增加，H 单调减少。现在从 $X=\infty$ 时的 $H=H_1$ 起沿着 X 轴负向积分(3.6.9)式，这时因 H 增加，故该式右端的分母始终保持为正值，即斜率 $\dfrac{dH}{dX}$ 总是取负值，这样，就得到了图 3-8 所示的光滑剖面，这就是单斜坡。从物理观点来说，方程(3.6.9)还可以有一些其他的解，但有意义的也只是单斜坡这种情况。

当 $H_2 \to H_1$ 时，对(3.6.5)式应用 L'Hospital 法则可知

$$U \to \frac{3}{2}\left(\frac{g's}{c_f}\right)^{\frac{1}{2}} H_1^{\frac{1}{2}} = \frac{3}{2} u_1.$$

因此，对于较弱的单斜坡，为了得到稳定的剖面，我们要求

$$\frac{3}{2}u_1 < u_1 + \sqrt{g'H_1},$$

即

$$u_1 < 2\sqrt{g'H}\text{。}$$

这与上节中的稳定性判据(3.5.13)式是一致的。

最后举一个实际流动中出现的单斜坡的例子。据所记载的俄亥俄河的资料可算出,当上游处的深度为 12.2 m、下游处的深度为 6.1 m 时,单斜坡的速度约为 8 km/h[8]。

§3-7 变截面水道中的长波

一般水道都是变截面的,但我们仅限于讨论截面变化很缓慢、流动只是沿着水道轴向而在侧向没有流动的情况。当水道截面为零时,即水道被封闭时就形成了狭长的湖泊,因此,湖泊可以粗略地作为变截面水道的一种特例,这将在下一节中加以分析。

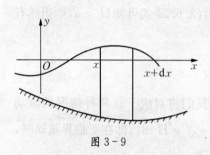

图 3-9

现在我们来考察截面不均匀、但截面从一处到另一处是逐渐变化的水道。设静止时水道自由面的宽度为 b,截面积为 S,波动是一维的,x 方向的速度为 u,建立如图 3-9 所示的坐标系。在 dt 时间内通过位于 x 处的截面的流体体积为 $Su\,dt$,通过位于 $x+dx$ 处截面的流体体积为

$$(Su + (Su)_x dx)dt\text{。}$$

在 dt 时间内,上述两个截面之间的流体体积的增量为

$$Su\,dt - (Su + (Su)_x dx)dt = -(Su)_x dx\,dt\text{。}$$

如果控制体内流体体积增加,则自由面就增高;反之自由面就降低。设自由面高度为 η,则 x 处的截面和 $x+dx$ 处的截面之间的流体体积在 dt 时间间隔内增加了 $b\,dx\,\eta_t\,dt$,根据质量守恒定律可得

$$-(Su)_x = b\eta_t\text{。} \qquad (3.7.1)$$

在利用静水压力的假定和忽略非线性项后,x 方向的动量方程为

$$u_t = -g\eta_x\text{。} \qquad (3.7.2)$$

从(3.7.1)式和(3.7.2)式中消去 u,则有

$$g(S\eta_x)_x = b\eta_{tt}\text{。} \qquad (3.7.3)$$

若假定水道截面是均匀的,则(3.7.3)式就简化为

$$\eta_{tt} = \frac{gS}{b}\eta_{xx}.$$

因此，η 的传播速度为 $c = \sqrt{\dfrac{gS}{b}}$。如果水道的截面为矩形，则 $c = \sqrt{gh}$，其中 h 为深度；如果水道的截面是半圆形，则由 $S = \dfrac{\pi r^2}{2}$，$b = 2r$，得 $c = \sqrt{\dfrac{\pi g r}{4}}$，其中 r 为圆半径。

当水道截面积发生变化时，如果把截面积折算成宽度为 b、当量深度为 h 的矩形，则 $S = bh$，当然，b 和 h 是 x 的函数。我们现在设

$$\eta(x, t) = y(x)\sin\sigma t.$$

把上式代入 (3.7.3) 式后就得

$$(bhy')' + \frac{b\sigma^2}{g}y = 0. \tag{3.7.4}$$

这是一个 Sturm‑Liouville 方程。

现在再来讨论上面已经分析过的情况，即 b 为常数和 h 也为常数的均匀水道的情况，这时 (3.7.4) 式就简化为

$$y'' + k^2 y = 0 \quad \left(k^2 = \frac{\sigma^2}{gh}\right). \tag{3.7.5}$$

可见，在某一固定时刻，η 的曲线是正弦波形。如 $b = ax$，而 h 仍为常数，则 (3.7.4) 式化为

$$y'' + \frac{1}{x}y' + k^2 y = 0. \tag{3.7.6}$$

这是一个零阶的 Bessel 方程，其解应为 $J_0(kx)$。在某一固定时刻，随着 x 的增加，η 的曲线一边振荡一边衰减。反之，如 b 为常数，而 $h = ax$，则 (3.7.4) 式化为

$$(xy')' + k^2 y = 0, \quad k^2 = \frac{\sigma^2}{ga}.$$

只要设 $\theta = 2\sqrt{x}$，上面的方程即可化为

$$(\theta y_\theta)_\theta + k^2 \theta y = 0,$$

即

$$y_{\theta\theta} + \frac{1}{\theta}y_\theta + k^2 y = 0. \tag{3.7.7}$$

这也是一个零阶的 Bessel 方程，其解应是 $J_0(2k\sqrt{x})$。在某一固定时刻，随着 x

的增加，η 的曲线也是一边振荡一边衰减。最后，设 b 仍为常数，而 $h = h_0\left(1 - \dfrac{x^2}{a^2}\right)$，其中 $|x| \leqslant a$，即湖泊的底部是一抛物线。这时，作变换 $\xi = \dfrac{x}{a}$，则 (3.7.4) 式化为

$$((1-\xi^2)y_\xi)_\xi + \mu y = 0 \quad \left(\mu = \dfrac{a^2\sigma^2}{gh_0}, \ |\xi| \leqslant 1\right)。 \tag{3.7.8}$$

这是一个 Legendre 方程，为了要使解在 $\xi = 1$ 处也是有限的，则 μ 必须取为两个连续的自然数之积 $n(n+1)$。在某一固定时刻，η 的曲线由 n 阶 Legendre 多项式 $P_n\left(\dfrac{x}{a}\right)$ 来确定。

这里，我们仅对河面宽度为 b、河底为一倾斜直线的情况作详细的讨论。设 $u = \xi_t$，则 (3.7.1) 式和 (3.7.2) 式分别化为

$$-(S\xi_t)_x = b\eta_t, \tag{3.7.9}$$

和

$$\xi_{tt} = -g\eta_x。 \tag{3.7.10}$$

因为 S 不随 t 变化，故 (3.7.9) 式可化为

$$-(S\xi)_{tx} = b\eta_t。$$

因为 b 为常数，故对 t 积分后可得

$$\eta = -(h\xi)_x。$$

代入 (3.7.10) 式，有

$$(h\xi)_{tt} = gh(h\xi)_{xx}。$$

如果考虑的是驻波运动，则可设

$$h\xi = \sin \sigma t \cdot P(x)。 \tag{3.7.11}$$

再代入上式，可得

$$P_{xx} + \dfrac{\sigma^2}{gh}P = 0。 \tag{3.7.12}$$

如果 P 已求得，那么，利用关于 η 的表达式可得

$$\eta = -\sin \sigma t \cdot P_x。 \tag{3.7.13}$$

当 $h = ax$ 时，(3.7.12) 式化为

$$P_{xx} + \dfrac{\sigma^2}{gax}P = 0。 \tag{3.7.14}$$

这个方程的解可用一阶 Bessel 函数来表达。因为当 $x=0$ 时，P 的值应有限，故只能取

$$P = \rho J_1(\rho), \tag{3.7.15}$$

其中 $\rho = \sqrt{x} \cdot \dfrac{2\sigma}{\sqrt{ga}}$。因此

$$h\xi = \sin\sigma t \cdot \rho J_1(\rho)。$$

可得

$$\xi = \frac{4\sigma^2}{a^2 g \rho} J_1(\rho) \sin\sigma t。$$

再由(3.7.13)式得

$$\eta = -\frac{2\sigma^2}{ag}\left(J_1' + \frac{J_1}{\rho}\right)\sin\sigma t。$$

应用 Bessel 函数的递推公式 $J_1 + \rho J_1' = \rho J_0$，上式就化为

$$\eta = -\frac{2\sigma^2}{ag}\sin\sigma t \cdot J_0(\rho)。$$

在湖泊的端点 $x=0$，水线只能沿底壁移动，故要求

$$-\frac{\eta}{\xi} = a。\tag{3.7.16}$$

将求得的 ξ 和 η 代入上式的左边就有

$$\frac{a}{2}\lim_{\rho\to 0}\frac{\rho J_0(\rho)}{J_1 \rho} = \frac{a}{2}\lim_{\rho\to 0}\frac{\rho\left[1-\left(\dfrac{\rho}{2}\right)^2+\cdots\right]}{\dfrac{\rho}{2}-\dfrac{1}{2}\left(\dfrac{\rho}{2}\right)^3+\cdots} = a。$$

可见，上式恰等于(3.7.16)式的右边，故能满足 $x=0$ 处水线移动的条件。

节线位置由 $J_0(\rho)=0$ 的根来确定，在求得根 ρ 后再代入变换式 $\rho = \sqrt{x}\cdot\dfrac{2\sigma}{\sqrt{ga}}$ 就可得 x 的值。零阶 Bessel 函数的零点为

$$2.405, \ 5.520, \ 8.654, \ \cdots。$$

相应地，x 的位置为

$$\frac{ag}{4\sigma^2}2.405^2, \ \frac{ag}{4\sigma^2}5.520^2, \ \frac{ag}{4\sigma^2}8.654^2, \ \cdots,$$

波动图案如图 3-10 所示。

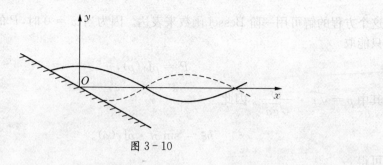

图 3-10

§3-8 静 振

用长波方程还可以讨论自然界中的一种现象——**静振**。静振可以发生在世界各地的湖泊和封闭的海区中。1895 年 Forel 首先在日内瓦湖中观察到静振,其振动周期长达 1 h,其振幅接近于 2 m。产生静振的原因很多,例如,在湖泊中,由于某种原因在局部水面上产生水体堆积(如风的长时间的定向作用使湖泊的一端产生增水现象),当该动力因素消失后,水面随即就产生振荡,从而,两端的水位交替升降。另外,由于地震的激励,在湖泊中形成的波动也是静振。在日常生活中,我们看到盆中的水在受到突然冲击后,水面会往复荡漾,这也是一种静振现象。静振和驻波有不少相同之处,如都有波节和波腹等,但也有不同之处,如静振时自由面形状不一定是正弦(或余弦)曲线。

下面我们讨论一些最简单的静振例子,先考察在湖底是抛物线的湖泊中的静振。假定湖底曲线为

$$h = h_0 \left(1 - \frac{x^2}{a^2}\right)。 \quad (3.8.1)$$

引进新的自变量

$$x = aX,$$

且记 $c = \dfrac{\sigma^2 a^2}{gh_0}$,则方程(3.7.12)就化为

$$P_{xx} + \frac{cP}{1-X^2} = 0。 \quad (3.8.2)$$

由(3.7.11)式可知,当底部倾斜时,湖泊两端水质点位移的水平分量 ξ 不为零,但 h 为零,故在 $x = \pm a$ 时应有 $P = 0$。因此,可以断定 P 中包含了 $(1-X^2)$ 这种因子,下面我们先假定 P 的种种形式,然后再来研究静振的特征。

(1) 设 $c = 2, P = 1 - X^2$。

显然,这样选取的 c 和 P 能满足(3.8.2)式。再利用(3.7.11)式和(3.7.13)式就得

$$\xi = \frac{1}{h_0}\sin\sigma t, \quad \eta = \frac{2}{a^2}x\sin\sigma t。 \tag{3.8.3}$$

由于在波节处 $\eta = 0$,故可得波节的位置为 $x = 0$。因此,在某一固定时刻,自由面形状为一条通过原点的直线。静振时湖面就像跷跷板一样摆动,在湖泊的两端振幅最大(见图 3-11),这时,自由面形状为直线,可见,静振和驻波是有区别的。

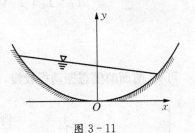

图 3-11

此外,在湖泊的两端处还应满足条件:水质点只能沿湖泊的侧壁运动,即应有

$$\frac{\eta}{\xi} = \frac{2h_0}{a}。$$

显然,由(3.8.3)式确定的 ξ 和 η 能满足上式。

(2) 设 $c = 6$, $P = X(1-X^2)$。

c 和 P 也能满足(3.8.2)式,再由(3.7.11)式和(3.7.13)式就得

$$\xi = \frac{x}{ah_0}\sin\sigma t, \quad \eta = \frac{3x^2 - a^2}{a^3}\sin\sigma t。 \tag{3.8.4}$$

要使得 $\eta = 0$ 的波节位置为 $x = \pm\frac{1}{\sqrt{3}} \cdot a$,则自由面是通过两个节点的抛物线。由(3.8.4)式给出的 ξ 和 η 在湖泊两端仍能满足水质点只能沿湖泊的侧壁运动的条件,即仍有

$$\frac{\eta}{\xi} = \frac{2h_0}{a}。$$

(3) 设 $c = 12$, $P = X(1-X^2)(1-5X^2)$。

这时,自由面是通过 3 个节点 $x = 0$, $x = \pm\sqrt{\frac{3}{5}}a$ 的一条三次曲线,且也能满足湖泊两端的水质点运动条件。

(4) 设 $c = 20$, $P = \dfrac{X(1-X^2)(3-7X^2)}{3}$。

这时,自由面是通过 4 个波节 $x = \pm 0.340\,0a$, $x = \pm 0.862\,1a$ 的一条四次曲线,且也能满足湖泊两端的水质点运动条件。

由于振动周期为 $T = \dfrac{2\pi}{\sigma}$,且由 c 的定义可得 $\sigma^2 = \dfrac{gh_0 c}{a^2}$,故最后有

$$T = 2\pi \frac{a}{\sqrt{gh_0 c}} 。 \tag{3.8.5}$$

对于上述的前 4 个振动模态,因为 c 的取值不同,故它们的周期之比为

$$T_1 : T_2 : T_3 : T_4 = \frac{1}{\sqrt{2}} : \frac{1}{\sqrt{6}} : \frac{1}{\sqrt{12}} : \frac{1}{\sqrt{20}}$$

$$= 1 : \frac{1}{\sqrt{3}} : \frac{1}{\sqrt{6}} : \frac{1}{\sqrt{10}} 。 \tag{3.8.6}$$

可见,前面的模态振动得较慢,而后面的模态振动得较快。

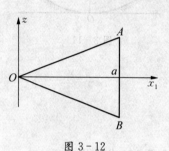

图 3-12

我们再来讨论一个湖深不变,但湖宽在变化的例子(见图 3-12)。设 $h = h_0$,$b = ax$,这时直接应用零阶 Bessel 方程(3.7.6)得到 η 的模 $y(x)$ 为

$$y = J_0(kx)。$$

故

$$\eta = \eta_0 J_0(kx) \sin \sigma t。 \tag{3.8.7}$$

从图 3-12 我们还知道在岸 AB ($x = 0$) 上,水质点的水平位移为零,即由(3.7.10)式得

$$\xi_{tt} = -g\eta_x = k\eta_0 g J_1(kx) \sin \sigma t。$$

解得

$$\xi = -\eta_0 g \frac{k}{\sigma^2} \sin \sigma t J_1(kx)。$$

积分常数都假定为零,这意味着初始位移为零而初始速度分布为 $-\eta_0 \frac{k}{\sigma} \cdot J_1(kx)$。利用边界条件:当 $x = a$ 时,$\xi = 0$,我们就有

$$J_1(ka) = 0,$$

其中 $k^2 = \frac{\sigma^2}{gh_0}$。设方程 $J_1(x) = 0$ 的根依次为 a_i,则有

$$a_1 = 3.83, a_2 = 7.02, a_3 = 10.17。$$

而周期 T 为

$$T = \frac{2\pi}{k\sqrt{gh_0}} = \frac{2\pi a}{a_i \sqrt{gh_0}} 。 \tag{3.8.8}$$

前 3 个模态的周期之比为

$$T_1 : T_2 : T_3 = \frac{1}{a_1} : \frac{1}{a_2} : \frac{1}{a_3} = 1 : 0.546 : 0.377.$$

可见,与前述一样,也是低阶振动模态振动得较慢,而高阶振动模态振动得较快。这时前面 3 阶振型曲线分别为 $J_0\left(3.83\frac{x}{a}\right)$,$J_0\left(7.02\frac{x}{a}\right)$ 和 $J_0\left(10.17\frac{x}{a}\right)$。

由于函数 J_0 在 $x=0$ 处取得最大值,因此,在湖泊的尖角处振幅达到最大值。节点位置仍由 $\eta=0$ 来决定。因为零阶 Bessel 函数的零点 β_i 依次为

$$\beta_1 = 2.40, \beta_2 = 5.52, \beta_3 = 8.65, \cdots,$$

所以,对于最低阶振型曲线 $J_0\left(3.83\frac{x}{a}\right)$ 来说,节点位置 x^* 满足

$$3.83\frac{x^*}{a} = 2.40,$$

故

$$x^* = 0.627a.$$

同理,对于振型曲线 $J_0\left(7.02\frac{x}{a}\right)$ 来说,节点位置 x^* 满足

$$7.02\frac{x^*}{a} = 2.40 \text{ 和 } 7.02\frac{x^*}{a} = 5.52,$$

故有两个节点,且分别位于

$$x^* = 0.342a \text{ 和 } x^* = 0.786a$$

处。对于振型曲线 $J_0\left(10.17\frac{x}{a}\right)$ 来说,节点位置 x^* 满足

$$10.17\frac{x}{a} = 2.40, 10.17\frac{x}{a} = 5.52 \text{ 和 } 10.17\frac{x}{a} = 8.65,$$

故有 3 个节点,且分别位于

$$x^* = 0.236a, x^* = 0.543a \text{ 和 } x^* = 0.851a$$

处。在圆形海区或海底形状复杂的海区中的静振问题的处理,参考文献[9]。

§3-9 潮　　汐

潮汐是大家熟悉的一种自然现象。潮汐是一种长波,是由天体对地球的引力作用产生的。Newton 在 1687 年首先对潮汐现象作了科学的解释,提出了潮

汐的静力理论,即认为海洋中的水体在重力和天体引力作用下随时都处于平衡状态,可忽略水的惯性作用。在 1774 年 Laplace 提出了潮汐动力理论,认为潮汐问题应该通过流体动力学方程来求解,在适当简化以后可化为长波方程来处理。

3-9-1 引潮力

由于在地表不同位置处所受到的月球和太阳的引力是不等的,而且就同一地点来说,这个引力也随着月球和太阳的位置的变化而变化,故地表处的海水有时上升,有时下降,这就是潮汐。

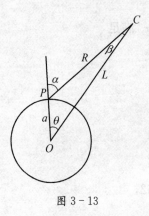

图 3-13

如图 3-13 所示,设 C 是某一天体(月球或太阳)的位置。如记 $OP = a$,$CP = R$,$CO = L$,并记角 θ 为**天顶距**,CO 与 CP 间的夹角为 β。由于天体 C 的作用,在点 P 会产生引力,且其大小为 $\dfrac{GM}{R^2}$,其中 G 为引力常数,M 为天体 C 的质量。此处,我们将海水的质量取为 1。另一方面,我们来考察地球-天体系统,可以近似地认为这是一个稳定的平衡引力系统。在这个系统中,地球和天体都在绕它们的公共质心转动。我们可以把地球看作为一个质点,并认为地球的全部质量集中在地心。由于地球和天体的相对距离没有变化,因此,地球绕公共质心运动而受到的离心力应与天体的引力平衡,即

$$Ef_E + G\frac{EM}{L^2} = 0,$$

亦即

$$f_E = -G\frac{M}{L^2},$$

式中,f_E 为地心处单位质量围绕公共质心转动所受到的离心力,而 $\dfrac{GM}{L^2}$ 为天体对地心处单位质量的引力。因为天体对地球的引力通过地心,所以这一引力只能使地心绕公共质心转动,而不能使地球绕地心转动,因此,地球只做平移运动。在作平动的物体上的各点的加速度和所受到的惯心力是相同的,故地球上各点的离心力都为地心处单位质量所受到的离心力 f_E。

由此可知,地球上各点的单位质量所受到的离心力是相同的,但天体的引力是不同的,故除了地心外,地球上各点的单位质量所受到的力是不平衡的,因此就存在一个不等于零的合力,这个合力就是引起潮汐的原动力,称为**引潮力**。由于地表处的海水质点所受到的引潮力不同,也就造成了不同的潮汐现象。

下面就来推导地球表面上的任意点 P 处的引潮力公式。如图 3-13 所示,

将点 P 的单位质量引潮力分解为垂直方向上的 F_V 和水平方向上的 F_H 两个力。点 P 的单位质量受天体的吸引力为

$$F_P = G\frac{M}{R^2}, \qquad (3.9.1)$$

点 P 的单位质量所受到的离心力为

$$f_P = G\frac{M}{L^2}\text{。} \qquad (3.9.2)$$

于是，点 P 的单位质量引潮力的垂直分量 F_V 为

$$\begin{aligned}
F_V &= F_{PV} - f_{PV} = G\frac{M}{R^2} - G\frac{M}{L^2}\cos\theta \\
&= G\frac{M}{R^2}\cos(\theta+\beta) - G\frac{M}{L^2}\cos\theta \\
&= G\frac{M}{R^2}(\cos\theta\cos\beta - \sin\theta\sin\beta) - G\frac{M}{L^2}\cos\theta \\
&= G\frac{M}{L^2}\left[\frac{L^2}{R^2}\cos\theta\frac{L-r\cos\theta}{R} - \cos\theta - \frac{L^2}{R^2}\sin\theta\frac{r\sin\theta}{R}\right] \\
&= G\frac{M}{L^2}\left[\cos\theta\left(\frac{L^3}{R^3}-1\right) - \frac{L^3}{R^3}\cdot\frac{r}{L}\right]\text{。}
\end{aligned} \qquad (3.9.3)$$

在上式中，r 为地表处水质点的径向坐标。在 $\triangle COP$ 中，因 $R^2 = L^2 + r^2 - 2Lr\cos\theta$，故有

$$R = L\left[1 + \left(\frac{r}{L}\right)^2 - 2\frac{r}{L}\cos\theta\right]^{\frac{1}{2}}\text{。}$$

因此

$$\left(\frac{R}{L}\right)^3 = \left[1 + \left(\frac{r}{L}\right)^2 - 2\frac{r}{L}\cos\theta\right]^{-\frac{3}{2}}\text{。}$$

因为 $\frac{r}{L} \ll 1$，所以上式即可化为

$$\left(\frac{R}{L}\right)^3 = \left[1 - 2\frac{r}{L}\cos\theta\right]^{-\frac{3}{2}}\text{。}$$

上式按二项式展开，可得

$$\left(\frac{L}{R}\right)^3 = \left[1 + \left(-\frac{3}{2}\right)\left(-2\frac{r}{L}\cos\theta\right)\right] = \left[1 + 3\frac{r}{L}\cos\theta\right]\text{。} \qquad (3.9.4)$$

将(3.9.4)式代入(3.9.3)式，整理并略去高阶小量后就可得

$$F_V = G\frac{Mr}{L^3}(3\cos^2\theta - 1)。 \quad (3.9.5)$$

点 P 的单位质量引潮力的水平分量 F_H 为

$$\begin{aligned}
F_H &= F_{PH} - f_{PH} \\
&= G\frac{M}{R^2}\sin(\theta+\beta) - G\frac{M}{L^2}\sin\theta \\
&= G\frac{M}{R^2}(\sin\theta\cos\beta + \cos\theta\sin\beta) - G\frac{M}{L^2}\sin\theta \\
&= G\frac{M}{R^2}\left(\sin\theta\frac{L-r\cos\theta}{R} + \cos\theta\frac{r\sin\theta}{R}\right) - G\frac{M}{L^2}\sin\theta \\
&= G\frac{M}{L^2}\sin\theta\left(1 + 3\frac{r}{L}\cos\theta - 1\right) \\
&= \frac{3}{2}G\frac{Mr}{R^2}\sin 2\theta。
\end{aligned} \quad (3.9.6)$$

计算引潮力的(3.9.5)式和(3.9.6)式不仅适用于地球表面,而且也适用于地球内部。在地心处($r=0$),引潮力显然为零。

天体可以取为太阳也可以取为月球,这只要在(3.9.5)式和(3.9.6)式中将 $\frac{M}{L^3}$ 取成各自对应的值即可。由于 $M_{太阳} = 27.1 \times 10^6 M_{月球}$,$L_{太阳} = 389 L_{月球}$,因此,当在两种场合下天顶距 θ 取成同一数值时,两种引潮力的比为

$$\frac{F_{太阳}}{F_{月球}} = \frac{M_{太阳} \cdot L_{月球}^3}{M_{月球} \cdot L_{太阳}^3} = \frac{27.1 \times 10^6}{389^3} = 0.46。$$

由此可知,太阳引潮力还不到月球引潮力的一半,潮汐主要是由月球的引力所产生的。至于其他天体对地球上潮汐的影响就更小了。

引潮力是有势力,其势 Ω 可以取为

$$\Omega = -\frac{3}{2}G\frac{Mr^2}{L^3}\left(\cos^2\theta - \frac{1}{3}\right) + c, \quad (3.9.7)$$

其中 c 为任意常数,不妨取为零。由此引潮力的一个分量为

$$F_V = -\frac{\partial\Omega}{\partial r} = 3G\frac{Mr}{L^3}\left(\cos^2\theta - \frac{1}{3}\right),$$

这就是(3.9.5)式。另一个分量为

$$F_H = -\frac{\partial\Omega}{-r\partial\theta} = \frac{3}{2}G\frac{Mr}{L^3}\sin 2\theta,$$

这就是(3.9.6)式,式中分母上的负号是因为图中 θ 的增加方向(即切向)与水平

力的正向恰好相反而引起的,在此,引潮力的方向按指向天体的方向为正向。

3-9-2 平衡理论

Newton 分析潮汐现象的平衡理论并不属于波动问题的范围,但为了叙述的完整起见,在这里也简单地介绍一下。

平衡理论的实质认为水体没有惯性,即在每一时刻海洋中的水体在重力和引潮力的作用下都能处于平衡状态。设海平面方程为

$$\Phi + \Omega = 常数, \tag{3.9.8}$$

其中 Φ 为地球的重力势;Φ 与海平面到地心的距离,以及地球的纬度 l 和经度 φ 有关。当不存在天体引力时,设 $r = r_0$,则此时海平面方程为

$$\Phi(r_0, l, \varphi) = 常数。 \tag{3.9.9}$$

当存在天体引力时,海平面方程由(3.9.8)式给定。将(3.9.8)式和(3.9.9)式相减得

$$\Phi(r, l, \varphi) - \Phi(r_0, l, \varphi) + \Omega = c。$$

上式中的常数设为 c,在后面将被确定。令 ζ 为潮高,则 $\zeta = r - r_0$。如把上式中的前两项写成

$$\Phi(r, l, \varphi) - \Phi(r_0, l, \varphi) = (r - r_0)\frac{\partial \Phi}{\partial r} = \zeta \frac{\partial \Phi}{\partial r},$$

则根据重力势的定义,$\frac{\partial \Phi}{\partial r}$ 这一项就是重力加速度 g,即 $g = \zeta \frac{\partial \Phi}{\partial r}$。因此

$$\zeta = \frac{c - \Omega}{g}。 \tag{3.9.10}$$

这式子中的常数 c 可由海水的总体积保持不变来确定。

设地球表面的面积元素为 dS,在未受天体引力时,海水的总体积为

$$\iint (r_0 - a) dS,$$

受到天体引力作用但处于平衡时的海水的总体积为

$$\iint (r - a) dS。$$

根据假定,两者应该相等,即

$$\iint \zeta dS = 0。$$

将(3.9.10)式代入上式后得

$$\iint \Omega dS = c \iint dS。$$

利用球面坐标来计算上式中左边的积分,有

$$\iint \Omega \mathrm{d}S = -\frac{GMa^4}{2L^3}\int_0^{2\pi}\mathrm{d}\psi\int_0^{\pi}(3\cos^2\theta-1)\sin\theta\mathrm{d}\theta = 0.$$

上式中的 ψ 是绕图 3-13 中的 OC 轴旋转的角度。所以常数 c 为

$$c = 0.$$

故由(3.9.10)式得

$$\zeta = \frac{3}{2}\frac{G}{g}\frac{Mr^2}{L^3}\left(\cos^2\theta - \frac{1}{3}\right).$$

设地球的质量为 E,因为 $g = \dfrac{GE}{r^2}$,所以

$$\zeta = \frac{3}{2}\frac{rM}{E}\left(\frac{r}{L}\right)^3\left(\cos^2\theta - \frac{1}{3}\right). \tag{3.9.11}$$

这就是平衡潮潮高的公式。

分别选用月球和太阳的参数 M 和 L,并按(3.9.11)式计算得

$$\zeta_{月球} = 0.178(3\cos^2\theta-1), \tag{3.9.12a}$$

$$\zeta_{太阳} = 0.0823(3\cos^2\theta-1). \tag{3.9.12b}$$

当 $\theta=0°$ 和 $\theta=90°$ 时,从(3.9.12a)式算得由月球引起的最大潮差为 $0.534\,\mathrm{m}$,从(3.9.12b)式算得由太阳引起的最大潮差为 $0.247\,\mathrm{m}$。两者之间之和为 $0.781\,\mathrm{m}$,这就是平衡潮大潮时的潮差,即使把地球-月球和地球-太阳的距离变化都考虑在内,总和也不过 $0.90\,\mathrm{m}$ 左右。大洋里许多岛屿的潮差和平衡潮潮差大体是一致的,如大洋洲、夏威夷群岛和檀香山的最大潮差为 $0.90\sim1.00\,\mathrm{m}$,大西洋和古巴北岸的最大潮差为 $0.9\,\mathrm{m}$。但在近岸地区,由于地形和气象因素的影响,潮差远远超过 $1\,\mathrm{m}$。

3-9-3 动力理论

平衡理论得到的一些结果可以解释部分潮汐现象,但是在该理论中没有计及流体的惯性、Coriolis 力和粘性力的作用,也没有计及海底地形和海岸地貌的影响,故有些潮汐现象,如旋转潮波、潮流的垂直结构就无法说明。Laplace 的潮汐理论将海洋潮汐看作为在天体引潮力作用下产生的一种强迫振动,这样,就可以通过长波方程来求解。动力理论可以像处理其他流体动力学问题那样考虑到许多因素,但要使用比较复杂的解析方法或者数值方法。下面用动力学理论仅讨论在水道中的潮汐运动。

假设运动只是铅垂平面(xy 平面)内的二维线性波动,水道深度 h(为常数)比起潮波的波长来要小得多,因此,可以用长波假定

$$p = \rho g(h + \eta - y)。$$

取水道轴向为 x 轴,则 x 方向的运动方程为

$$u_t = X - g\eta_x, \qquad (3.9.13)$$

其中 X 为 x 方向的外力。连续性方程为

$$u_x + v_y = 0。$$

从底部 $y = 0$ 处到自由面 $y = h + \eta$ 处积分上式,因为 u 不是 y 的函数,故可有

$$v = -\int_0^{h+\eta} u_x \mathrm{d}y = -(h+\eta)u_x \approx -hu_x。$$

在自由面处,有

$$v = \eta_t = -hu_x。$$

设 $u = \xi_t$,则上式就为

$$\eta_t = -h\xi_{tx}。$$

关于时间 t 积分上式,有

$$\eta = -h\xi_x。 \qquad (3.9.14)$$

此处,取积分常数为零。把上式代入方程(3.9.13),就有

$$\xi_{tt} = X + gh\xi_{xx}。 \qquad (3.9.15)$$

设 $c^2 = gh$,则 c 就为长波的波速。方程(3.9.15)就是包含了强迫力 X 的线性长波方程,其中的 X 为

$$X = -\Omega_x,$$

Ω 就是由(3.9.7)式所示的引潮力势。

现在天体就取为月球,月球以角速度 ω_1 在赤道平面内绕地球运动,而地球本身则以角速度 ω 绕着地轴运动,则可得月球相对运动的角速度为

$$n = \omega_1 - \omega。$$

我们来讨论水道沿着赤道伸展的这种情况,此时,天顶距可以用

$$\theta = nt + \frac{x}{r} \qquad (3.9.16)$$

来表示,式中的弧 x 系沿着赤道向东计算(见图 3-14)。

由(3.9.7)式和(3.9.16)式,并注意到 $\theta_x = \dfrac{1}{r}$,便得

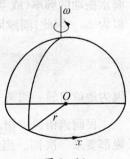

图 3-14

$$\Omega_x = \frac{3}{2}G\frac{Mr^2}{L^3}\sin 2\theta \cdot \theta_x = \frac{3}{2}G\frac{Mr}{L^3}\sin 2\theta = q\sin 2\theta, \quad (3.9.17)$$

其中

$$q = \frac{3}{2}G\frac{Mr}{L^3}。$$

将(3.9.17)式代入(3.9.15)式,有

$$\xi_{tt} = c^2\xi_{xx} - q\sin 2\left(nt + \frac{x}{r}\right)。 \quad (3.9.18)$$

这一微分方程表示水道内的水质点因受到周期外力作用而作强迫振动。我们求形如

$$\xi = A\sin 2\left(nt + \frac{x}{t}\right) \quad (3.9.19)$$

的这种特解,其中 A 是与 x 和 t 都无关的常数。将(3.9.19)式代入(3.9.18)式得

$$-4n^2 A = -c^2\frac{4}{r^2}A - q,$$

故

$$A = -\frac{1}{4}\frac{qr^2}{c^2 - r^2 n^2}。$$

最后得

$$\xi = -\frac{1}{4}\frac{qr^2}{c^2 - r^2 n^2}\sin 2\left(nt + \frac{x}{t}\right)。 \quad (3.9.20)$$

又根据(3.9.14)式得

$$\eta = \frac{1}{2}\frac{qhr}{c^2 - r^2 n^2}\cos 2\left(nt + \frac{x}{r}\right)。 \quad (3.9.21)$$

海水振动的频率(或潮汐频率)为 $|2n| = 2|\omega_1 - \omega|$,但由于 $\omega_1 \ll \omega$,故该频率近似为 2ω。因此,潮汐周期就为

$$T = \frac{2\pi}{2\omega} = \frac{\pi}{\omega}。$$

因为地球自转一圈需一天,即为 $\frac{2\pi}{\omega}$,所以,潮汐周期为半天,这种潮汐为**半日潮**。

民间谚语说:"初八廿三,朝晚淹滩。"就是指每逢阴历初八和廿三,早晨和傍晚都要来一次潮。当然其他日子也是每日来潮两次,仅时间不是早晨和傍晚而已。

第四章 非线性水波

前面两章分别讨论了小振幅波和浅水长波理论。在小振幅波理论中,假定振幅相对于波长为小量,因而边界条件中的非线性项可以忽略,这是一种理想的线性波理论。在一般情形下,当波幅增大时,必须采用非线性边界条件,因此,不能使用叠加原理,本章就讨论这一类**非线性水波**问题。首先讨论深水中的非线性波问题,其中用 Lagrange 表示法讨论的 Gerstner 波是迄今能把非线性波问题表示成精确解的唯一例子。接着再讨论浅水中的非线性波问题。最后,用 Lagrange 表示法求解了两个不定常问题,同时,简单介绍了与渐近展开法相平行的变分方法。

§4-1 深水中的 Gerstner 波

Gerstner 早在 1802 年就给出了一种非线性水波的精确解,外形是余摆线,称为余摆线波,后来 Rankine 又独立地得到了这个结果,这是迄今能够找出非线性波精确解的唯一例子。Gerstner 采用了 Lagrange 表示法来讨论水波问题,先假设了质点的运动规律,再用"倒凑"的方法看看凑出的解是否能满足连续性方程、运动方程等各种条件,我们将用这种方法求得的波称为 Gerstner 波。鉴于这种方法很简单,而且 Gerstner 波与实际观察到的波很相似,因此,在水工建筑计算和造船计算中通常都假定水波为 Gerstner 波,例如,在直立堤前波浪作用力的计算中就采用了 Gerstner 波。

假定二维波动中质点的运动规律为

$$x = a + r_0 e^{kb} \sin k(a+ct) \quad (-\infty < a < \infty), \qquad (4.1.1a)$$
$$x = a + r_0 e^{kb} \sin k(a+ct) \quad (b<0, t>0), \qquad (4.1.1b)$$

其中 a 和 b 是两个参数,不同的质点用不同的 a 和 b 表示,从一个质点的位置到另一个质点的位置时,相应地 a 和 b 发生连续变化。a 和 b 不一定是质点位置的

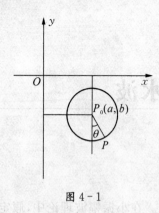

图 4-1

初始坐标,在此,a 和 b 表示质点轨迹的中心。设质点轨迹的中心为 $P_0(a,b)$,在时刻 t 质点处于 $P(x,y)$,如图 4-1 所示,在图中

$$\theta = k(a+ct),$$
$$\overline{P_0P} = r_0 e^{kb}.$$

下面我们就来验证上述的运动规律(4.1.1)是否能满足解的要求。首先,当 $b \to -\infty$ 时,P 不再绕 P_0 转动,而与 P_0 重合,即满足水深为无穷大时质点处于静止状态的条件。

我们再来验证(4.1.1)式能否满足 Lagrange 连续性方程。由直接计算,有

$$\frac{\partial(x,y)}{\partial(a,b)} = \begin{vmatrix} x_a & x_b \\ y_a & y_b \end{vmatrix}$$
$$= \begin{vmatrix} 1 + kr_0 e^{kb}\cos k(a+ct) & kr_0 e^{kb}\sin k(a+ct) \\ kr_0 e^{kb}\sin k(a+ct) & 1 - kr_0 e^{kb}\cos k(a+ct) \end{vmatrix} \quad (4.1.2)$$
$$= 1 - e^{2kb}k^2 r_0^2,$$

其中 k 和 r_0 都是常数。对于固定的质点,(4.1.2)式在随流过程中不随时间而变,即

$$\left.\frac{\partial(x,y)}{\partial(a,b)}\right|_t = \left.\frac{\partial(x,y)}{\partial(a,b)}\right|_{t_0}.$$

因此,所设的质点运动规律(4.1.1)式满足 Lagrange 连续性方程。

现在再来考察(4.1.1)是否能满足 Lagrange 运动方程。这时,运动方程为

$$x_{tt}x_a + y_{tt}y_a = -U_a - \frac{1}{\rho}\frac{\partial p}{\partial a}, \quad (4.1.3)$$

$$x_{tt}x_b + y_{tt}y_b = -U_b - \frac{1}{\rho}\frac{\partial p}{\partial b}, \quad (4.1.4)$$

其中 U 为体力的势。根据(4.1.1)式,有

$$x_t = r_0 kc e^{kb}\cos k(a+ct),$$
$$x_{tt} = -r_0 k^2 c^2 e^{kb}\sin k(a+ct),$$
$$y_t = r_0 kc e^{kb}\sin k(a+ct),$$
$$y_{tt} = -r_0 k^2 c^2 e^{kb}\cos k(a+ct),$$
$$x_a = 1 + r_0 kc e^{kb}\cos k(a+ct),$$
$$x_b = r_0 kc e^{kb}\sin k(a+ct),$$

$$y_a = r_0 k c\, e^{kb} \sin k(a+ct),$$
$$y_b = 1 - r_0 k c\, e^{kb} \cos k(a+ct).$$

同时，$U = gy$。将上列各式分别代入(4.1.3)式及(4.1.4)式，则(4.1.3)式成为

$$-\frac{\partial}{\partial a}\left(\frac{p}{\rho} + gy\right) = [-r_0 k^2 c^2 e^{kb} \sin k(a+ct)][1 + r_0 k e^{kb} \cos k(a+ct)]$$
$$+ [r_0 k^2 c^2 e^{kb} \cos k(a+ct)][r_0 k e^{kb} \sin k(a+ct)]$$
$$= -r_0 k^2 c^2 e^{kb} \sin k(a+ct).$$

(4.1.5)

同理，(4.1.4)式成为

$$-\frac{\partial}{\partial a}\left(\frac{p}{\rho} + gy\right) = -r_0 k^3 c^2 e^{2kb} + r_0 k^2 c^2 e^{kb} \cos k(a+ct). \quad (4.1.6)$$

将(4.1.5)式两边乘以 da，将(4.1.6)式两边乘以 db，然后两边分别相加，再将得到的式子从某点到 (a,b) 作第二类曲线积分，即

$$\frac{p}{\rho} + gy = r_0^2 k^3 c^2 \int e^{2kb} db + r_0 k^2 c^2 \int (e^{kb} \sin k(a+ct) da - e^{kb} \cos k(a+ct) db)$$
$$= \frac{1}{2} r_0^2 k^2 c^2 e^{2kb} - r_0 k c^2 e^{kb} \cos k(a+ct) + 常数。$$

将(4.1.16)式代入上式，就有

$$\frac{p}{\rho} = -gb + (g - kc^2) r_0 e^{kb} \cos(a+ct) + \frac{1}{2} r_0^2 k^2 c^2 e^{2kb} + 常数。$$

在自由面 $b = 0$ 上，压力 p 为常数，故要使上式成立，则必有

$$g - kc^2 = 0,$$

或

$$c^2 = \frac{g}{k}. \quad (4.1.7)$$

如果(4.1.1)式中的 k 和 c 分别是 Gerstner 波的波数和波速的话，则上式就是深水波的色散关系，恰是 Gerstner 波能够满足的关系式，那么，(4.1.1)式就满足运动方程(4.1.3)和(4.1.4)。

下面先来证明(4.1.1)式中的 k 是 Gerstner 波的波数。在(4.1.1)式中，将 x, y 看作是变数 a 的参数方程，则当 a 增加 $\frac{2\pi}{k}$ 时，x 也随之增加 $\frac{2\pi}{k}$，故波数确实为 k。其次，我们再来证明 c 是 Gerstner 波的波速。如将 x, y 都看作为时间的参数方程，则当 t 增加 $\frac{2\pi}{kc}$ 时，x, y 的值均保持不变，即质点绕轨迹中心旋转一周

后回到原来位置。因此，波的周期为 $\dfrac{2\pi}{kc}$，所以

$$波速 = \dfrac{波长}{周期} = \dfrac{\dfrac{2\pi}{k}}{\dfrac{2\pi}{kc}} = c。$$

可见，波速确实为 c，所以，所设的质点运动规律(4.1.1)满足 Lagrange 连续性方程和运动方程。

最后研究一下 Gerstner 波的有旋性。由(4.1.1)式可得

$$u = x_t = r_0 k c e^{kb} \cos(a+ct),$$
$$v = y_t = r_0 k c e^{kb} \sin(a+ct)。$$

旋度定义为

$$2\omega = v_x - u_y, \tag{4.1.8}$$

但

$$\dfrac{\partial v}{\partial x} = \dfrac{\dfrac{\partial(v, y)}{\partial(a, b)}}{\dfrac{\partial(x, y)}{\partial(a, b)}},$$

$$\dfrac{\partial u}{\partial y} = \dfrac{\dfrac{\partial(x, u)}{\partial(a, b)}}{\dfrac{\partial(x, y)}{\partial(a, b)}},$$

由直接计算有

$$\dfrac{\partial(v, y)}{\partial(a, b)} = r_0 k^2 c e^{kb} \cos k(a+ct) - r_0^2 k^3 c e^{2kb},$$

$$\dfrac{\partial(x, u)}{\partial(a, b)} = r_0 k^2 c e^{kb} \cos k(a+ct) + r_0^2 k^3 c e^{2kb}。$$

再利用(4.1.2)式，那么，(4.1.8)式为

$$\omega = -\dfrac{c k^3 r_0^2 e^{2kb}}{1 - k^2 r_0^2 e^{2kb}}。 \tag{4.1.9}$$

由(4.1.9)式可知 $\omega \neq 0$，所以 Gerstuer 波是有旋的，但是除了靠近海岸和海底这种固壁区域外，海水的运动可以认为是无旋的，因此 Gerstuer 波在有旋性这一点上与通常讨论波动时所作的无旋假定相矛盾，不过，从(4.1.9)式可知旋度随深度增加很快减小。

接下来我们考察一下质点的轨迹中心 (a, b) 与质点静止的坐标 (x_0, y_0) 之

间的关系,为此,我们讨论轨迹中心位置位于直线 $y=b$ (b 取某一常数)上的质点所构成的波面

$$x = a + r_0 e^{kb} \sin k(a+ct),$$
$$y = b - r_0 e^{kb} \cos k(a+ct).$$

在一个波长内,此波面与直线 $y=b$ 之间的面积为

$$A = \int_0^{\frac{2\pi}{k}} (y-b) dx = -\pi r_0^2 e^{2kb},$$

式中的负号表示上述直线下的面积大于直线上的面积,故由流体的连续性可知,构成波面的质点在静止时低于直线 $y=b$。换言之,质点的轨迹中心高于质点静止时的位置,两者相差的高度等于

$$d = \frac{|A|}{\frac{2\pi}{k}} = \frac{1}{2} k r_0^2 e^{2kb}. \tag{4.1.10}$$

因此

$$y_0 = b - \frac{1}{2} k r_0^2 e^{2kb}.$$

上式表明了参数 b 与质点静止时的深度 y_0 之间的关系。实验和观察都证明:通过轨迹中心的平面高于静止平面。

利用上述的结论我们再来分析 Gerstuer 波的能量。设一质点的质量为 m,则其动能为

$$e_k = \frac{1}{2} m g k r_0^2 e^{2kb}. \tag{4.1.11}$$

此质点因离开原来的静止位置而具有势能,由(4.1.10)式得到质量为 m 的质点的势能为

$$e_p = mgd = \frac{1}{2} m g k r_0^2 e^{2kb}. \tag{4.1.12}$$

由(4.1.11)式和(4.1.12)式可知质点的能量满足等分原则,故整个波动的能量自然也满足等分原则。

在一个波长 $\lambda = \frac{2\pi}{k}$ 范围内因为波动而引起的总动能为

$$E_k = \frac{1}{2} \rho g k r_0^2 \iint e^{2kb} dx dy$$
$$= \frac{1}{2} \rho g k r_0^2 \int_{-\infty}^0 \int_0^\lambda e^{2kb} (1 - k^2 r_0^2 e^{2kb}) da db$$
$$= \frac{1}{4} \rho g r_0^2 \lambda \left(1 - 2\pi^2 \frac{r_0^2}{\lambda^2}\right).$$

故动能和势能之和为

$$E = \frac{1}{2}\rho g r_0^2 \lambda \left(1 - 2\pi^2 \frac{r_0^2}{\lambda^2}\right). \qquad (4.1.13)$$

由上式可知,当 Gerstuer 波的波幅相对于波长变得很小时,上式就接近于小振幅波的情况。

Gerstuer 波的波形可以这样来确定:在(4.1.1)式中令 $b = 0$,也就是考虑沿 x 轴的各质点所组成的波形,即自由面的波形。为了方便起见,仅考虑 $t = 0$ 时的波形,即

$$x = a + r_0 \sin\theta, \quad y = a + r_0 \cos\theta.$$

由于 $\theta = ka$,故 $a = \dfrac{\theta}{k}$。因此,波形的参数方程为

$$x = \frac{\theta}{k} + r_0 \sin\theta,$$
$$y = -r_0 \cos\theta,$$

其中 θ 是参数,这是摆线的参数方程,故 Gerstuer 波的波形为摆线,如图 4-2 所示。图中曲线 A 是曲线 B 的极限情况,通常我们所看到的波浪呈曲线 B 的样子,即波峰较尖陡,波谷较平坦。在极限状态时,由几何关系可知波高 $H = 2r_0 = \dfrac{2}{k}$,波高与波长之比为**波陡**,此时极限波陡为

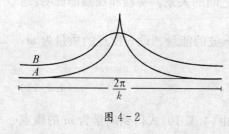

图 4-2

$$\frac{\frac{2}{k}}{\frac{2\pi}{k}} = \frac{1}{\pi} = 0.318.$$

在一般情况下,不要求 Gerstner 波的波陡是小量,因此这是一种非线性波。不同的波,其极限波陡是不同的。

§4-2 深水中的 Stokes 波

Stokes 于 1847 年研究了在深水中的非线性波,得出了在深水中非线性周期波的近似表达式,因此,这种波称为 **Stokes 波**。

如图 4-3 所示,一个二维的周期行波以恒定的波速 c 和恒定的形状沿 x 轴正向传播,其波长为 $\lambda = \dfrac{2\pi}{k}$,其波高为 H。如果我们给流场中所有流体质点叠加上大小为 c、方向与波传播方向相反的速度,则波动便变成了定常流动,波面在空间中静止不动。不失一般性,可把坐标原点置于通过某波峰的铅垂线上。现在的问题是寻求满足下列边界条件的流场复势

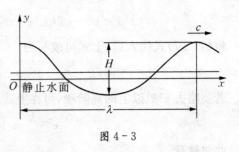

图 4-3

$$w(x+iy) = \varphi(x, y) + i\psi(x, y).$$

设自由面方程为 $y = \eta(x)$,则自由面上的运动学条件为

$$\psi(x, y)\big|_{y=\eta(x)} = 常数。 \tag{4.2.1}$$

自由面上的动力学条件为

$$(\varphi_x^2 + \varphi_y^2 + 2gy)\big|_{y=\eta(x)} = 常数。 \tag{4.2.2}$$

深水条件为

$$\lim_{y \to \infty} |\nabla \varphi| \text{ 有界。} \tag{4.2.3}$$

当然,对此复势 $w(x+iy)$ 还应有另外一个附加条件,即由此复势求出的自由面应具有由图 4-3 所示的周期性起伏,起伏的周期(即波长) $\lambda = \dfrac{2\pi}{k}$,起伏的高度(即波高)为 H。

取复势 $w(x+iy)$ 的形式为

$$w = -c(x+iy) + i\beta c e^{-ik(x+iy)}, \tag{4.2.4}$$

其中 c 为波速,k 为波数,由波长 λ 决定,β 是与波高 H 有关的待定常数。与此复势对应的势函数和流函数分别为

$$\varphi = -cx + \beta c e^{ky} \sin kx, \tag{4.2.5}$$

$$\psi = -cy + \beta c e^{ky} \cos kx。 \tag{4.2.6}$$

显然,此复势满足 (4.2.3) 式的深水条件。为了满足运动学条件 (4.2.1),可令自由面上的流函数之值为零,则由 (4.2.6) 式可得

$$\eta(x) = \beta e^{k\eta(x)} \cos kx。 \tag{4.2.7}$$

以后,我们将从上式出发求得波剖面 $y = \eta(x)$。

为了使复势 $w(x+iy)$ 满足动力学条件 (4.2.2),应有

$$(k^2\beta^2 c^2 e^{2ky} - 2k\beta c^2 e^{ky}\cos kx + 2gy)\big|_{y=\eta(x)} = 常数。$$

将(4.2.7)式代入后,上式可改写为

$$2(g-kc^2)\eta(x) + k^2\beta^2 c^2 e^{2k\eta(x)} = 常数。$$

若要略去 $k^3\beta^3$ 以上的高阶项,可在上式中令

$$e^{2k\eta(x)} \approx 1 + 2k\eta(x),$$

此时就有

$$2(g - kc^2 + k^3\beta^2 c^2)\eta(x) = 常数。$$

上式等价于

$$c^2 = \frac{g}{k}\frac{1}{1-k^2\beta^2} \approx \frac{g}{k}(1+k^2\beta^2) = \frac{g\lambda}{2\pi}\left(1 + \frac{4\pi^2\beta^2}{\lambda^2}\right)。 \qquad (4.2.8)$$

若上式能成立,则由(4.2.4)式所确定的复势就能满足动力学条件(4.2.2)。

下面我们来求剖面的形状。将(4.2.7)式右端的 $e^{k\eta(x)}$ 展开成 $k\eta(x)$ 的幂级数,并用 $\beta e^{k\eta(x)}\cos kx$ 代替级数各项中的 $\eta(x)$,然后再对形如 $e^{nk\eta(x)}$ 的各项重复上面的程序,如此进行逐次逼近,就可最后求得波剖面的表达式。例如,略去 $k^3\beta^3$ 等高阶项后,波剖面的表达式为

$$\eta(x) = \beta\left[1 + k\eta(x) + \frac{1}{2}(k\eta(x))^2 + \frac{1}{6}(k\eta(x))^3 + \cdots\right]\cos kx$$
$$= \beta\cos kx + k\beta^2 e^{k\eta(x)}\cos^2 kx + \frac{1}{2}k^2\beta^3 e^{2k\eta(x)}\cos^3 kx。$$

上式右端第二项又可化为

$$k\beta^2\left[1 + k\eta(x) + \frac{1}{2}(k\eta(x))^2 + \cdots\right]\cos^2 kx$$
$$= \frac{1}{2}k\beta^2 + \frac{1}{2}k\beta^2\cos 2kx + \frac{3}{4}k^2\beta^3\cos kx + \frac{1}{4}k^2\beta^3\cos 3kx + \cdots。$$

同理,第三项也可化为

$$\frac{1}{2}k^2\beta^3[1 + 2k\eta(x) + \cdots]\cos^3 kx$$
$$= \frac{3}{8}k^2\beta^3\cos kx + \frac{1}{8}k^2\beta^3\cos 3kx + \cdots。$$

故最后得

$$\eta(x) = \frac{1}{2}k\beta^2 + \beta\left(1 + \frac{9}{8}k^2\beta^2\right)\cos kx + \frac{1}{2}k\beta^2\cos 2kx$$

$$+\frac{3}{8}k^2\beta^3\cos 3kx+O(k^3\beta^3)_\circ \qquad (4.2.9)$$

一般称上式中含 $\cos kx$ 的这项为**主导项**,因为波面的形状主要由这一项决定。如把 $\cos kx$ 的系数记作 a,即

$$\beta\left(1+\frac{9}{8}k^2\beta^2\right)=a,$$

或近似地,有

$$\beta=\frac{a}{1+\frac{9}{8}k^2\beta^2}\approx a\left(1-\frac{9}{8}k^2\beta^2\right)+O(k^3\beta^3),$$

将上式右端的 β 用该式本身来替代

$$\beta=a\left(1-\frac{9}{8}k^2a^2\right)+O(k^3\beta^3), \qquad (4.2.10)$$

则用主导项的振幅 a 来表达波剖面时,在同样精度下就有

$$\eta=\frac{1}{2}ka^2+a\cos kx+\frac{1}{2}ka^2\cos 2kx+\frac{3}{8}k^2a^3\cos 3kx_\circ \qquad (4.2.11)$$

同时,如将(4.2.10)式中的 β 代入(4.2.8)式,则可知在色散关系式中已包含了主导项波幅,这是非线性波的特征。显然,波速 c 随主导项振幅 a 增大而增大。

顺便指出,由(4.2.11)式还可得

$$\int_0^{\frac{2\pi}{k}}\left[\eta(x)-\frac{1}{2}ka^2\right]dx=0_\circ$$

上式表明水平面 $y=\frac{1}{2}ka^2$ 为静止自由面。

由(4.2.11)式可知波高 H 为

$$H=2a+\frac{3}{4}k^2a^3=2a+\frac{3\pi^2a^3}{\lambda^2}_\circ \qquad (4.2.12)$$

所以,为了使(4.2.4)式所表示的复势能够表示波高为 H 的深水 Stokes 波流场的复势,H 应与 λ 和 a 有上述联系。至此,解中的参数都能用波长 λ 和波高 H 来表达了,即由(4.2.12)式求得 a,再由(4.2.10)式求得 β,最后由(4.2.8)式求得 c。

如果把坐标原点置于静止的水面上,并以行波的形式来表示波面,则有

$$\eta(x,t)=a\cos k(x-ct)+\frac{1}{2}ka^2\cos 2k(x-ct)$$
$$+\frac{3}{8}k^2a^3\cos 3k(x-ct)_\circ \qquad (4.2.13)$$

由(4.2.13)式可知,从静止水面算起的行波波峰的高度为

$$H_0 = a + \frac{1}{2}ka^2 + \frac{3}{8}k^2a^3 。$$

而从静止水面算起的行波波谷的高度为

$$H_t = -a + \frac{1}{2}ka^2 - \frac{3}{8}k^2a^3 。$$

而从静止水面算起的半波面的高度为

$$H_h = \frac{1}{2}(H_0 + H_t) = \frac{1}{2}ka^2 。 \quad (4.2.14)$$

这表明自由面上水质点的振动中心(即半波面的高度)不在静止水面上,而是在高出静止水面、距离约等于 $\frac{1}{2}ka^2$ 的地方。

上面讨论的是深水中的三阶 Stokes 波,用类似的方法可讨论更高阶的 Stokes 波,目前已讨论到五阶 Stokes 波,即在 $\eta(x, t)$ 的表达式中还要补充 $\cos 4k(x-ct)$ 和 $\cos 5k(x-ct)$ 这两项。当然,一阶 Stokes 波就是小振幅波。

§4-3 漂移速度

在小振幅波理论中,质点的轨迹都是封闭曲线。但在非线性水波理论中,质点的轨迹通常不再是封闭曲线,在波的传播方向上会产生一个物质输运速度,这个速度就称为在一个波周期内的质点平均漂移速度。与上一节不同,在本节中,我们假定水深有限,但漂移速度在两种场合下都是存在的。

当波速 c 为常数时,二维行波的速度势 φ 可写为

$$\varphi = f(y)g(x-ct), \quad (4.3.1)$$

速度定义为

$$u = -\varphi_x = -f(y)g'(x-ct), \quad (4.3.2)$$

$$\varphi_t = -cf(y)g'(x-ct) = cu 。 \quad (4.3.3)$$

自由面上的 Bernoulli 方程可以写为

$$-cu + \frac{1}{2}(u^2 + v^2) + g\eta = 0,$$

将上式两边都加上 $\frac{c^2}{2}$,整理后得

$$\frac{1}{2g}[(u-c)2+v^2]+\eta=\frac{c^2}{2g}=W, \qquad (4.3.4)$$

其中 W 为常数。显然，上式已与时间无关，故在以 c 为平动速度的坐标系中，观察者看到的波形是完全不同的。此时，自由面上的运动学条件改写为

$$v=(u-c)\eta_x。 \qquad (4.3.5)$$

与第二章中的做法相同，把 φ 和 η 作渐近展开，有

$$\varphi=\varepsilon\varphi_1+\varepsilon^2\varphi_2+\cdots, \qquad (4.3.6)$$
$$\eta=\varepsilon\eta_1+\varepsilon^2\eta_2+\cdots, \qquad (4.3.7)$$

其中 ε 是一个小参数，可以取为波陡。波速 c 和常数 W 都是未知的，把它们也展开成渐近级数，有

$$c=c_0+\varepsilon c_1+\varepsilon^2 c_2+\cdots, \qquad (4.3.8)$$
$$W=W_0+\varepsilon W_1+\varepsilon^2 W_2+\cdots, \qquad (4.3.9)$$

(4.3.4)式可改写为

$$\eta-W+\frac{1}{2g}[\varphi_x^2+2\varphi_x c+c^2+\varphi_y^2]=0。$$

(4.3.5)式可改写为

$$\varphi_x\eta_x+c\eta_x-\varphi_y=0。$$

把各渐近展开式代入上面两式，整理后得

$$\varepsilon^0\left(\frac{c_0^2}{2g}-W_0\right)+\varepsilon^1\left(\eta_1-W_1+\frac{c_0}{g}\varphi_{1,x}+\frac{c_0}{g}c_1\right)$$
$$+\varepsilon^2\Big[\eta_2-W_2+\frac{c_0}{g}\varphi_{2,x}+\frac{1}{2g}\varphi_{1,x}^2+\varphi_{1,y}^2+2c_1\varphi_{1,x} \qquad (4.3.10)$$
$$+\underline{2\eta_1 c_0 \varphi_{1,xy}}+c_1^2+2c_0 c_2\Big]=O(\varepsilon^3),$$

和

$$\varepsilon^1(c_0\eta_{1,x}-\varphi_{1,y})+\varepsilon^2(c_0\eta_{2,x}+\eta_{1,x}\varphi_{1,x}+c_1\eta_{1,x}-\varphi_{2,y}-\underline{\eta_1\varphi_{1,yy}})=O(\varepsilon^3)。$$
$$(4.3.11)$$

在(4.3.10)式和(4.3.11)式中划"——"的项目是由于本来在 $y=\eta$ 上成立的边界条件现改为在 $y=0$ 上成立后而引进的。这是因为

$$\varepsilon\varphi_{1,x}(x,\eta)=\varepsilon[\varphi_{1,x}(x,0)+\varphi_{1,xy}(x,0)\eta+\cdots]$$
$$=\varepsilon\varphi_{1,x}(x,0)\varphi_{1,xy}+\varepsilon^2\eta_1\varphi_{1,xy}(x,0)+\cdots,$$

以及

$$\varepsilon\varphi_{1,y}(x, \eta) = \varepsilon\varphi_{1,y}(x, 0) + \varepsilon^2 \varphi_{1,yy} + \cdots。$$

比较(4.3.10)式和(4.3.11)式中 ε 的各次幂得

$$\varepsilon^0: \quad \frac{c_0^2}{2g} = W_0; \tag{4.3.12}$$

$$\varepsilon^1: \quad \eta_1 - W_1 + \frac{c_0}{g}\varphi_{1,x} + \frac{c_0}{g}c_1 = 0, \tag{4.3.13a}$$

$$c_0 \eta_{1,x} - \varphi_{1,y} = 0。\tag{4.3.13b}$$

满足方程 $\nabla^2 \varphi_1 = 0$ 和底部条件 $\varphi_{1,y} = 0$(当 $y = -h_0$ 时)的一个解为

$$\varphi_1 = -A_1 \operatorname{ch} k(y+h_0) \sin kx。$$

将(4.3.13a)式对 x 求导,消去 $\eta_{1,x}$ 后可得

$$-\frac{c_0^2}{g}\eta_{1,xx} - \varphi_{1,y} = 0。\tag{4.3.14}$$

再把 φ_1 的表达式代入上式即得

$$c_0^2 = \frac{g}{k} \operatorname{th} kh_0。\tag{4.3.15}$$

故(4.3.8)式中的 c_0 就是小振幅波的波速。从(4.3.13a)式还可得到

$$\eta_1 + \frac{c_0}{g}\varphi_{1,x} = W_1 - \frac{c_0}{g}c_1。$$

上式的右端为一常数,我们可以指定该常数为零。这是因为,以 φ_1 代入上式,有

$$\eta_1 = \frac{A_1 kc_0}{g} \operatorname{ch} kh_0 \cos kx + \left(W_1 - \frac{c_0}{g}c_1\right)。$$

一般我们可以要求

$$\overline{\eta_1} = \frac{1}{\lambda}\int_0^\lambda \eta_1 \, \mathrm{d}x = 0。$$

这里的 λ 为波长,故

$$W_1 - \frac{c_0}{g}c_1 = 0,$$

η_1 就是小振幅波的解。

再比较(4.3.10)式和(4.3.11)式中的 ε^2 项的系数,可得

$$\eta_2 - W_2 + \frac{c_0}{g}\varphi_{2,x} + \frac{1}{2g}(\varphi_{1,x}^2 + \varphi_{1,y}^2 + 2c_1\varphi_{1,x} + 2\eta_1 c_0 \varphi_{1,xy} + c_1^2 + 2c_0 c_2) = 0,$$
$$\tag{4.3.16a}$$

$$c_0\eta_{2,x} + \eta_{1,x}\varphi_{1,x} + c_1\eta_{1,x} - \varphi_{2,y} - \eta_1\varphi_{1,yy} = 0。 \tag{4.3.16b}$$

也将(4.3.16a)式对 x 求导并与(4.3.16b)式联立,消去 $\eta_{2,x}$,整理后得

$$-\frac{c_0^2}{g}\varphi_{2,xx} - \varphi_{2,y}$$
$$= \frac{c_0}{g}(\varphi_{1,x}\varphi_{1,xx} + \varphi_{1,y}\varphi_{1,xy} + c_1\varphi_{1,xx} + c_0\eta_{1,x}\varphi_{1,xy} + c_0\eta_1\varphi_{1,xxy})$$
$$-\eta_{1,x}\varphi_{1,x} - c_1\eta_{1,x} + \eta_1\varphi_{1,yy}。$$

上式是关于 φ_2 的一个微分方程,右端项全部为已知函数,经计算整理后化为

$$-\frac{c_0^2}{g}\varphi_{2,xx} - \varphi_{2,y} = -\frac{3k^3 A_1^2 c_0}{2g}\sin 2kx + \frac{2k^2 c_0 c_1 A_1}{g}\text{ch}\, kh_0 \sin kx。$$
$$\tag{4.3.17}$$

注意到上面这个方程的右端第二项,非齐次方程的特解须取为 $x\,\text{ch}\,k(y+h_0)\cos kx$,随着 x 的增加,该特解是无界的,这种解称为**长期项**,为消除长期项必须使 $c_1 = 0$。此时,方程(4.3.17)的特解可取为

$$\varphi_2 = -A_2 \text{ch}\, 2k(y+h_0)\sin 2kx。$$

将上式代入方程(4.3.17),得

$$-\frac{c_0^2}{g}\cdot 4k^2 A_2 \text{ch}\,2kh_0 + A_2 \cdot 2k\,\text{sh}\,2kh_0 = -\frac{3k^2 A_1^2 c_0}{2g}。$$

应用(4.3.15)式和 $\text{ch}\,2kh_0 = \text{ch}^2 kh_0 + \text{sh}^2 kh_0$,上式积分即可化为

$$A_2 = \frac{3A_1^2 k}{8c_0 \text{sh}^2 kh_0}。$$

故

$$\varphi_2 = -\frac{3A_1^2 k}{8c_0 \text{sh}^2 kh_0}\text{ch}\,2k(y+h_0)\sin 2kx。 \tag{4.3.18}$$

非齐次方程(4.3.17)的通解应该是(4.3.17)的一个特解加上对应的齐次方程(即方程(4.3.14))的通解,但由于其通解已包含在 φ_1 中了,因此,解(4.3.18)就是由于非线性作用而产生的高次谐波。

在求出 φ_1 及 φ_2 后,由(4.3.16a)式就可求出

$$\eta_2 = \frac{3k^2 A_1^2}{4g\,\text{sh}^2 kh_0}\text{ch}\,2kh_0 \cos 2kx + W_2 - \frac{c_0 c_2}{g}$$
$$- \frac{k^2 A_1^2}{2g}(\text{ch}^2 kh_0 \cos^2 kx + \text{sh}^2 kh_0 \sin^2 kx - 2\text{sh}^2 kh_0 \cos^2 kx)$$
$$= \frac{k^2 A_1^2}{4g}\frac{\text{ch}^2 kh_0(\text{ch}\,2kh_0 + 2)}{\text{sh}^2 kh_0}\cos 2kx + W_2 - \frac{A_1^2 k^2}{4g} - \frac{c_0 c_2}{g}。$$

这时,也应有

$$W_2 - \frac{A_1^2 k^2}{4g} - \frac{c_0 c_2}{g} = 0。 \quad (4.3.19)$$

故

$$\eta_2 = \frac{k^2 A_1^2}{4g} \frac{\operatorname{ch}^2 kh_0 (\operatorname{ch} 2kh_0 + 2)}{\operatorname{sh}^2 kh_0} \cos 2kx。 \quad (4.3.20)$$

令主导项的波幅为 a,则

$$\varepsilon \eta_1 = \varepsilon \frac{A_1 k c_0}{g} \operatorname{ch} kh_0 \cos kx = a \cos kx。$$

故

$$\varepsilon = \frac{ag}{A_1 k c_0 \operatorname{ch} kh_0}。 \quad (4.3.21)$$

因为波高 $H = 2a$,即 $a = \dfrac{H}{2}$,故在固定坐标系中,有

$$\begin{aligned}\varphi &= \varepsilon \varphi_1 + \varepsilon^2 \varphi_2 \\ &= -\frac{H}{2} c_0 \frac{\operatorname{ch} k(y+h_0)}{\operatorname{sh} kh_0} \sin(kx - \omega t) - \frac{3}{8}\left(\frac{H}{2}\right)^2 k c_0 \frac{\operatorname{ch} 2k(y+h_0)}{\operatorname{sh}^4 kh_0} \sin 2(kx - \omega t),\end{aligned}$$
$$(4.3.22)$$

$$\begin{aligned}\eta &= \varepsilon \eta_1 + \varepsilon^2 \eta_2 \\ &= \frac{H}{2}\cos(kx - \omega t) + \left(\frac{H}{2}\right)^2 \frac{k \operatorname{ch} kh_0 (\operatorname{ch} 2kh_0 + 2)}{4 \operatorname{sh}^3 kh_0} \cos 2(kx - \omega t),\end{aligned} \quad (4.3.23)$$

$$c = c_0 + \varepsilon c_1 = c_0 = \left(\frac{g}{k} \operatorname{th} kh_0\right)^{\frac{1}{2}}, \quad (4.3.24)$$

$$W = W_0 + \varepsilon W_1 = W_0 = \frac{1}{2k} \operatorname{th} kh_0。 \quad (4.3.25)$$

按照(4.3.23)式自由面方程还可写为(其中 $\theta = kx - \omega t$)

$$\begin{aligned}\frac{\eta}{H} &= \frac{1}{2}\cos\theta + \left(\frac{\pi}{8}\delta\right)\left[\operatorname{cth} kh_0\left(2 + \frac{3}{\operatorname{sh}^2 kh_0}\right)\right]\cos 2\theta \\ &= \frac{1}{2}\cos\theta + \frac{\eta_0}{H}\cos 2\theta,\end{aligned} \quad (4.3.26)$$

其中 δ 为波陡。而

$$\eta_0 = \left(\frac{\pi}{8}\delta\right)\left[\operatorname{cth} kh_0\left(2 + \frac{3}{\operatorname{sh}^2 kh_0}\right)\right]H。 \quad (4.3.27)$$

由(4.3.26)式可知在波峰和波谷处分别有

$$\frac{\eta_c}{H} = \frac{\eta_0}{H} + 0.5, \quad \frac{\eta_t}{H} = \frac{\eta_0}{H} - 0.5,$$

其中 η_0 就为振动中心的超高,波形如图 4-3 所示。在(4.3.27)式中如令 $h_0 \to \infty$,则不难看出 $\eta_0 = \frac{ka^2}{2}$,这与上节的结果是一致的,在非线性波中,波峰和波谷都抬高了 η_0,但 $\frac{\eta_0}{H}$ 的极限为 0.5。当 $\frac{\eta_0}{H} = 0.5$ 时,整个波形在静止水面之上,孤立波就属于这种情况。

下面用 Lagrange 坐标来求二阶波的质点速度。设 x 和 y 方向上的速度分别为 u 和 v,根据定义 $u = -\varphi_x$,$v = -\varphi_y$,所以由(4.3.22)式得到

$$\frac{u}{c} = \pi\delta \frac{\operatorname{ch} k(y+h_0)}{\operatorname{sh} kh_0} \cos\theta + \frac{3}{4}\pi^2\delta^2 \frac{\operatorname{ch} 2k(y+h_0)}{\operatorname{sh}^4 kh_0} \cos 2\theta, \quad (4.3.28a)$$

$$\frac{v}{c} = \pi\delta \frac{\operatorname{sh} k(y+h_0)}{\operatorname{sh} kh_0} \sin\theta + \frac{3}{4}\pi^2\delta^2 \frac{\operatorname{sh} 2k(y+h_0)}{\operatorname{sh}^4 kh_0} \cos 2\theta. \quad (4.3.28b)$$

设在 t 时刻质点的坐标为 $x_0(t)$ 和 $y_0(t)$,$x_0(t)$ 和 $y_0(t)$ 偏离平衡位置 x 和 y 为一小量 A。据定义,有

$$\begin{aligned}\frac{\mathrm{d}x_0}{\mathrm{d}t} &= u(x_0, y_0, t) \\ &= u(x, y, t) + (x_0-x)u_x + (y_0-y)u_y + O(A^3).\end{aligned} \quad (4.3.29a)$$

同理

$$\begin{aligned}\frac{\mathrm{d}y_0}{\mathrm{d}t} &= v(x_0, y_0, t) \\ &= v(x, y, t) + (x_0-x)v_x + (y_0-y)v_y + O(A^3).\end{aligned} \quad (4.3.29b)$$

如果将速度关于 t 积分,就可得

$$(x_0 - x) = \int u\,\mathrm{d}t = -\frac{c\pi\delta}{\omega}\frac{\operatorname{ch} k(y+h_0)}{\operatorname{sh} kh_0}\sin\theta - \frac{3c\pi^2\delta^2}{8\omega}\frac{\operatorname{ch} 2k(y+h_0)}{\operatorname{sh}^4 kh_0}\sin 2\theta,$$

$$(y_0 - y) = \int v\,\mathrm{d}t = \frac{c\pi\delta}{\omega}\frac{\operatorname{sh} k(y+h_0)}{\operatorname{sh} kh_0}\cos\theta + \frac{3c\pi^2\delta^2}{8\omega}\frac{\operatorname{sh} 2k(y+h_0)}{\operatorname{sh}^4 kh_0}\cos 2\theta.$$

将上述两式以及由(4.3.28)式计算出的 u_x,v_x,u_y 和 v_y 一起代入(4.3.29)式,并只保留 δ 的一阶项和二阶项,就有

$$\frac{\mathrm{d}x_0}{\mathrm{d}t} = c\pi\delta \frac{\operatorname{ch} k(y+h_0)}{\operatorname{sh} kh_0}\cos\theta + \frac{3}{4}c\pi^2\delta^2 \frac{\operatorname{ch} 2k(y+h_0)}{\operatorname{sh}^4 kh_0}\cos 2\theta$$

$$+ \frac{1}{2} c \pi^2 \delta^2 \frac{\operatorname{ch} 2k(y+h_0) - \cos 2\theta}{\operatorname{sh}^2 kh_0},$$

$$\frac{dy_0}{dt} = c\pi\delta \frac{\operatorname{sh} k(y+h_0)}{\operatorname{sh} kh_0} \sin\theta + \frac{3}{4} c\pi^2 \delta^2 \frac{\operatorname{sh} 2k(y+h_0)}{\operatorname{sh}^4 kh_0} \sin 2\theta.$$

积分上述两式,得到动点的位移为

$$x_0 = -\frac{H}{2} \frac{\operatorname{ch} k(y+h_0)}{\operatorname{sh} kh_0} \sin\theta - \frac{H}{2} \frac{\pi}{2} \delta \frac{1}{\operatorname{sh}^2 kh_0} \left[-\frac{1}{2} + \frac{3}{4} \frac{\operatorname{ch} 2k(y+h_0)}{\operatorname{sh}^2 kh_0} \right] \sin 2\theta$$

$$+ \frac{1}{2} \pi^2 \delta^2 c \frac{\operatorname{ch} 2k(y+h_0)}{\operatorname{sh}^2 kh_0} t,$$

(4.3.30a)

$$y_0 = \frac{H}{2} \frac{\operatorname{sh} k(y+h_0)}{\operatorname{sh} kh_0} \cos\theta + \frac{H}{2} \frac{3\pi}{8} \delta \frac{\operatorname{sh} 2k(y+h_0)}{\operatorname{sh}^4 kh_0} \cos 2\theta.$$

(4.3.30b)

由上式可见,在质点的位移 x_0 和 y_0 的表达式中增加了二阶附加项后,虽然其轨迹仍接近于椭圆,但轨迹不再是封闭的了。在(4.3.30a)式中,第一、第二项仍为周期运动,而第三项为**净位移**,它是随时间 t 线性增加的。在一个波周期内,x 方向的净位移 Δ 为

$$\Delta = \frac{1}{2} \pi^2 \delta^2 c \frac{\operatorname{ch} 2k(y+h_0)}{\operatorname{sh}^2 kh_0} T.$$

这个净位移造成了一个水平流动,这种流动显然是由波动引起的,因此,通常称为**波流**。在一个波周期内,质点的平均移动速度就称为**漂移速度**。漂移速度 $\overline{U}$ 的表达式为

$$\overline{U} = \frac{1}{2} \pi^2 \delta^2 c \frac{\operatorname{ch} 2k(y+h_0)}{\operatorname{sh}^2 kh_0}.$$

(4.3.31)

在底部 $y = -h_0$ 处,有

$$\overline{U} = \frac{1}{2} \pi^2 \delta^2 c \frac{1}{\operatorname{sh}^2 kh_0}.$$

(4.3.32)

显然,漂移速度 $\overline{U}$ 为二阶量,它在自由面处最大,并随着深度的增加而近似地依指数规律减小。因此,在非线性水波理论中,在行波的传播方向上会形成一种水平流动,这种水平流动在某些场合下必须予以考虑。例如,在讨论海洋沉积物的输运时,应该考虑到这一流动的影响。又如,在水槽中用造波机造波时,若所造的波呈现非线性波,则在水槽中会产生波流,以致使水槽始端处的水位降低,而使水槽终端处的水位升高。

这里讨论的实际上是静水中的二阶 Stokes 波,直接从 Euler 方程出发也可得到在均匀剪切流中的二阶 Stokes 波的解析结果[10]。

§4-4 幂级数求解

前两节讨论的是在有限水深中或水深为有限时的非线性水波问题,即所谓深水中的非线性水波问题。从本节开始,我们将要讨论在浅水中的非线性水波问题,有关这一领域的研究在最近 100 年来取得了很大的进展。

如果速度势 φ 是 Laplace 方程的解,则可把 φ 展开成某一级数。在级数解法中,其中一种方法是把 φ 展开成一个渐近级数(在 §4-3 中已叙述),另外一种方法是把 φ 在某点附近关于某一空间坐标展开成幂级数。这里我们将采用后一种方法。由于自由面的位置是未知的,因此,不能在自由面上将速度势 φ 展开成幂级数,而通常把 φ 在平均自由面或底部附近关于垂直坐标 y 展开成幂级数。

现在考虑二维的波动问题。设水深为常数 h_0(见图 4-4),在底部 $y=0$ 处把速度势展开成幂级数为

$$\varphi(x, y, t) = \sum_{n=0}^{\infty} \left(\frac{\partial^n \varphi}{\partial y^n}\right)\bigg|_{y=0} \frac{y^n}{n!} 。 \quad (4.4.1)$$

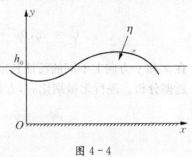

图 4-4

速度势 φ 应该满足的条件为

$$\nabla^2 \varphi = 0 \quad (0 < y < h_0 + \eta), \quad (4.4.2)$$

$$\varphi_y = 0 \quad (y=0), \quad (4.4.3)$$

$$\eta_t + \varphi_x \eta_x - \varphi_y = 0 \quad (y = h_0 + \eta), \quad (4.4.4)$$

$$g\eta + \varphi_t + \frac{1}{2}(\varphi_x^2 + \varphi_y^2) = 0 \quad (y = h_0 + \eta)。 \quad (4.4.5)$$

利用(4.4.2)式和(4.4.3)式,可以证明(4.4.1)式中的系数满足下式(证明见本章末的附录):

$$\frac{\partial^{2n+1} \varphi}{\partial y^{2n+1}}\bigg|_{y=0} = 0, \quad (4.4.6a)$$

$$\frac{\partial^{2n} \varphi}{\partial y^{2n}}\bigg|_{y=0} = (-1)^n \frac{\partial^{2n} \varphi}{\partial x^{2n}}\bigg|_{y=0} 。 \quad (4.4.6b)$$

将(4.4.6)式代入(4.4.1)式可得

$$\varphi(x, y, t) = \sum_{n=0}^{\infty} (-1)^n \frac{y^{2n}}{(2n)!} \left(\frac{\partial^{2n} \varphi}{\partial x^{2n}}\right)\bigg|_{y=0} 。$$

令 $\varphi(x, 0, t) = f(x, t)$，则上式可化为

$$\varphi(x, y, t) = \sum_{n=0}^{\infty} (-1)^n \frac{y^{2n}}{(2n)!} \frac{\partial^{2n} f}{\partial x^{2n}}. \tag{4.4.7}$$

最后，应把这展开式代入到自由面条件(4.4.4)和(4.4.5)中去，但由于自由面上的运动学条件及动力学条件是非线性的，自由面的位置为 $y = h_0 + \eta$（其中 h_0 为未扰动时的水深，η 为波高）又是待定的，而且展开式中应包括两个参数 $\alpha = \frac{a}{h_0}$（其中 a 为自由面的幅度）和 $\beta = \frac{h_0^2}{l^2}$（其中 l 为水平方向的特征长度），故在推导公式时最好一开始就把变量无量纲化，以便能比较公式中各项的量级的大小，设原变量（以撇号"'"表示）与无量纲量之间的关系为

$$x' = lx, \; y' = h_0 y, \; t' = \frac{lt}{c_0},$$

$$\eta' = a\eta, \; \varphi' = \frac{gla\varphi}{c_0} \quad (\text{其中 } c_0 = \sqrt{gh_0}).$$

在 x 和 y 方向上不同的特征长度是很重要的，这样一来，可以在不同条件下进行近似分析。进行无量纲化后，方程(4.4.2)~(4.4.5)相应地变为

$$\beta \varphi_{xx} + \varphi_{yy} = 0 \quad (0 < y < 1 + \alpha\eta), \tag{4.4.8}$$

$$\varphi_y = 0 \quad (y = 0), \tag{4.4.9}$$

$$\eta_t + \alpha \varphi_x \eta_x - \frac{1}{\beta} \varphi_y = 0 \quad (y = 1 + \alpha\eta), \tag{4.4.10}$$

$$\eta + \varphi_t + \frac{1}{2} \alpha \varphi_x^2 + \frac{1}{2} \frac{\alpha}{\beta} \varphi_y^2 = 0 \quad (y = 1 + \alpha\eta). \tag{4.4.11}$$

(4.4.7)式现在变为

$$\varphi(x, y, t) = \sum_{n=0}^{\infty} (-1)^n \frac{y^{2n}}{(2n)!} \frac{\partial^{2n} f}{\partial x^{2n}} \beta^n. \tag{4.4.12}$$

上式中的 f 现在也已是无量纲量了，将上式代入自由面边界条件(4.4.10)式，得

$$\eta_t + [(1+\alpha\eta) f_x]_x - \left[\frac{1}{6}(1+\alpha\eta)^2 f_{xxxx} + \frac{1}{2}\alpha(1+\alpha\eta)^2 \eta_x f_{xxx} \right]\beta + O(\beta^2) = 0. \tag{4.4.13}$$

再将(4.4.12)式代入自由面条件(4.4.11)式，得

$$\eta + f_t + \frac{1}{2}\alpha f_x^2 - \frac{1}{2}(1+\alpha\eta)^2 [f_{xxt} + \alpha f_x f_{xxx} - \alpha^2 f_{xx}^2]\beta + O(\beta^2) = 0. \tag{4.4.14}$$

现在就下例情况加以讨论：

(1) 令 $\alpha \to 0$ 和 $\beta \to 0$。这时,在自由面条件(4.4.13式)和(4.4.14)式中,可将与 α 和 β 有关的项都略去,从而得

$$\eta_t + f_{xx} = 0, \tag{4.4.15}$$

$$\eta + f_t = 0。\tag{4.4.16}$$

再将方程(4.4.16)关于 x 求导,并记 f_x 为 w,即 $w = f_x = \varphi(x, 0, t)$,则 w 就是水平方向的平均流速,那么,由(4.4.15)式和(4.4.16)式分别得

$$\eta_t + w_x = 0, \tag{4.4.17}$$

$$\eta_x + w_t = 0。\tag{4.4.18}$$

(4.4.17)式和(4.4.18)式就组成了线性长波方程组。

(2) 令 $\beta \to 0$。这时在自由面条件(4.4.13)式和(4.4.14)式中,可把与 β 有关的项都略去,而 α 是小量,可得

$$\eta_t + [(1+\alpha\eta)w]_x = 0, \tag{4.4.19}$$

$$w_t + \alpha w w_x + \eta_x = 0。\tag{4.4.20}$$

上面两式就组成了非线性长波方程组。如果将无量纲量变换成有量纲量,则上面两式分别为

$$\eta_t + [(h_0+\eta)u]_x = 0, \tag{4.4.21}$$

$$u_t + u u_x + g\eta_x = 0, \tag{4.4.22}$$

其中 u 是水平方向的平均速度。这两个方程就是第三章中用长波理论导出的方程(3.1.9)和(3.1.10),在这里我们是用幂级数展开的方法来导得的。它们适用于波幅有限但波长相对很长的波动。

(3) 令 $\alpha \to 0$。这时在(4.1.13)式和(4.4.14)式中,可把与 α 有关的项都略去,而 β 是小量,则得

$$\eta_t + w_x - \frac{1}{6}\beta w_{xxx} = 0, \tag{4.4.23}$$

$$\eta_x + w_t - \frac{1}{2}\beta w_{xxt} = 0。\tag{4.4.24}$$

这两个方程所组成的方程组的解是一种具有弱色散效应的线化波。

(4) α 和 β 都是小量。这时,在(4.1.13)式和(4.4.14)式中,我们只保留了 α 和 β 的一阶项,因此,有

$$\eta_t + [(1+\alpha\eta)w]_x - \frac{1}{6}\beta w_{xxx} = 0, \tag{4.4.25}$$

$$w_t + \alpha w w_x + \eta_x - \frac{1}{2}\beta w_{xxt} = 0。\tag{4.4.26}$$

可见,这一对方程就是 Boussinesq 方程的变形,它适用于弱非线性和波长为中等长度的波,下节中我们将要对其进一步讨论。

从上述的推导可知,对应于不同的精度就可得到不同的方程,上述这些方程几乎包括了以前所推导的所有方程。

§4-5 Boussinesq 方程和 KdV 方程

在这一节中,我们首先把方程(4.4.25)和方程(4.4.26)通过适当的整理,化为标准的 Boussinesq 方程。由于平均流速 w 是仅由级数(4.4.12)中的第一项得到的,因此,在保留 β 的一阶项的情况下,我们有

$$\varphi_x = w - \beta \frac{y^2}{2} w_{xx} 。$$

将上式关于深度取平均后,有

$$\bar{u} = w - \frac{1}{6}\beta w_{xx} 。 \qquad (4.5.1)$$

从中解出 w 为

$$w = \bar{u} + \frac{1}{6}\beta w_{xx} 。$$

以该式本身代替右端的 w_{xx},有

$$w = \bar{u} + \frac{1}{6}\beta \left(\bar{u}_{xx} + \frac{1}{6}\beta w_{xxxx} \right) 。$$

当只保留 β 的一阶项时,就有

$$w = \bar{u} + \frac{1}{6}\beta \bar{u}_{xx} 。$$

将上式代入方程(4.4.25)和方程(4.4.26),在同样的精度范围内,有

$$\eta_t + [(1+\alpha\eta)\bar{u}]_x = 0, \qquad (4.5.2)$$

$$\bar{u}_t + \alpha \bar{u} \bar{u}_x + \eta_x - \frac{1}{3}\beta \bar{u}_{xxt} = 0 。 \qquad (4.5.3)$$

现在再来考察方程(4.4.25),若在该方程中略去与 α 和 β 都有关的项,那么,$\eta_t = -w_x$,同样,若在(4.5.1)式中取 $\bar{u} = w$,则由 $\eta_t = -w_x$ 可得 $\eta_t = -\bar{u}_x$,然后,利用这一关系式代替(4.5.3)式中的 $\bar{u}_{xxt}$ 这一项。显然,在(4.4.25)式和(4.5.1)式中近似地取 $\eta_t = -w_x$ 和 $\bar{u} = w$ 时已抛掉了一些项,但由于在 $\bar{u}_{xxt}$ 前已有 β 这一

因子,因此,这种近似不会影响(4.5.3)的精度。于是可得到

$$\tilde{u}_t + \alpha \tilde{u}\tilde{u}_x + \eta_x + \frac{1}{3}\beta \eta_{ttx} = 0. \quad (4.5.4)$$

方程(4.5.2)和方程(4.5.4)就是 Boussinesq 方程。

Korteweg-de Vries 方程简称为 **KdV 方程**,这是在 1895 年由 Korteweg 和 de Vries 首先导得的。KdV 方程是从方程(4.4.25)和方程(4.4.26)出发,且是在指定波向右传播的情况下得到的,取(4.4.25)式和(4.4.26)式中的最低阶项,即在忽略这两式中含有 α 和 β 的所有项后,得

$$\eta_t + w_x = 0,$$
$$w_t + \eta_x = 0.$$

以上两式可以写成

$$w = \eta, \quad (4.5.5a)$$
$$\eta_t + \eta_x = 0. \quad (4.5.5b)$$

显然,方程(4.5.5b)是一个描述右传波的方程,(4.5.5a)式也只是一个近似式。下面我们来找这样一个解,即在(4.5.5a)式的基础上,在所要求的精度范围内,用 α 和 β 的一阶项来修正,这个解的形式为

$$w = \eta + \alpha A + \beta B, \quad (4.5.6)$$

其中 A 和 B 是 η 和 η 关于 x 的导数的函数。将 w 的这一表达式代入方程(4.4.25)和方程(4.4.26)可得

$$\eta_t + \eta_x + \alpha(A_x + 2\eta\eta_x) + \beta\left(B_x - \frac{1}{6}\eta_{xxx}\right) = 0, \quad (4.5.7)$$

$$\eta_t + \eta_x + \alpha(A_t + \eta\eta_x) + \beta\left(B_t - \frac{1}{2}\eta_{xxt}\right) = 0. \quad (4.5.8)$$

为使上述两个方程相容,应该有

$$A_x + 2\eta\eta_x = A_t + \eta\eta_x, \quad (4.5.9)$$

和

$$B_x - \frac{1}{6}\eta_{xxx} = B_t - \frac{1}{2}\eta_{xxt}. \quad (4.5.10)$$

在不影响精度的情况下,可以有 $\eta_t = -\eta_x$,因此方程(4.5.10)就为

$$B_x - \frac{1}{6}\eta_{xxx} = B_t + \frac{1}{2}\eta_{xxx}. \quad (4.5.11)$$

从(4.5.9)式和(4.5.11)式来看,我们要寻找的是 $A_t = -A_x$, $B_t = -B_x$ 的这种 A

和 B，最后，利用(4.5.9)式和(4.5.10)式得

$$A = -\frac{1}{4}\eta^2, \ B = \frac{1}{3}\eta_{xx}.$$

因此，有

$$w = \eta - \frac{1}{4}\alpha\eta^2 + \frac{1}{3}\beta\eta_{xx}, \tag{4.5.12}$$

$$\eta_t + \eta_x + \frac{3}{2}\alpha\eta\eta_x + \frac{1}{6}\beta\eta_{xxx} = 0. \tag{4.5.13}$$

(4.5.12)式类似于 Riemann 不变量，而(4.5.13)式就是无量纲化的 KdV 方程，若将它转换到有量纲的形式，则(4.5.13)式变化为

$$\eta_t + c_0\left(1 + \frac{3}{2}\frac{\eta}{h_0}\right)\eta_x + \gamma\eta_{xxx} = 0, \tag{4.5.14}$$

其中 $\gamma = \dfrac{c_0 h_0^2}{6}$。

现在回过头来讨论上节中的方程(4.4.23)和方程(4.4.24)，将这两个方程中的 w 用 $\tilde{u} + \beta\dfrac{\tilde{u}_{xx}}{6}$ 代替后，即得

$$\eta_t + \tilde{u}_x = 0, \tag{4.5.15}$$

$$\tilde{u}_t + \eta_x - \frac{1}{3}\beta\tilde{u}_{xxt} = 0. \tag{4.5.16}$$

上面这两式实际上只要在(4.5.2)式和(4.5.3)式中令 $\alpha = 0$ 即可得到。现在考虑一正弦波

$$\eta = A\mathrm{e}^{\mathrm{i}(kx-\omega t)}, \tag{4.5.17a}$$

$$\tilde{u} = U\mathrm{e}^{\mathrm{i}(kx-\omega t)}, \tag{4.5.17b}$$

其中 A 为 η 的模，k 为无量纲的波数，且 $k = k'l$（k' 为有量纲的波数），而 ω 为无量纲的频率，且 $\omega = \dfrac{\omega' l}{c_0}$（$\omega'$ 为有量纲的频率）。将(4.5.17)式代入(4.5.15)式和(4.5.16)式，在消掉指数因子以后可得

$$-\mathrm{i}\omega A + \mathrm{i}kU = 0,$$

$$\mathrm{i}kA - \mathrm{i}\omega\left(1 + \frac{1}{3}\beta k^2\right)U = 0.$$

上面两个方程是关于 A 和 U 的齐次方程组，若要使该方程组有非零解，则必须有

$$\begin{vmatrix} -\mathrm{i}\omega & \mathrm{i}k \\ \mathrm{i}k & -\mathrm{i}\omega\left(1 + \frac{1}{3}\beta k^2\right) \end{vmatrix} = 0,$$

即
$$\omega^2 = \frac{k^2}{1+\frac{1}{3}\beta k^2} \approx k^2\left(1-\frac{1}{3}\beta k^2\right)。$$

所以，无量纲的波速为
$$c \approx \sqrt{1-\frac{1}{3}\beta k^2}。 \tag{4.5.18}$$

(4.5.18)式是色散波的色散关系式，故 β 表示**色散效应**。由于在推导(4.4.23)式和(4.4.24)式时，我们只保留了 β 的一次项，因此，这种做法仅对较小的 β 才合适，故方程(4.4.23)和(4.4.24)是具有弱色散效应的线化波方程。

再从对 KdV 方程(4.5.13)的考察可知，该方程即包括了非线性效应（第三项），又包含了色散效应（第四项）。正是由于这个原因，该方程作为一个典型的方程，才使人们对它进行广泛和深入的研究。

§4-6 Stokes 展开

Stokes 在 1847 年采用将未知函数渐近展开的方法研究了色散波的非线性理论（见 §4-2），结果发现在非线性系统中可能存在着周期波列，此外，非线性系统的色散关系式也不同，其中包含了振幅，即 $\omega = \omega(k,a)$。Stokes 的这一研究成了色散水波的非线性理论的起点。

我们把渐近方法应用于 KdV 方程(4.5.14)。Stokes 的目的是寻找对于线性周期波列的更高阶近似。因此，在此我们采用的渐近展开式是关于 $a(a \ll \beta)$ 的展开，假设解 η 可以表示成如下的级数

$$\frac{\eta}{h_0} = \zeta = \varepsilon \zeta_1(\theta) + \varepsilon^2 \zeta_2(\theta) + \varepsilon^3 \zeta_3(\theta) + \cdots, \tag{4.6.1}$$

其中 ε 是正比于 a 的某一参数，而 $\theta = kx - \omega t$。将(4.6.1)式代入方程(4.5.14)，并使左端的 ε^n 的系数为零，就得到下面一系列常微分方程：

$$(\omega - c_0 k)\zeta_1' - \gamma k^3 \zeta_1''' = 0,$$

$$(\omega - c_0 k)\zeta_2' - \gamma k^3 \zeta_2''' = \frac{3}{2} c_0 k \zeta_1 \zeta_1',$$

$$(\omega - c_0 k)\zeta_3' - \gamma k^3 \zeta_3''' = \frac{3}{2} c_0 k (\zeta_1' \zeta_2 + \zeta_1 \zeta_2') = \frac{3}{2} c_0 k (\zeta_1 \zeta_2)',$$

$$\cdots\cdots$$

如将第一个方程的解取为

$$\zeta_1 = \cos\theta, \quad (4.6.2)$$

将上式代入第一个方程,就得

$$\omega = \omega_0(k) = c_0 k - \gamma k. \quad (4.6.3)$$

这就是说,相应的 ω 应满足线性波的色散关系式。再把(4.6.2)式代入第二个方程的右端,得

$$-\frac{3}{4}c_0 k \sin 2\theta.$$

因为齐次方程的通解已包含在 ζ_1 中,故可不予以考虑。设第二个方程的特解为

$$\zeta_2 \propto \cos 2\theta,$$

再把和 ζ_1 和 ζ_2 代入第三个方程的右端,可知其右端项正比于

$$(\cos\theta \cdot \cos 2\theta)' = -\frac{1}{2}(\sin\theta + 3\sin 3\theta).$$

因为在第三个方程的右端项中包含了 $\sin\theta$,可知其方程的特解

$$\zeta_3 \propto \theta \sin\theta.$$

因此,当 θ 取得充分大时,ζ_3 会变得无界,这就是长期项。为了保证展开式有效,必须消去长期项。

在上面的讨论中,我们默认了这样一个事实,即不同量级的各个解 ζ_i,其频率都是相同的,且由(4.6.3)式确定。实际上,由于非线性效应,各个解之间存在着相互影响,不同量级的频率是不同的。因此,也应将 ω 展开成如下的渐近级数

$$\omega = \omega_0(k) + \varepsilon\omega_1(k) + \varepsilon^2\omega_2(k) + \cdots. \quad (4.6.4)$$

这种做法在 §4-3 中已经使用过。将(4.6.1)式和(4.6.4)式同时代入方程(4.5.14),仍使左端的 ε^n 的系数为零,就得到与前面稍有不同的一系列常微分方程

$$(\omega_0 - c_0 k)\zeta_1' - \gamma k^3 \zeta_1''' = 0,$$

$$(\omega_0 - c_0 k)\zeta_2' - \gamma k^3 \zeta_2''' = \frac{3}{2}c_0 k \zeta_1 \zeta_1' - \omega_1 \zeta_1',$$

$$(\omega_0 - c_0 k)\zeta_3' - \gamma k^3 \zeta_3''' = \frac{3}{2}c_0 k (\zeta_1 \zeta_2)' - \omega_2 \zeta_1' - \omega_1 \zeta_2',$$

……

仍取 $\zeta_1 = \cos\theta$,要使第一个方程只需满足 $\omega_0 = c_0 k - \gamma k^3$ 就可。将 $\zeta_1 = \cos\theta$ 代入第二个方程,第二个方程的右端会出现 $\omega_1 \sin\theta$ 这种项,故 ζ_2 会成为长期项,因此,

必须有 $\omega_1 = 0$。将 ζ_1 代入第二个方程的右端,得

$$(\omega_0 - c_0 k)\zeta_2' - \gamma k^3 \zeta_2''' = -\frac{3}{4}c_0 k \sin\theta。$$

设 $\zeta_2 = A\cos 2\theta$,代入上式得

$$A(-2(\omega_0 - c_0 k) - 8\gamma k^3) = -\frac{3}{4}c_0 k。$$

故

$$A = \frac{c_0}{8\gamma k^2}, \quad \zeta_2 = \frac{c_0}{8\gamma k^2}\cos 2\theta。$$

最后,将 ζ_1 和 ζ_2 代入第三个方程的右端,得

$$(\omega_0 - c_0 k)\zeta_3' - \gamma k^3 \zeta_3''' = -\frac{3c_0^2}{32\gamma k}(\sin\theta + 3\sin 3\theta) + \omega_2 \sin\theta。$$

显然,根据上述的分析,为了消去长期项,只要取

$$\omega_2 = \frac{3c_0^2}{32\gamma k}$$

即可,这时第三个方程就成为

$$(\omega_0 - c_0 k)\zeta_3' - \gamma k^3 \zeta_3''' = -\frac{9c_0^2}{32\gamma k}\sin 3\theta。$$

设 $\zeta_3 = A\cos 3\theta$,可得

$$A = \frac{3c_0^2}{256\gamma^2 k^4}, \quad \zeta_3 = \frac{3c_0^2}{256\gamma^2 k^4}\cos 3\theta。$$

因为 $\gamma = \dfrac{c_0 h_0^2}{6}$,所以级数 (4.6.1) 和 (4.6.4) 就分别为

$$\frac{\eta}{h_0} = \varepsilon\cos\theta + \frac{3\varepsilon^2}{4k^2 h_0^2}\cos 2\theta + \frac{27\varepsilon^3}{64k^4 h_0^4}\cos 3\theta + \cdots, \tag{4.6.5}$$

$$\frac{\omega}{c_0 k} = 1 - \frac{1}{6}k^2 h_0^2 + \frac{9\varepsilon^2}{16k^2 h_0^2} + \cdots。 \tag{4.6.6}$$

由 (4.6.5) 式给出的自由面形状大致如图 4-5 所示。由此图可见,Stokes 波与正弦波相比,也是其波峰较尖陡,其波谷较平坦;虽然其波形不再是正弦曲线,但仍呈周期变化。又因为在色散关系 (4.6.6) 式中包含了 $\varepsilon = \dfrac{a}{h_0}$,所以色散关系与波幅 a 有关,这与线性波的色散关系也不同。

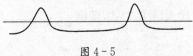

图 4-5

从(4.6.5)式中我们还可看到,后一项与前一项的系数之比恰好正比于$\frac{\varepsilon}{k^2 h_0^2}$,而数$\frac{\varepsilon}{k^2 h_0^2}$又正比于$\frac{a}{\beta}$($a$和$\beta$在§4-4中已定义过)。通常把$\frac{a}{\beta}$记作$U_r$,$U_r$称为Ursell数。因此,只有当$U_r \ll 1$时,渐近展开式(4.6.5)才是有效的。

我们知道,非线性应会使波高增大,波峰越来越尖陡。那么对于某一固定波长的波,波形的极限状态又是怎样的呢?现在我们来考虑这一极限状态。

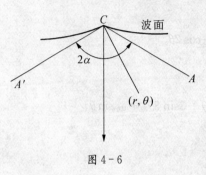

图 4-6

如图 4-6 所示,设 C 为波顶,C 是奇点,在此波面的切线不连续而有两根不同斜率的切线 CA 和 CA',记 $\angle ACA'$ 为 2α。设波形有恒定的形状,点 C 附近的流函数 ψ 可取为

$$\psi = \beta r^n \cos n\theta,$$

其中 β 为某一常数,上式即满足 Laplace 方程。如用 $\psi = 0$ 来表示波面,则应有

$$n\alpha = \frac{\pi}{2}. \tag{4.6.7}$$

其次,在波面上点 C 附近的各点的速度大小为

$$V^2 = \left(\frac{1}{r}\psi_\theta\right)^2 + \psi_r^2 = n^2 \beta^2 r^{2(n-1)}. \tag{4.6.8}$$

另外,由于波面上的质点只能在波面上滑动,因此,当质点由下面向上爬到点 C 时,速度逐渐减少到零;而当质点从另一侧下滑时,速度又从零开始增加。利用波面上的 Bernoulli 方程,就有

$$\frac{1}{2} V^2 - gr\cos\theta = 0.$$

可见,质点的速度应正比于 $r^{\frac{1}{2}}$。由(4.6.8)式可知

$$n - 1 = \frac{1}{2},$$

故

$$n = \frac{3}{2}.$$

代入(4.6.7)式,即得

$$\alpha = \frac{\pi}{3},$$

即在极限状态时,波顶处两切线之间的夹角为 $\frac{2\pi}{3}$。

关于 Stokes 波的极限波高 H,在经过更复杂的数值计算之后,Michell 得到的是 $H = 0.14\lambda$,而 Gwyther 得到的是 $H = 0.13\lambda$,其中 λ 为波长。

§4-7 椭圆余弦波

我们来考察 KdV 方程(4.5.14):

$$\eta_t + c_0\left(1 + \frac{3}{2}\frac{\eta}{h_0}\right)\eta_x + \gamma\eta_{xxx} = 0 \tag{4.7.1}$$

现在求方程(4.7.1)的定形波解。为此,设

$$\eta = h_0\zeta(X), \quad X = x - Ut。$$

将上式代入(4.7.1)式,有

$$\frac{1}{6}h_0^2\zeta''' + \frac{3}{2}\zeta\zeta' - \left(\frac{U}{c_0} - 1\right)\zeta' = 0,$$

其中撇号"'"表示对 X 的导数。积分一次,得

$$\frac{1}{6}h_0^2\zeta'' + \frac{3}{4}\zeta^2 - \left(\frac{U}{c_0} - 1\right)\zeta + G = 0。$$

将上式乘以 ζ' 后再积分一次,有

$$\frac{1}{3}h_0^2\zeta'^2 + \zeta^3 - 2\left(\frac{U}{c_0} - 1\right)\zeta^2 + 4G\zeta + H = 0,$$

其中 G 和 H 是两个任意常数。

现考虑 G 和 H 都不等于零的一般情况,则应有

$$\begin{aligned}\frac{1}{3}h_0^2\zeta'^2 &= -\zeta^3 + 2\left(\frac{U}{c_0} - 1\right)\zeta^2 - 4G\zeta - H \\ &= C(\zeta),\end{aligned} \tag{4.7.2}$$

其中 $C(\zeta)$ 是一个三次函数。

下面我们来求方程(4.7.2)的解。显然方程(4.7.2)的左端应大于或等于零,故 $C(\zeta) \geqslant 0$。代数方程 $C(\zeta) = 0$ 应具有 3 个根,假定其中只有一个实根,则在图 4-7 中,曲线 $C(\zeta)$ 只通过 ζ 轴一

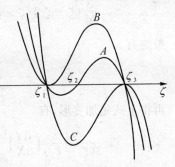

图 4-7

次,因此,解 ζ 是无界的。为了排除解 ζ 是无界的这一不可能情况,我们假设 $C(\zeta)$ 的3个根都是实根,即
$$C(\zeta) = (\zeta - \zeta_1)(\zeta - \zeta_2)(\zeta_3 - \zeta)。$$
不妨规定 $\zeta_1 < \zeta_2 < \zeta_3$,则由(4.7.2)式可知
$$\frac{U}{c_0} - 1 = \frac{1}{2}(\zeta_1 + \zeta_2 + \zeta_3),$$
$$G = \frac{1}{4}(\zeta_1\zeta_2 + \zeta_2\zeta_3 + \zeta_3\zeta_1), \quad H = -\zeta_1\zeta_2\zeta_3。$$

$C(\zeta)$ 曲线的大致形状如图 4-7 所示。为了得到方程(4.7.1)的有界实数解,ζ 一般应考虑为如图 4-7 中的曲线 A 的情况,这时,解表示在 $\zeta_2 \leqslant \zeta \leqslant \zeta_3$ 中的非线性振动。这是因为在(4.7.2)式中,如果把 ζ 作为单位质量的质点 P 的空间坐标,X 为时间坐标,则(4.7.2)式就表示质点 P 在有势力 $\dfrac{-3C(\zeta)}{2h_0^2}$ 作用下的振动。

作变换
$$\zeta = \zeta_3 \cos^2 \chi + \zeta_2 \sin^2 \chi, \tag{4.7.3}$$
将(4.7.3)式关于 X 求导,得
$$\zeta' = (-\zeta_3 + \zeta_2)\sin 2\chi \frac{d\chi}{dX},$$
$$(\zeta')^2 = (\zeta_2 - \zeta_3)^2 \sin^2 2\chi \left(\frac{d\chi}{dX}\right)^2。$$
但
$$\zeta - \zeta_2 = \zeta_3 \cos^2 \chi - \zeta_2 \cos^2 \chi = (\zeta_3 - \zeta_2)\cos^2 \chi,$$
$$\zeta_3 - \zeta = \zeta_3 \sin^2 \chi - \zeta_2 \sin^2 \chi = (\zeta_3 - \zeta_2)\sin^2 \chi,$$
因此由(4.7.2)式,有
$$\frac{3}{h_0^2}(\zeta - \zeta_1)(\zeta - \zeta_2)(\zeta_3 - \zeta) = (\zeta_2 - \zeta_3)^2 \sin^2 2\chi \left(\frac{d\chi}{dX}\right)^2。$$
最终有
$$\frac{3}{4h_0}(\zeta - \zeta_1) = \left(\frac{d\chi}{dX}\right)^2。$$
再将上式稍加变形,有
$$\frac{4h_0^2}{3(\zeta_3 - \zeta_1)}\left(\frac{d\chi}{dX}\right)^2 = \frac{\zeta_3 - \zeta_1 + \zeta - \zeta_3}{\zeta_3 - \zeta_1} = 1 - \frac{\zeta_3 - \zeta_2}{\zeta_3 - \zeta_1}\sin^2 \chi。 \tag{4.7.4}$$
设

$$\beta = \left(\frac{4h_0^2}{3(\zeta_3-\zeta_1)}\right)^{\frac{1}{2}}, \quad k^2 = \frac{\zeta_3-\zeta_2}{\zeta_3-\zeta_1} < 1,$$

注意,这里的 k 不是波数。这样(4.7.4)式就化为

$$\beta \frac{d\chi}{dX} = \sqrt{1-k^2\sin^2\chi}. \tag{4.7.5}$$

将(4.7.5)式积分,且设当 $X=0$ 时,$\chi=0$,当然由(4.7.3)式可知此时 ζ 取最大值 ζ_3。这样就有

$$X = \beta \int_0^\chi \frac{d\chi}{\sqrt{1-k^2\sin^2\chi}} = \beta F(\chi, k), \tag{4.7.6}$$

其中 F 是**第一类椭圆积分**。由(4.7.3)式可得

$$\zeta = \zeta_2 + (\zeta_3-\zeta_2)\cos^2\chi. \tag{4.7.7}$$

再由(4.7.6)式可得

$$\operatorname{sn}\frac{X}{\beta} = \sin\chi.$$

因此

$$\cos^2\chi = 1 - \operatorname{sn}^2\frac{X}{\beta} = \operatorname{cn}^2\frac{X}{\beta}.$$

故(4.7.7)式最终化为

$$\zeta = \zeta_2 + (\zeta_3-\zeta_2)\operatorname{cn}^2\frac{X}{\beta}, \tag{4.7.8}$$

其中 cn 可称为 Jacobi **椭圆余弦函数**,相应地,这种波称为**椭圆余弦波**。波长 λ 为

$$\lambda = 2\beta \int_0^{\frac{\pi}{2}} \frac{d\chi}{\sqrt{1-k^2\sin^2\chi}} = 2\beta F_1(k), \tag{4.7.9}$$

其中 $F_1(k) = F\left(\frac{\pi}{2}, k\right)$ 为**第一类完全椭圆积分**。图 4-8 给出了椭圆余弦波的波形,其中纵坐标取 $\xi = \frac{\zeta-\zeta_2}{\zeta_3-\zeta_2}$,而横坐标取为 $\theta = \frac{X}{\beta F_1(k)}$。这里,$k^2 = 0.8$。从此图中可知,与正弦波相比,椭圆余弦波的波峰也较尖陡,而其波谷较平坦。

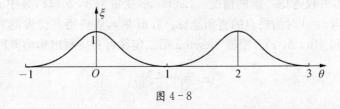

图 4-8

现在来考虑两个特例。首先讨论当 $\zeta_2 \to \zeta_1$ 时，即当 $k \to 1$ 时的情况。这时，曲线 $C(\zeta)$ 对应于图 4-7 中的曲线 B。因为

$$\lim_{k \to 1} \mathrm{cn}^2\left(\frac{X}{\beta}, k\right) = \mathrm{sech}^2\left(\frac{X}{\beta}\right),$$

故 (4.7.8) 式就简化为

$$\zeta = \zeta_1 + (\zeta_3 - \zeta_1)\mathrm{sech}^2\left(\frac{X}{\beta}\right). \tag{4.7.10}$$

因为 $k \to 1$，这时由 (4.7.9) 式可知 $\lambda \to \infty$。因此，当椭圆余弦波的波长趋于无穷大时，椭圆余弦波就退化为孤立波。上述的椭圆余弦波和孤立波都是由 Korteweg 和 de Vries 在 1895 年首先求得的。

其次讨论当 $\zeta_2 \to \zeta_3$ 时，即当 $k \to 0$ 时的情况。这时，曲线 $C(\zeta)$ 对应于图 4-7 中的曲线 C。因为

$$\lim_{k \to 0} \mathrm{cn}^2\left(\frac{X}{\beta}, k\right) = \cos\left(\frac{X}{\beta}\right),$$

故 (4.7.8) 式简化为

$$\zeta = \zeta_2 + (\zeta_3 - \zeta_2)\cos^2\left(\frac{X}{\beta}\right). \tag{4.7.11}$$

这时因为 $\zeta_2 \to \zeta_3$，故 $|\zeta_2 - \zeta_3| \ll 1$，因此 (4.7.11) 式表示的是小振幅波的解。

有一点应该注意，以上的讨论只是求得了 KdV 方程的定形波解。但在任意的初始条件下，KdV 方程的解未必是定形波的解，这时，就需要用其他的方法（例如，用散射反演法）来处理，欲知细节请参阅文献[11]。

§4-8 破坝问题

在 §3-2 中我们曾用特征线法讨论长波理论中的破坝问题，本节再来讨论这个问题，但这里是直接从 Newton 运动方程出发，不再作其他任何限制，并且能精确地满足非线性的自由面条件。这里，我们按照文献[5]，用 Lagrange 表示法来讨论问题，并仅考虑二维的情况。Lagrange 变量为 a，b 和 t，其中 t 为时间坐标，a，b 为当 $t=0$ 时的质点的直角坐标。在时刻 t，质点所在位置的直角坐标为 $x(a, b, t)$ 和 $y(a, b, t)$。根据 Newton 第二定律可直接写出运动方程为

$$x_{tt} = -\frac{1}{\rho} p_x,$$

第四章 非线性水波

$$y_{tt} = -\frac{1}{\rho}p_y - g_\circ$$

上述方程中出现了压力 p 关于 x, y 的偏导数,由于 x, y 不是自变量,使用起来很不方便。因此,可把上述两式分别乘以 x_a 和 y_a 再相加以及分别乘以 x_b 和 y_b 再相加,可得

$$x_{tt}x_a + (y_{tt}+g)y_a + \frac{1}{\rho}p_a = 0, \qquad (4.8.1a)$$

$$x_{tt}x_b + (y_{tt}+g)y_b + \frac{1}{\rho}p_b = 0_\circ \qquad (4.8.1b)$$

方程(4.8.1)即为 Lagrange 形式的运动方程。尽管这种形式的方程由于引进了许多非线性项而不太使用,但它具有一个很大的优点,即虽然存在自由面,但求解区域却是 ab 平面上的一个固定区域,即求解区域是初始时刻全部质点所占据的区域。

由于水是不可压缩流体,因此,只要 x 和 y 关于 a 和 b 的 Jacobi 式在流动过程中保持不变,就能满足连续性方程。但在初始时 $x=a$ 和 $y=b$,所以连续性方程为

$$x_a y_b - x_b y_a = 1_\circ \qquad (4.8.2)$$

将(4.8.1a)式关于 b 求导数,将(4.8.1b)式关于 a 求偏导数,然后两边分别相减,就能消去包含 p 的项,即可得

$$x_{ttb}x_a + y_{ttb}y_a = x_{tta}x_b + y_{tta}y_b_\circ$$

上式两边同时加上 $x_{ta}x_{tb} + y_{ta}y_{tb}$ 后,得

$$(x_a x_{bt} + y_a y_{bt})_t = (x_b x_{at} + y_b y_{at})_{t\circ}$$

将得到的这个式子关于 t 积分,可得

$$(x_a x_{bt} + y_a y_{bt}) - (x_b x_{at} + y_b y_{at}) = f(a,b),$$

其中 f 为不含 t 的任意函数。在破坝问题中,流体初始为静止,故上式的左端为零,因此 $f(a,b) \equiv 0$。由此可知,当 $t>0$,总有

$$(x_a x_{bt} + y_a y_{bt}) - (x_b x_{at} + y_b y_{at}) = 0_\circ \qquad (4.8.3)$$

从方程(4.8.2)和方程(4.8.3)可以求得两个未知函数 x 和 y,然后,再利用(4.8.1)式就可求得另外一个未知函数 p。

求解时,我们认为未知函数都可以写成关于小参数 t 的幂级数形式,且级数的系数依赖于 a 和 b,即

$$x(a,b,t) = a + X^{(1)}(a,b)t + X^{(2)}(a,b)t^2 + \cdots, \qquad (4.8.4a)$$

$$y(a, b, t) = b + Y^{(1)}(a, b)t + Y^{(2)}(a, b)t^2 + \cdots, \quad (4.8.4b)$$

$$p(a, b, t) = p^{(0)}(a, b) + p^{(1)}(a, b)t + \cdots。 \quad (4.8.4c)$$

在展开式(4.8.4a)及(4.8.4b)中,零阶项表示 x 和 y 的初值,根据 Lagrange 变量的定义即为 a 和 b,另外,$X^{(1)}$ 和 $Y^{(1)}$ 应是初始的速度分量。在力学问题中,通常只需给定初始位置和初始速度即可。当然,还要给定相应的边界条件,这些边界条件与级数展开式的系数有关。一般假定上述级数对于很小的时间 t 总是收敛的,否则,只能对一些比较简单的问题才能证明这种类型的展开式的收敛性。

将级数(4.8.4)各式代入(4.8.2)式,再比较 t 的各次幂,便得到前面两式为

$$t^1: X_a^{(1)} + Y_b^{(1)} = 0, \quad (4.8.5a)$$

$$t^2: X_a^{(2)} + Y_b^{(2)} = -(X_a^{(1)} Y_b^{(1)} - X_b^{(1)} Y_a^{(1)})。 \quad (4.8.5b)$$

由此可见,$X^{(1)}$ 和 $Y^{(1)}$ 要受到(4.8.5a)式的约束,因此两者都不能任意给定。但流动是从静止状态开始运动的,所以 $X^{(1)} = Y^{(1)} = 0$,则(4.8.5a)式就能自动满足。一般,X^n 和 Y^n 应满足下面的方程

$$X_a^{(n)} + Y_b^{(n)} = F(X^{(1)}, Y^{(1)}, X^{(2)}, Y^{(2)}, \cdots, X^{(n-1)}, Y^{(n-1)}),$$

其中 F 是关于 $X^{(i)}$ 和 $Y^{(i)}$ ($i=1, 2, \cdots, n-1$) 的非线性函数。下面我们将仅限于讨论流体从静止状态开始的运动,所以有 $X^{(1)} = Y^{(1)} = 0$,即(4.8.5a)式自动满足。

将级数(4.8.4)再代入(4.8.3)式,对于最低阶的项得到

$$t^1: X_b^{(2)} - Y_a^{(2)} = 0。 \quad (4.8.6)$$

高阶项的系数所满足的方程为

$$X_b^{(n)} - Y_a^{(n)} = G(X^{(1)}, Y^{(1)}, X^{(2)}, Y^{(2)}, \cdots, X^{(n-1)}, Y^{(n-1)}),$$

其中 G 也是关于 $X^{(i)}$ 和 $Y^{(i)}$ ($i=1, 2, \cdots, n-1$) 的非线性函数。于是,由(4.8.5a)式及(4.8.6)式,我们看到 $X^{(2)}$ 和 $Y^{(2)}$ 满足 Cauchy - Riemann 条件,所以 $X^{(2)}$ 和 $Y^{(2)}$ 是 a 和 b 的共轭调和函数。而高阶项的系数满足 Poisson 方程,因其方程的右端项是由低阶系数构成的一个已知函数,这样,x 和 y 的幂级数系数就可以用求解一系列的 Poisson 方程来逐步确定。

一旦 $X^{(i)}$ 和 $Y^{(i)}$ 确定后,压力 p 的幂级数系数也可以通过求解一系列 Poisson 方程来逐步确定,当然计算中要使用方程(4.8.1)。关于 $p^{(0)}(a, b)$ 的方程为

$$p_{aa}^{(0)} + p_{bb}^{(0)} = -2\rho(X_a^{(2)} + Y_b^{(2)}) = 0。 \quad (4.8.7)$$

因此,可知 $p^{(0)}(a, b)$ 也是一个调和函数。当 $n \geq 1$ 时,要求得 $p^{(n)}(a, b)$,就要求解一个右端由

$$X^{(i)} \text{ 和 } Y^{(i)} \quad (i = 2, 3, \cdots, n+2)$$

组成的 Poisson 方程。

用一般的方法来考察边界条件比较复杂,所以,我们直接对于破坝这一特殊问题来建立边界条件,破坝问题也是具有代表性的一个例子。我们假定初始时由水占据的区域(或者是这区域的一个铅垂平面)是半带域 $0 \leqslant a < \infty, 0 \leqslant b \leqslant h$,且坝位于 $a=0$ 处(见图 4-9)。

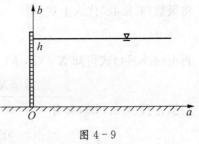

图 4-9

因为我们假定了初始的水处于静止状态,故

$$x(a, b, 0) = a, \quad y(a, b, 0) = b, \tag{4.8.8}$$

和

$$x_t(a, b, 0) = 0, \quad y_t(a, b, 0) = 0。 \tag{4.8.9}$$

当坝刚破时,坝上的压力立刻从静水压力降为零,自由面上的压力当然也为零,于是,关于压力 p 的边界条件为

$$p(a, h, t) = 0 \quad (0 \leqslant a < \infty, t > 0), \tag{4.8.10}$$

$$p(0, b, t) = 0 \quad (0 \leqslant b \leqslant h, t > 0)。 \tag{4.8.11}$$

又假定原来在底部的水质点仍在底部,那么,关于在底部 $b=0$ 处的边界条件是

$$y(a, 0, t) = 0, \quad (0 \leqslant a < \infty, t > 0)。 \tag{4.8.12}$$

级数(4.8.4a)即(4.8.4b)的选取使得条件(4.8.8)能自动满足,又由于选取了 $X^{(1)}(a, b) = Y^{(1)}(a, b) = 0$,故条件(4.8.9)也能满足。为了确定函数 $X^{(2)}(a, b)$ 和 $Y^{(2)}(a, b)$,除了所需的微分方程(4.8.5b)和(4.8.6)外,还必须利用边界条件(4.8.10)~(4.8.12)中各式,以及方程(4.8.1)和级数(4.8.4)来得到。首先利用(4.8.12)式,可得

$$Y^{(2)}(a, 0) = 0 \quad (0 \leqslant a < \infty)。 \tag{4.8.13}$$

实际上,对于所有的 n,都有 $Y^{(n)}(a, 0) = 0$。将幂级数(4.8.4)代入到方程(4.8.1a)中去,比较 t 的幂级数的系数,可得

$$X^{(2)}(a, b) = -\frac{1}{2\rho} p_a^{(0)}(a, b)。$$

假如在 $b=h$ 上,有

$$X^{(2)}(a, h) = -\frac{1}{2\rho} p_a^{(0)}(a, h), \tag{4.8.14}$$

再注意到边界条件(4.8.10),则有

$$p_a(a, h, t) = 0, \quad (0 \leqslant a < \infty, t > 0)。$$

将级数(4.8.4c)代入上式,得

$$p_a^{(0)}(a, h) = 0,$$

再由(4.8.14)式可知 $X^{(2)}(a, h) = 0$,于是

$$X_a^{(2)}(a, h) = 0。$$

根据方程(4.8.5b),又有

$$Y_b^{(2)}(a, h) = 0, \quad (4.8.15)$$

以同样的方法将幂级数(4.8.4)代到方程(4.8.1b)中去,再利用边界条件(4.8.11)就可得到

$$Y^{(2)}(0, b) = -\frac{g}{2}。 \quad (4.8.16)$$

由于已知 $X^{(2)}$ 和 $Y^{(2)}$ 是 a, b 的共轭调和函数,因此函数

$$Z(z) = Y^{(2)} + iX^{(2)}$$

是复变量 $z = a + ib$ 在半带域中的解析函数。由(4.8.15)式可知,调和函数 $Y^{(2)}(a, b)$ 可通过 $b = h$ 解析延拓到宽度为 $2h$ 的半带域内(见图 4 - 10)。由(4.8.13)式和(4.8.16)式所确定的 $Y^{(2)}$ 的边值标在图 4 - 10 上,于是,就导出了 $Y^{(2)}(a, b)$ 的完整边值问题。下面我们将通过直接映照方法来求得函数 $X^{(2)}$ 和 $Y^{(2)}$,为此,先作变换

$$\zeta = e^{\frac{\pi z}{2h}},$$

再作变换

$$W = \frac{1}{2}(\zeta + \zeta^{-1}),$$

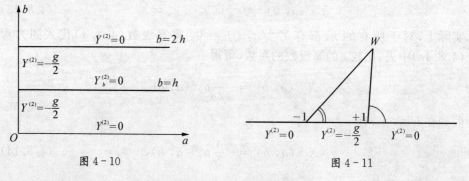

图 4 - 10

图 4 - 11

则 z 平面上宽度为 $2h$ 的半带域就映为 W 平面上的上半平面(见图 4 - 11), $Y^{(2)}$ 在边界上的取值也标在图 4 - 11 上了。

现在的问题就是要找一个上半平面内的调和函数,而且要满足指定的边值。我们作一个新的函数

$$Y^{(2)}(W) = \frac{g}{2\pi}(\arg(W+1) - \arg(W-1))。$$

不难验证上述的 $Y^{(2)}(W)$ 能满足指定的边值。我们再作函数

$$Z = -\mathrm{i}\frac{g}{2\pi}\ln\frac{W+1}{W-1}$$

$$= \frac{g}{2\pi}(\arg(W+1) - \arg(W-1)) - \mathrm{i}\frac{g}{2\pi}\ln\left|\frac{W+1}{W-1}\right|。$$

显然,Z 是 W 平面上的上半平面内的解析函数,其实部

$$\frac{g}{2\pi}(\arg(W+1) - \arg(W-1))$$

当然是上半平面内的调和函数,因此,Z 的实部就是所要求的解 $Y^{(2)}$。分离

$$Y^{(2)} + \mathrm{i}X^{(2)} = -\frac{\mathrm{i}g}{2\pi}\ln\frac{W+1}{W-1}$$

的实部和虚部,并用原来的自变量 a,b 来表示,则可得

$$X^{(2)}(a, b) = -\frac{g}{2\pi}\ln\frac{\cos^2\frac{\pi b}{4h} + \mathrm{sh}^2\frac{\pi a}{4h}}{\sin^2\frac{\pi b}{4h} + \mathrm{sh}^2\frac{\pi a}{4h}}, \tag{4.8.17}$$

$$Y^{(2)}(a, b) = -\frac{g}{\pi}\arctan\frac{\sin\frac{\pi b}{2h}}{\mathrm{sh}\frac{\pi a}{4h}}。 \tag{4.8.18}$$

当 $t \ll 1$ 时,级数(4.8.4a)及(4.8.4b)可以取为

$$x = a + X^2(a, b)t^2, \tag{4.8.19a}$$
$$y = b + Y^2(a, b)t^2。 \tag{4.8.19b}$$

我们根据(4.8.19a)式及(4.8.19b)式来考察破坝不久的自由面运动。对于垂直自由面,因为 $a = 0$,故有

$$x = -\frac{g}{\pi}\ln\left(\cot\frac{\pi b}{4h}\right)t^2, \tag{4.8.20a}$$

$$y = b - \frac{1}{2}gt^2。 \tag{4.8.20b}$$

显然,质点在垂直方向上作初速度为零的自由落体运动,这一结论修正了 §3-3

中坝处自由面在破坝后突然下降一段距离且以后高度又保持不变的缺点。对于水平自由面，因 $b=h$，故有

$$x = a, \quad (4.8.21a)$$

$$y = h - \frac{g}{\pi}\arctan\left(\mathrm{sh}\,\frac{\pi b}{2h}\right)^{-1} t^2. \quad (4.8.21b)$$

可见，水平自由面上的质点只在垂直方向上有位移，但其下移的加速度要比自由落体的加速度要小一点。图 4-12 给出了 3 个不同时刻的自由面形状的示意图。

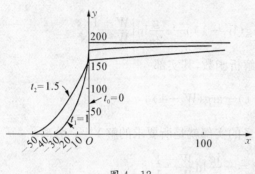

图 4-12

由 (4.8.20a) 式看出，解在 $a=0, b=0$ 处有一奇性，这是由于这里的压力发生间断所引起的，这说明上述的解在这点上不成立。事实上，在这里要发生湍流和波面的连续破碎，因此，忽略这些因素的任何解答都是不现实的。

用同样的方法可以处理在一刚性平面上的液体半圆柱和半球的崩溃问题，对于这些问题，有人曾用 Euler 表示方法来处理过，但其计算要比用 Lagrange 表示方法复杂得多。

§4-9 加速平板问题

在这一节中我们要使用 Lagrange 表示方法来处理另一个问题：在水槽的一头是一块垂直挡板，当挡板突然向静止流体加速运动时，水就沿着挡板上涌。对这一加速平板问题，1933 年有人用线性水波理论求得了该问题的解，1983 年又有人用非线性水波理论也得到了该问题的解析解。但在求解过程中，两者使用的都是 Euler 表示方法，这里，我们要使用 Lagrange 表示方法来处理这一问题[12]。

如图 4-13 所示，水槽位于 x 轴的正半轴上，初始时水深为 h，垂直平板位于 $x=0$ 处。在 $t>0$ 时，平板以速度 $u(t)$ 水平向前运动，因此，原来处于静止的流体就会运动起来，特别

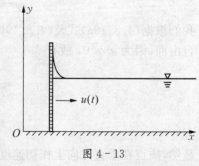

图 4-13

是平板附近的流体会沿着平板爬上去。

正如上一节一样，求解时也把 3 个未知函数 x，y 和 p 展开成关于 t 的幂级数：

$$x(a, b, t) = a + X^{(2)}(a, b)t^2 + X^{(4)}(a, b)t^4 + \cdots, \quad (4.9.1a)$$

$$y(a, b, t) = b + Y^{(2)}(a, b)t^2 + Y^{(4)}(a, b)t^4 + \cdots, \quad (4.9.1b)$$

$$p(a, b, t) = p^{(0)} + p^{(2)}(a, b)t^2 + \cdots。 \quad (4.9.1c)$$

与上节的(4.8.4)式稍有不同，在(4.9.1)式中不包含 t 的奇次幂，这是因为在方程(4.8.1)中若将 t 换成 $-t$ 后，方程(4.8.1)的形式不变，故其解有可能仅包含 t 的偶次幂。在(4.9.1)式中，x 和 y 的这种取法已能满足初始位置和初始速度为零的条件。

先将(4.9.1)式代入方程(4.8.2)，得

$$(1 + X_a^{(2)}t^2 + X_a^{(4)}t^4 + \cdots)(1 + Y_b^{(2)}t^2 + Y_b^{(4)}t^4 + \cdots) - (X_b^{(2)}t^2 + \cdots) + (Y_a^{(2)}t^2 + \cdots) = 1。$$

在上式中比较 t 的幂次可分别得

$$X_a^{(2)} + Y_b^{(2)} = 0, \quad (4.9.2a)$$

$$X_a^{(4)} + Y_b^{(4)} = X_b^{(2)}Y_a^{(2)} - X_a^{(2)}Y_b^{(2)}。 \quad (4.9.2b)$$

再把(4.9.1)式代入方程(4.8.3)，得

$$(1 + X_b^{(2)}t^2 + \cdots)(2X_b^{(2)}t + 4X_b^{(4)}t^3 + \cdots) + (Y_b^{(2)}t^2 + \cdots)(2Y_b^{(2)}t + 4Y_b^{(4)}t^3 + \cdots) -$$
$$(X_b^{(2)}t^2 + \cdots)(2X_a^{(2)}t + \cdots) - (1 + Y_b^{(2)}t^2 + \cdots)(2Y_a^{(2)}t + 4Y_a^{(4)}t^3 + \cdots) = 0。$$

比较上式中 t 的幂次也可分别得

$$X_b^{(2)} - Y_a^{(2)} = 0, \quad (4.9.3a)$$

$$X_b^{(4)} - Y_a^{(4)} = 0。 \quad (4.9.3b)$$

由(4.9.2a)和(4.9.3a)两式可知，$X^{(2)}$ 和 $Y^{(2)}$ 是 a，b 的共轭调和函数。

下面来推导压力 p 所满足的方程。为此，将(4.9.1)式代入方程(4.8.1a)，则我们就有

$$(2X^{(2)} + 12X^{(4)}t^2 + \cdots)(1 + X_a^{(2)}t^2 + \cdots) +$$
$$(2Y^{(2)} + g + \cdots)(Y_a^{(2)}t^2 + \cdots) + \frac{1}{\rho}(p_a^{(0)} + p_a^{(0)}t^2 + \cdots) = 0。$$

于是，可得到

$$2X^{(2)} + \frac{1}{\rho}p_a^{(0)} = 0, \quad (4.9.4a)$$

$$12X^{(4)} + 2X^{(2)}X_a^{(2)} + (2Y^{(2)} + g)Y_a^{(2)} + \frac{1}{\rho}p_a^{(2)} = 0。 \quad (4.9.4b)$$

再将(4.9.1)式代入方程(4.8.1b),得

$$(2X^{(2)}+\cdots)(X_b^{(2)}t^2+\cdots)+(2Y^{(2)}+g+12Y^{(4)}t^2+\cdots)(1+Y_b^{(2)}t^2+\cdots)+\frac{1}{\rho}(p_b^{(0)}+p_b^{(2)}t^2)+\cdots=0。$$

同样,也可得

$$2Y^{(2)}+g+\frac{1}{\rho}p_b^{(0)}=0, \tag{4.9.5a}$$

$$12Y^{(4)}+2X^{(2)}X_b^{(2)}+(2Y^{(2)}+g)Y_2^{(b)}\frac{1}{\rho}p_b^{(2)}=0。\tag{4.9.5b}$$

利用(4.9.2a)式,由(4.9.4a)和(4.9.5a)式,便有

$$p_{aa}^{(0)}+p_{bb}^{(0)}=0, \tag{4.9.6a}$$

$$p_{aa}^{(2)}+p_{bb}^{(2)}=-16\rho(X_b^{(2)}Y_a^{(2)}-X_a^{(2)}Y_b^{(2)})。\tag{4.9.6b}$$

我们再来讨论各未知函数应该满足的边界条件,这里仅考虑 $X^{(2)}$ 和 $Y^{(2)}$ 的边界条件和 $p^{(0)}$ 和 $p^{(2)}$ 的边界条件。当 $b=0$ 时,我们有

$$Y^{(2)}(a,0)=0, \tag{4.9.7a}$$

$$Y^{(4)}(a,0)=0; \tag{4.9.7b}$$

当 $b=h$ 时,有

$$X^{(2)}(a,h)=0。\tag{4.9.8}$$

为使(4.9.1)式中不包含 t 的幂次项,现设平板的运动速度为

$$u(t)=a_1 t+a_3 t^3+\cdots,$$

同时,也为使问题简化,这里仅考虑加速度为常数的情况,即仅 $a_1\neq 0$。因为

$$x_t(0,b,t)=u(t),$$

故

$$X^{(2)}(0,b)=\frac{a_1}{2}, \tag{4.9.9a}$$

$$X^{(4)}(0,b)=0。\tag{4.9.9b}$$

再来讨论压力 $p^{(0)}$ 和 $p^{(2)}$ 的边界条件。当 $b=h$ 时,显然有

$$p^{(0)}(a,h)=0, \tag{4.9.10a}$$

$$p^{(2)}(a,h)=0。\tag{4.9.10b}$$

在底部 $b=0$ 处显然应该要利用(4.9.5)式。同时,只要注意到(4.9.7)式,就可有

$$p_b^{(0)}(a, 0) = -\rho g, \tag{4.9.11a}$$

$$p_b^{(2)}(a, 0) = -2\rho X^{(2)}(a, 0) X_b^{(2)}(a, 0) - \rho g Y_b^{(2)}(a, 0)。 \tag{4.9.11b}$$

(4.9.11)式中已不包含高阶位移项。在平板处(即 $a=0$ 时),应该利用(4.9.4)式,并只要注意到(4.9.9)式,就可有

$$p_a^{(0)}(0, b) = -\rho a_1, \tag{4.9.12a}$$

$$p_a^{(2)}(0, b) = -2\rho X^{(2)}(0, b) X_a^{(2)}(0, b) + Y^{(2)}\left(0, b + \frac{g}{2}\right) Y_a^{(2)}(0, b)。 \tag{4.9.12b}$$

此外,在水槽的无穷远处(即 $a \to \infty$ 时),所有的扰动量应该为零。

在确定了方程和边界条件后,再来求解位移场。设 $Z(z) = Y^{(2)} + \mathrm{i} X^{(2)}$, $z = a + \mathrm{i}b$。因此 $Z(z)$ 是 z 平面中半带域内的解析函数。根据(4.9.7a)式、(4.9.8)式以及(4.9.9a)式,可将相应的边界条件列在图 4-14 上,并把半带域通过 $b=0$ 向下半平面延拓,则在宽度为 $2h$ 的半带域的边界上,$X^{(2)}$ 的值全部给定。而映照函数

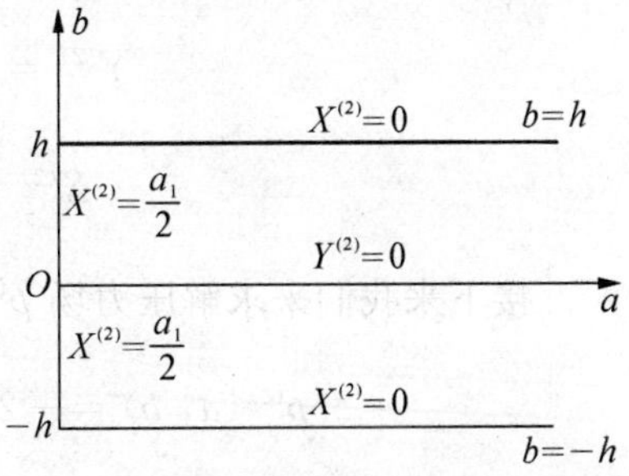

$$\zeta = \mathrm{e}^{\pi \frac{(z+h\mathrm{i})}{2h}}, \tag{4.9.13a}$$

$$W = \frac{h}{2}(\zeta + \zeta^{-1}) \tag{4.9.13b}$$

图 4-14

将 z 平面上的半带域映为 W 平面上的半平面,其中 $z = \pm h\mathrm{i}$ 分别映为 $W = \mp h$。因此,在 W 平面的实轴上,当 $|\mathrm{Re}W| < h$ 时 $X^{(2)} = \frac{a_1}{2}$;而在其他边界上 $X^{(2)} = 0$。再作函数 $X^{(2)}$ 为

$$X^{(2)} = \frac{a_1}{2\pi}(\arg(W-h) - \arg(W+h)),$$

不难验证 $X^{(2)}$ 已能全部满足边值条件。另外,再作函数

$$\begin{aligned}Z &= \frac{a_1}{2\pi} \ln \frac{W-h}{W+h} \\ &= \frac{a_1}{2\pi} \ln \left|\frac{W-h}{W+h}\right| + \mathrm{i}\frac{a_1}{2\pi}(\arg(W-h) - \arg(W+h)),\end{aligned} \tag{4.9.14}$$

显然,Z 是 W 平面上半平面内的解析函数。因此,$X^{(2)}$ 不仅满足边值条件,而且也是上半平面内的调和函数。分离 Z 的实部和虚部就能得到 $Y^{(2)}$ 和 $X^{(2)}$。因为

$$Z = \frac{a_1}{2\pi}\ln\frac{W-h}{W+h}$$
$$= \frac{a_1}{2\pi}\ln\frac{\sqrt{\zeta}-(\sqrt{\zeta})^{-1}}{\sqrt{\zeta}+(\sqrt{\zeta})^{-1}}$$
$$= \frac{a_1}{2\pi}\ln\frac{\cos B\,\mathrm{sh}\,A + \mathrm{i}\sin B\,\mathrm{ch}\,A}{\cos B\,\mathrm{ch}\,A + \mathrm{i}\sin B\,\mathrm{sh}\,A},$$

其中

$$A = \frac{\pi a}{4h},\ B = \frac{\pi(b+h)}{4h},$$

故

$$Y^{(2)} = \frac{a_1}{2\pi}\ln\frac{\sin^2 B + \mathrm{sh}^2 A}{\cos^2 B + \mathrm{sh}^2 A}, \tag{4.9.15}$$

$$X^{(2)} = \frac{a_1}{\pi}\arctan\frac{\sin 2B}{\mathrm{sh}\,2A}. \tag{4.9.16}$$

接下来我们来求解压力场 $p^{(0)}(a,b)$。利用(4.9.4a)式和(4.9.5a)式,可得

$$p^{(0)}(a,b) = -2\rho\left[\int X^{(2)}\mathrm{d}a + \left(Y^{(2)}+\frac{g}{2}\right)\mathrm{d}b\right].$$

现在因为 $p^{(0)}(\infty,b)=0$,所以,在积分路径取为平行于坐标轴的直线后,就有

$$p^{(0)}(a,b) = -2\rho\int_\infty^a X^{(2)}\mathrm{d}a + \rho g(h-b)$$
$$= \frac{2\rho a_1 h}{\pi}\int_a^\infty \arctan\frac{\sin 2B}{\mathrm{sh}\,2A}\mathrm{d}\left(\frac{a}{h}\right) + \rho g(h-b). \tag{4.9.17}$$

只要令 $a=0$,就可得平板上动态的零阶压力分布为

$$p_p^{(0)}(b) = p^{(0)}(0,b) = \frac{2\rho a_1 h}{\pi}\int_0^\infty \arctan\frac{\sin 2B}{\mathrm{sh}\,2A}\mathrm{d}\left(\frac{a}{h}\right). \tag{4.9.18}$$

上式中的积分可采用数值积分的方法求得。在求解 $p^{(2)}(a,b)$ 时,还需要求解一个非齐次的边界问题,这里我们就不再赘述了。

下面我们把所有的结果叙述一下。若将板上的压力系数 C_p 和无量纲时间 ε 分别取为

$$C_p = \frac{p}{\rho a_1 h},\ \varepsilon = t\sqrt{\frac{a_1}{2h}},$$

则由(4.9.1a)式和(4.9.1b)式,并注意到(4.9.15)式和(4.9.16)式,就可得自由面的形状为

$$\frac{x}{h} = \frac{a}{h}, \tag{4.9.19a}$$

$$\frac{y}{h} = 1 + \frac{1}{\pi}\ln\left(1 + \frac{1}{\text{sh}^2\dfrac{\pi a}{4h}}\right)\cdot\varepsilon^2 \text{。} \tag{4.9.19b}$$

由此可见，自由面上的质点只做垂直运动，而没有水平位移，当然，这时我们忽略了 $O(t^4)$ 这种项，由(4.9.19a)式和(4.9.19b)式所表示的曲线描绘在图 4-15 中。图中的虚线是用 Euler 表示方法所得的结果，该结果也精确到 $O(t^4)$。C_p 随 $\dfrac{a}{h}$ 变化的曲线描绘在图 4-16 中，现在 C_p 为

$$C_p = \frac{2}{\pi}\int_0^\infty \arctan\frac{\sin\dfrac{\pi(b+h)}{2h}}{\sin\dfrac{\pi a}{2h}}\text{d}\left(\frac{a}{h}\right)\text{。} \tag{4.9.20}$$

可见，图 4-16 中的曲线与用 Euler 表示方法所得的结果十分相似，例如，在底部两者分别为 0.735 3 和 0.742 5。

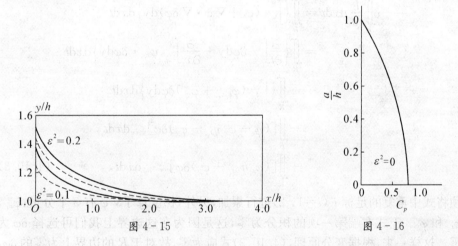

图 4-15　　　　　　　　　　图 4-16

如果继续下去，就可求得作用在板上的压力分布随时间演变的规律。此外，Lagrange 表示方法还被用来研究物体的初入水问题。

§4-10　变分方法

许多物理问题，不论是边值问题，还是特征值问题，都不太可能求得精确解，水波问题也不例外。因此，为了能对各种物理现象有所了解，需要采用一些近似

方法来求解。在前面我们已经讨论了几种近似求解的数学方法,本节中我们还要介绍一种近似方法——变分方法。

在处理数学物理问题时,我们常常从微分方程出发,其实也可以从变分原理出发。虽然变分方法在固体力学和流体力学的势流理论中已经使用得很多,但直到 1967 年 Luke 才得到了水波问题的变分原理。Luke 指出:变分原理[9]

$$\delta \iint_R L \mathrm{d}x\mathrm{d}t = 0 \tag{4.10.1}$$

能够给出水波问题的方程和所有重要的边界条件,其中 Lagrange 函数 L 为

$$L = -\rho \int_{-h_0}^{\eta} \left\{ \varphi_t + \frac{1}{2}(\nabla \varphi)^2 + gy \right\} \mathrm{d}y, \tag{4.10.2}$$

R 是 (x, t) 空间中的一个任意区域。但把 (4.10.2) 式代入 (4.10.1) 式,积分须在 (x, y, t) 空间的区域 R_1 上进行,区域 R_1 是由 R 中的点 (x, t) 和区间 $-h_0 \leqslant y \leqslant \eta$ 中的 y 所构成。

φ 的一个微小变化,即 φ 的变分 $\delta\varphi$ 为

$$\begin{aligned}
-\delta \iint_R \frac{L}{\rho} \mathrm{d}x\mathrm{d}t &= \iint_R \left\{ \int_{-h_0}^{\eta} (\varphi_t + \nabla \varphi \cdot \nabla \delta\varphi) \mathrm{d}y \right\} \mathrm{d}x\mathrm{d}t \\
&= \iint_R \left\{ \frac{\partial}{\partial t}\int_{-h_0}^{\eta} \delta\varphi \mathrm{d}y + \frac{\partial}{\partial x_i}\int_{-h_0}^{\eta} \varphi_{x_i} \cdot \delta\varphi \mathrm{d}y \right\} \mathrm{d}x\mathrm{d}t \\
&\quad - \iint_R \left\{ \int_{-h_0}^{\eta} (\varphi_{x_i x_i} + \varphi_{yy}) \delta\varphi \mathrm{d}y \right\} \mathrm{d}x\mathrm{d}t \\
&\quad - \iint_R [(\eta_t + \varphi_{x_i}\eta_{x_i} - \varphi_y)\delta\varphi]_{y=\eta} \mathrm{d}x\mathrm{d}t \\
&\quad + \iint_R [(\varphi_{x_i} h_{0x_i} + \varphi_y)\delta\varphi]_{y=-h_0} \mathrm{d}x\mathrm{d}t,
\end{aligned} \tag{4.10.3}$$

须将式中重复的足标 i $(i=1, 2)$ 进行累加,另外,梯度算子 $\nabla \varphi$ 有 3 个分量:φ_{x_1},φ_{x_2} 和 φ_y。上式右端第一项的积分为零,这是因为在这边界上我们可选择 $\delta\varphi$ 为零。这样一来,根据变分原理,(4.10.3) 式应为零,故对于 R 的边界上为零的 $\delta\varphi$,可得到

$$\varphi_{x_i x_i} + \varphi_{yy} = 0 \quad (-h_0 < y < \eta), \tag{4.10.4a}$$
$$\eta_t + \varphi_{x_i}\eta_{x_i} - \varphi_y = 0 \quad (y = \eta), \tag{4.10.4b}$$
$$\varphi_{x_i} h_{0x_i} + \varphi_y = 0 \quad (y = -h_0)。 \tag{4.10.4c}$$

这是因为我们只要使得 $\delta\varphi$ 在 $y=\eta$ 和 $y=-h_0$ 处为零,而在 R 内任意选取 $\delta\varphi$,再利用通常在变分问题中所使用的论证方法,就可以得到 (4.10.4a) 式。因此,在 (4.10.3) 式中右边的第一项和第二项均为零之后,再选取当 $y=\eta$ 时 $\delta\varphi > 0$,当

$y=-h_0$ 时 $\delta\varphi=0$，就可得到(4.10.4b)式；选取当 $y=\eta$ 时 $\delta\varphi=0$，当 $y=-h_0$ 时 $\delta\varphi>0$，就可得到(4.10.4c) 式。

对于变分原理(4.10.1)式取 η 的变分 $\delta\eta$，立即可得

$$\delta\iint_R L\mathrm{d}x\mathrm{d}t = -\rho\iint_R \left[\varphi_t + \frac{1}{2}(\nabla\varphi)^2 + gy\right]_{y=\eta} \mathrm{d}\eta\mathrm{d}x\mathrm{d}t = 0.$$

利用通常的方法可得

$$\left[\varphi_t + \frac{1}{2}(\nabla\varphi)^2 + gy\right]_{y=0} = 0. \quad (4.10.5)$$

由此可见，利用 Luke 给出的变分原理可以得到水波的控制方程(4.10.4a)、自由面处的运动学条件(4.10.4b)和动力学边界条件(4.10.5)以及底部的边界条件(4.10.4c)。因此，能够使泛函 $\iint_R L\mathrm{d}x\mathrm{d}t$ 取极值的函数 φ 和 η 就是水波问题的解，其中 φ 为速度势，而 η 为自由面的位移。

下面我们就用变分方法来近似求解 Stokes 波的问题，因为在 Lagrange 函数中仅出现 φ 的偏导数，所以，对于某一周期波列，最一般的可取为

$$\varphi = \beta x - \gamma t + \Phi(\theta, y), \quad \theta = kx - \omega t, \quad (4.10.6a)$$
$$\eta = N(\theta), \quad (4.10.6b)$$

其中 $\Phi(\theta, y)$ 和 $N(\theta)$ 是 θ 的周期函数。参数 β 为水平方向的平均流速，而 γ 与波的平均波高有关。

我们来考虑底部是水平直线的情况。设坐标原点位于底部，因此 $h_0 = 0$。下面我们定义平均 Lagrange 函数 $\overline{L}$ 为

$$\overline{L} = \frac{1}{2\pi}\int_0^{2\pi} L\mathrm{d}\theta, \quad (4.10.7)$$

其中

$$L = \int_0^{N(\theta)} \rho\left\{\gamma + \omega\Phi_\theta - \frac{1}{2}(\beta + k\Phi_\theta)^2 - \frac{1}{2}\Phi_y^2 - gy\right\}\mathrm{d}y$$
$$= \rho\left(\gamma - \frac{1}{2}\beta^2\right)N - \frac{1}{2}\rho g N^2 + (\omega - \beta k)\rho\int_0^N \Phi_\theta \mathrm{d}y \quad (4.10.8)$$
$$- \rho\int_0^N \left(\frac{1}{2}k^2\Phi_\theta^2 + \frac{1}{2}\Phi_y^2\right)\mathrm{d}y.$$

关于相位求平均的思想适用于周期变化的问题，这种方法是由 Whitham 等人在 20 世纪 60 年代发展起来的，称为**平均变分方法**。

由于我们事先并不知道 $\Phi(\theta, y)$ 和 $N(\theta)$ 的精确表达式，因此，在进一步推导时就要用到 Stokes 波的展开式。我们先把周期函数 $\Phi(\theta, y)$ 和 $N(\theta)$ 展开成

Fourier 级数

$$\Phi(\theta, y) = \sum_1^\infty \frac{A_n}{n} \operatorname{ch} nky \sin n\theta, \qquad (4.10.9)$$

$$N(\theta) = h + a\cos\theta + \sum_2^\infty a_n \cos n\theta. \qquad (4.10.10)$$

主要参数最后将是这样的两组数：(ω, k, a) 和 (γ, β, h)，其中 a 是振幅，h 是自由面的平均高度。我们可以预先假定系数 a_n 和 A_n 的量级为 $O(a^n)$ $(a \ll 1)$。将 (4.10.9) 式和 (4.10.10) 式代入 (4.10.7) 式和 (4.10.8) 式，就可得到精确到任意阶小量的 $\bar{L}$。为了考虑非线性的影响，在 $\bar{L}$ 的展开式中要保留到 a^4。另外，在展开式中除了原来的两组参数外，还要出现 A_1，A_2 和 a_2，但这 3 个参数可以通过变分方程

$$\bar{L}_{A_1} = 0, \quad \bar{L}_{A_2} = 0, \quad \bar{L}_{a_2} = 0$$

来消去。这个过程是冗长的，但不管用何种方法，推导都是比较繁复的。

在进行一系列推导后，平均 Lagrange 函数的最后表达式为

$$\bar{L} = \rho\left(\gamma - \frac{1}{2}\beta^2\right)h - \frac{1}{2}\rho g h^2 + \frac{1}{2}E\left\{\frac{(\omega - \beta k)^2}{gh \operatorname{th} kh} - 1\right\} \\ - \frac{1}{2}\frac{k^2 E^2}{\rho g}\left\{\frac{9T^4 - 10T^2 + 9}{8T^2}\right\} + O(E^3), \qquad (4.10.11)$$

其中

$$E = \frac{1}{2}\rho g a^2, \quad T = \operatorname{th} kh.$$

平均量 γ, β, h 的变化的量级通常是 $O(a^2)$，所以在 a^4 的系数中可以用 h_0 来代替 h，即以 $T_0 = \operatorname{th} k h_0$ 来代替 T。而 (4.10.11) 式的另外几项中的 h 仍保持不变，这样做仅是零势能的位置起了变化，仅使得平均 Lagrange 函数相差一个常数，但并不改变 $\bar{L}$ 的精度。

现在我们来具体地考察某一调制波列，因此 (4.10.6a) 式中的项 $\beta x - \gamma t$ 就必须用一个所谓的拟相位函数 $\psi(x, t)$ 来代替，而 γ 和 β 分别定义为

$$\gamma = \psi_t, \quad \beta = \psi_x,$$

这正如 $kx - \omega t$ 用相位函数 $\theta(x, t)$ 来代替一样。平均变分原理

$$\delta\iint \bar{L}(\omega, k, E; \lambda, \beta, h) dx dt = 0 \qquad (4.10.12)$$

可以对 E, θ, h 和 ψ 取独立变分 $\delta E, \delta\theta, \delta h$ 和 $\delta\psi$，这样可得到 4 个变分方程。另外还有两个相容性方程：

$$k_t + \omega_x = 0, \quad \beta_t + \gamma_x = 0.$$

如果我们仅对 E 取独立变分，则按照 Euler 方程有

$$\delta E: \overline{L}_E = 0. \tag{4.10.13}$$

将(4.10.11)式代入，即有色散关系式

$$\frac{(\omega - \beta k)^2}{gk \operatorname{th} kh} = 1 + \frac{9T_0^4 - 10T_0^2 + 9}{4T_0^4} \frac{k^2 E}{\rho g} + O(E^2). \tag{4.10.14}$$

如果我们仅对 h 取独立变分，则按照 Euler 方程有

$$\delta h: \overline{L}_h = 0. \tag{4.10.15}$$

也将(4.10.11)式代入，即得

$$\gamma = \frac{\beta^2}{2} + gh + \frac{1}{2}\left(\frac{1 - T_0^2}{T_0}\right)\frac{kE}{\rho} + O(E^2).$$

假设静水深度为 h_0，则相应地有

$$c_0(k) = (gk^{-1} \operatorname{th} kh_0)^{\frac{1}{2}},$$

$$c_{g0}(k) = \frac{1}{2}c_0(k)\left\{1 + \frac{2kh_0}{\operatorname{sh} 2kh_0}\right\}.$$

于是，前面一式就为

$$\gamma = \frac{\beta^2}{2} + gh + \frac{1}{2}\left(\frac{2c_{g0}}{c_0} - 1\right)\frac{E}{\rho h_0} + O(E^2),$$

或者

$$\gamma = \frac{\beta^2}{2} + gh + A + O(E^2), \tag{4.10.16}$$

其中

$$A = \frac{1}{2}\left(\frac{2c_{g0}}{c_0} - 1\right)\frac{E}{\rho h_0} = \frac{gka^2}{2 \operatorname{sh} 2kh_0}.$$

这里的(4.10.16)式在 §5-2 中将要用到。

如果我们仅对 ψ 取独立变分，则按照 Euler 方程有

$$\delta \psi: \frac{\partial}{\partial t}\overline{L}_\gamma - \frac{\partial}{\partial x}\overline{L}_\beta = 0. \tag{4.10.17}$$

根据(4.10.11)式可求得

$$\overline{L}_\gamma = \rho h, \tag{4.10.18a}$$

$$-\overline{L}_\beta = \rho h\beta + \frac{E}{c_0} + O(E^2). \tag{4.10.18b}$$

将(4.10.18)式代入(4.10.15)式,在忽略了 $O(E^2)$ 这种项后可以得到

$$\frac{\partial h}{\partial t} + \frac{\partial}{\partial x}\left[\left(\beta + \frac{E}{\rho c_0 h}\right)h\right] = 0. \tag{4.10.19}$$

上式表示的是质量守恒定律,其中质量的平均输运率 U 为

$$U = \beta + \frac{E}{\rho c_0 h}, \tag{4.10.20}$$

即在平均的水平流速 β 上再叠加上由于波动而引起的平均流速 $\frac{E}{cc_0 h}$。$\frac{E}{\rho c_0 h}$ 是一个二阶小量。当然 β 本身尚需从变分方程和相容性方程求得。

若对 θ 取独立变分,还可以得到另外一个有用的关系式,这里就不再赘述了,欲知细节可参阅文献[8]。

附录 (4.4.6)式的证明

可用数学归纳法证明,先证明(4.4.6a)式。当 $n = 0$ 时,因为底部条件为

$$\left.\frac{\partial \varphi}{\partial y}\right|_{y=0} = 0,$$

所以(4.4.6a)式成立。

再假设当 $n = k - 1$ 时,该式也成立,即

$$\left.\frac{\partial^{2(k-1)+1}\varphi}{\partial y^{2(k-1)+1}}\right|_{y=0} = 0,$$

则当 $n = k$ 时,有

$$\left.\frac{\partial^{2k+1}\varphi}{\partial y^{2k+1}}\right|_{y=0} = \left.\frac{\partial^{2(k-1)+1}}{\partial y^{2(k-1)+1}}\left(\frac{\partial^2 \varphi}{\partial y^2}\right)\right|_{y=0}.$$

因为 φ 满足 $\nabla^2 \varphi = 0$,所以

$$\left.\frac{\partial^{2k+1}\varphi}{\partial y^{2k+1}}\right|_{y=0} = \left.\frac{\partial^{2(k-1)+1}}{\partial y^{2(k-1)+1}}\left(-\frac{\partial^2 \varphi}{\partial x^2}\right)\right|_{y=0}$$

$$= -\frac{\partial^2}{\partial x^2}\left(\left.\frac{\partial^{2(k-1)+1}\varphi}{\partial y^{2(k-1)+1}}\right|_{y=0}\right)$$

$$= 0.$$

因此,对于 $n=k$,(4.4.6a)式也成立,即对于所有的正整数 n,(4.4.6a)式总成立。

再证明(4.4.6b)式。当 $n=0$ 时,因为 $\varphi=\varphi$,所以该式成立。当 $n=1$ 时,因为 $\dfrac{\partial^2 \varphi}{\partial x^2}+\dfrac{\partial^2 \varphi}{\partial y^2}=0$,即 $\left.\dfrac{\partial^2 \varphi}{\partial y^2}\right|_{y=0}=-\left.\dfrac{\partial^2 \varphi}{\partial x^2}\right|_{y=0}$,所以该式也能成立。

再假设当 $n=k-1$ 时,该式也成立,即

$$\left.\frac{\partial^{2(k-1)}\varphi}{\partial y^{2(k-1)}}\right|_{y=0}=(-1)^{k-1}\left.\frac{\partial^{2(k-1)}\varphi}{\partial x^{2(k-1)}}\right|_{y=0},$$

则当 $n=k$,有

$$\left.\frac{\partial^{2k}\varphi}{\partial y^{2k}}\right|_{y=0}=\left.\frac{\partial^{2(k-1)}}{\partial y^{2(k-1)}}\left(\frac{\partial^2\varphi}{\partial y^2}\right)\right|_{y=0}=-\left.\frac{\partial^{2(k-1)}}{\partial y^{2(k-1)}}\left(\frac{\partial^2\varphi}{\partial x^2}\right)\right|_{y=0}$$

$$=-\frac{\partial^2}{\partial x^2}\left(\left.\frac{\partial^{2(k-1)}\varphi}{\partial x^{2(k-1)}}\right|_{y=0}\right).$$

根据假设

$$\left.\frac{\partial^{2k}\varphi}{\partial y^{2k}}\right|_{y=0}=(-1)^k\left.\frac{\partial^{2k}\varphi}{\partial x^{2k}}\right|_{y=0},$$

所以对于 $n=k$,(4.4.6b)式也成立,即对于所有的正整数 n,(4.4.6b)式总成立。

第五章 流动中的波

·水·波·动·力·学·基·础·

在以前的各章中,我们仅考虑了波的运动,而并不考虑除波动以外的水质点的其他运动(例如水的流动),但是,很多波动,例如在海流很强的区域中的波,在河口逆流而上的波,都要受到基本流动的影响。从近海向河口传播的波在退潮时由于抵抗了很强的流动,使得其波高增加,波陡变大,从而使波浪破碎,妨碍船舶的航行。这种情况在河流流量较大时尤为显著,有可能使船舶遇难。

波浪和流的相互作用将引起流场中的各种运动特性和动力特性的变化,这一问题在实际中是很重要的。Barber(1949)和Unna(1942)把静水域和流动域连在一起讨论,但他们认为物理量是间断的,然后,他们假定两区域上的波周期从静止系统来看是不变的前提下讨论了波高的变化,并且认为波浪和流的相互作用不仅使得波的波长,波高产生改变,出现波浪破碎,也会改变波的传播方向,引起波浪的折射等现象。

本章先导出当波向物理参数不同的场所传播时(例如,波在传播时遇到不同的流动状态)波的几个守恒关系,然后举一个例子加以说明。最后,我们介绍在非均匀流动中求解波动问题时通常采用的几种方法,从所得的结果我们可以看到流动对波动的某些影响。

§5-1 一个简单的模型

现在,先假设均匀流与波传播方向一致,水平流速为U,并且,相对于流动的水来说,波的相速度为c。那么,从静止系统(例如,在岸上和在海中的观察塔)来看,波动量的传播速度应为$U+c$。静水域和流动域的波周期相同,记为T。为了便于区别,我们将静水域中的物理量加足标"0",于是

$$T=\frac{\lambda_0}{c_0}=\frac{\lambda}{U+c}, \tag{5.1.1}$$

这里 λ 是波长。下面取 g 为重力加速度，h 为水深，$k = \dfrac{2\pi}{\lambda}$ 为波数。在静水域中所满足的深水条件为

$$\lambda_0 = \frac{2\pi c_0^2}{g}, \tag{5.1.2a}$$

在流动域中有

$$\lambda = \frac{2\pi c^2}{g}\operatorname{cth} kh 。 \tag{5.1.2b}$$

由(5.1.1)式得

$$c^2 - c_0(U+c)\operatorname{th} kh = 0, \tag{5.1.3}$$

从中解出 $\dfrac{c}{c_0}$ 为

$$\frac{c}{c_0} = \frac{1}{2}\operatorname{th} kh\left(1 + \sqrt{1 + \frac{4U}{c_0}\operatorname{cth} kh}\right)。 \tag{5.1.4}$$

从该式就能求出波相对于流动的水的传播速度。如在流动域中也满足深水波条件，则有

$$\frac{c}{c_0} = \frac{1}{2}\left(1 + \sqrt{1 + \frac{4U}{c_0}}\right)。 \tag{5.1.5}$$

显然，当 c_0 和 U 反向且流速的绝对值大于 $\dfrac{c_0}{4}$ 时，由于根号中的值为负数，因此不能在流动中产生波。例如，若 $\lambda_0 = 30\,\mathrm{m}$，则 $c_0 \approx 6.4\,\mathrm{m/s}$，于是，波不能逆流载于流速为 $1.6\,\mathrm{m/s}$ 的流动中。

其次，我们来考虑在两区域中波的能量平衡。设 c_g 和 c_{g_0} 分别是相对于流动域和静水域中水的群速度，E 和 E_0 分别是两域中单位长度上的波能，且分别比例于波幅的平方 a^2 和 a_0^2，则有

$$E_0 c_{g_0} = E(c_g + U),$$

或者

$$\frac{a}{a_0} = \left(\frac{c_{g_0}}{c_g + U}\right)^{\frac{1}{2}} 。 \tag{5.1.6}$$

在此

$$c_{g_0} = \frac{c_0}{2}, \quad c_g = \frac{c}{2}\left(1 + \frac{2kh}{\operatorname{sh} 2kh}\right)。$$

(5.1.4)式右边包含了 k, h, U 和 $k_0 \left(k_0 = \dfrac{g}{c_0^2} \right)$ 4 个参数,即使 h, U 和 k_0 在问题中能够预先指定,但仅从(5.1.4)和(5.1.6)两式还不能用上述的 3 个参数来表示波幅的变化,还需一个关系式才能确定。如果假定波从深海突然地向浅海过渡,则在该处由于不能正确地给出波的反射和波的质量输运率而使问题不能唯一确定。但是若进入流动域的波也具有深水波的性质,则可以使用(5.1.5)式。由(5.1.6)式可得

$$\frac{a^2}{a_0^2} = \frac{2}{1 + \dfrac{4U}{c_0} + \sqrt{1 + \dfrac{4U}{c_0}}}. \tag{5.1.7}$$

从上式也可知道,当波逆流载于流速绝对值比 $\dfrac{c_0}{4}$ 大的流动中时,波就破碎了。利用这一事实,人们就可以人为地造成某一流动来代替防波堤的作用。

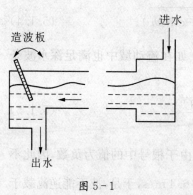

图 5-1

在 1952 年有人作了验证(5.1.7)式的实验,使用的实验装置如图 5-1 所示。实验时,一方面在槽中产生定常流;另一方面在下游设置造波板造波,使波逆流而行,并在上游处实测波高。结果发现,当 $\dfrac{U}{c_0}$ 的绝对值小于 $\dfrac{1}{6}$ 时,实验点子能落在理论曲线上;但当 $\dfrac{U}{c_0}$ 的绝对值大于 $\dfrac{1}{6}$ 时,上游的波高就明显地减小了,这就证明此时波已破碎了。

§5-2 波动的守恒量

为了讨论流动对波动的影响,应该假定当波向物理环境不同的场所传播时的能量、动量和质量保持守恒,但要改变波动要素(波长、波幅等),还须假定波动要素在空间中的变化是缓慢的。当基本流的速度 U 沿着波传播方向(取作 x 轴)变化的时候,以波长作为特征长度,在满足了

$$U_x / U_0 / \lambda \ll 1 \tag{5.2.1}$$

这一关系后,就可以认为在这种环境中传播的波一直保持着正弦波形。这里,U_0 为在一波长 λ 范围内流速变化的幅度。

现在把波传播的方向取作 x 轴,在单位宽度、单位长度和从自由面直到水底

这一体积中的水质量,以及由波动引起的动量和波能量等值记为 P,而对应的通量记为 Q,则根据守恒法则,应有

$$\frac{\partial P}{\partial t} + \frac{\partial Q}{\partial x} = 0 \text{。} \tag{5.2.2}$$

我们再来考察运动学条件。取 $\theta(x, t)$ 为相位函数(在本章讨论的波动中均可取 $\theta(x, t) = kx - \omega t$),因为波数 k 和频率 ω 可表示为

$$k = \frac{\partial \theta}{\partial x}, \quad \omega = -\frac{\partial \theta}{\partial t},$$

所以

$$\frac{\partial k}{\partial t} + \frac{\partial \omega}{\partial x} = 0 \text{。} \tag{5.2.3}$$

下面我们来考察存在基本流的情况。为了容易理解其物理意义,我们讨论一个质量为 m、速度为 $\bm{V} = \bm{U} + \bm{u}$(其中 $\bm{U}$ 为质点系的均匀流速,$\bm{V}$ 是质点在外力 $\bm{F}$ 作用下的速度)、受外力 $\bm{F}$ 作用的质点系,其运动方程式为

$$m\dot{\bm{V}} = \bm{F} \text{。} \tag{5.2.4}$$

由此,有

$$\frac{\mathrm{d}}{\mathrm{d}t} \sum \frac{1}{2} m V^2 = \sum \bm{F} \cdot \bm{V} \text{。}$$

因为

$$\bm{V} = \bm{U} + \bm{u},$$

所以

$$\frac{\mathrm{d}}{\mathrm{d}t} \left(\frac{1}{2} U^2 \sum m + \bm{U} \cdot \sum m\bm{u} + \sum \frac{1}{2} m u^2 \right) = \sum \bm{F} \cdot (\bm{U} + \bm{u}) \text{。} \tag{5.2.5}$$

此处,$\bm{U}$ 也是 t 的函数,将(5.2.4)式的两边点乘 $\bm{U}$ 后与(5.2.5)式相减,得

$$\frac{\mathrm{d}}{\mathrm{d}t} \left(\sum \frac{1}{2} m u^2 \right) + \left(\sum m\bm{u} \right) \frac{\mathrm{d}\bm{U}}{\mathrm{d}t} = \sum \bm{F} \cdot \bm{u} \text{。} \tag{5.2.6}$$

假定 $\bm{U}$ 不依赖于 t,则 $\frac{\mathrm{d}\bm{U}}{\mathrm{d}t} = \bm{0}$,这样(5.2.6)式就是随均匀流一起运动的观察者所看到的动能变化关系式。但当 $\bm{U}$ 随时间变化时,由于在(5.2.6)式左端出现了第二项,就产生了基本流动与各质点之间的能量交换。这项也可以粗略地解释为某一应力对于随时间而变的均匀流所作功的功率,这一应力称为**辐射应力**。当基本流动 $\bm{U}$ 随空间变化时也可以同样讨论,后面所举的一个例子就属于这种情况。

5-2-1 质量守恒

考察水的无旋波动。设 ρ 为水的密度，Φ 为包含了沿 x 轴方向运动的基本流 ($U=$ 常数) 的总速度势。这里，将垂直方向取为 z 轴，在 z 方向截面积为 1 的长条中所含的质量 P_0 为

$$P_0 = \int_{-h}^{\zeta} \rho \, dz \, . \tag{5.2.7a}$$

质量流量为

$$Q_0 = -\int_{-h}^{\zeta} \rho \Phi_x \, dz \, , \tag{5.2.7b}$$

其中 ζ 为自由面的高度，水深 h 为常数。根据 §4-10 中的讨论，当考虑到二阶量的修正后，速度势可以写为

$$\Phi = -Ux + \left(\frac{U^2}{2} + A\right)t + \varphi \, .$$

这里的定义稍有不同，总速度为 $-\text{grad}\,\Phi$。另外，这里的坐标原点取在未扰动的自由面上。上式中的 φ 为波动速度势，常数 A 是一个二阶量，定义为

$$A = \frac{gka^2}{2\,\text{sh}\,2kh} = \frac{E}{\rho h}\left(\frac{c_g}{c} - \frac{1}{2}\right) \, . \tag{5.2.8}$$

通常把这个常数记为 S_y，上式曾在 §4-10 中导得。当 $kh \to \infty$ 时，$A = S_y = 0$。根据 Bernoulli 定理，压力 p 为

$$\frac{p}{\rho} = \Phi_t - \frac{1}{2}(\Phi_x^2 + \Phi_z^2) - gz = A + \varphi_t + U\varphi_x - \frac{1}{2}(\Phi_x^2 + \Phi_z^2) - gz \, . \tag{5.2.9}$$

此外

$$\omega_1 = kU + \omega, \quad \omega^2 = gk\,\text{th}\,kh \, ,$$

以及由第二章可知

$$c_g = \frac{c}{2}\left(1 + \frac{2kh}{\text{sh}\,2kh}\right) \, .$$

由 (4.3.22) 式和 (4.3.23) 式可得

$$\zeta = a\cos\theta + \frac{a^2 k}{2}\text{cth}\,kh \cdot \left(1 + \frac{3}{2\,\text{sh}^2\,kh}\right)\cos 2\theta, \tag{5.2.10a}$$

$$\varphi = -\frac{a\omega\,\text{ch}\,k(h+z)}{k\,\text{sh}\,kh}\sin\theta - \frac{3\omega a^2\,\text{ch}\,2k(h+z)}{8\,\text{sh}^4\,kh}\sin 2\theta, \tag{5.2.10b}$$

其中 $\theta = kx - \omega_1 t$。将 (5.2.7) 式在一波长上求平均，即

$$\overline{P}_0 = \frac{1}{\lambda}\int_0^\lambda P_0 \,\mathrm{d}x,$$

则

$$\overline{P}_0 = \overline{\int_{-h}^\zeta \rho_0 \,\mathrm{d}z} = \overline{\rho(h+\zeta)}。$$

因为 $\overline{\zeta} = 0$,所以 $\overline{P}_0 = \rho h$。同理

$$\overline{Q}_0 = \overline{\rho\int_{-u}^\zeta (U-\varphi_x)\,\mathrm{d}z} = \rho U h - \rho\overline{\int_{-h}^\zeta \varphi_x \,\mathrm{d}z}。$$

因为

$$\overline{\int_{-h}^\zeta \varphi_x \,\mathrm{d}z} = \overline{\int_{-h}^0 \varphi_x \,\mathrm{d}z} + \overline{\int_0^\zeta \varphi_x \,\mathrm{d}z},$$

由上式右端的第一项可看出,包含在 φ_x 内的 $\cos\theta$、$\cos 2\theta$ 在取平均后为零,将上式右端第二项作 Taylor 级数展开,并只取 ζ 的一次项,则有

$$\overline{\int_0^0 \varphi_x \,\mathrm{d}z} + \overline{\frac{\mathrm{d}}{\mathrm{d}z}\int_0^\zeta \varphi_x \,\mathrm{d}z \cdot \zeta} = \overline{\zeta \cdot (\varphi_x)_{z=0}}。 \tag{5.2.11}$$

所以

$$\overline{Q}_0 = \rho U h - \rho\overline{\zeta(\varphi_x)_{z=0}}。$$

将(4.2.10)式代入上式,并利用 $\omega^2 = gk\,\mathrm{th}\,kh$,可得

$$\overline{\zeta(\varphi_x)_{z=0}} = -a^2\omega\,\mathrm{cth}\,kh\,\overline{\cos^2\theta} + O(a^3) = -\frac{ga^2 k}{2\omega} = -\frac{ga^2}{2c}。$$

因此

$$-\rho\overline{\zeta(\varphi_x)_{z=0}} = \frac{1}{2}\frac{\rho g a^2}{c} = \frac{E}{c}。$$

最后得

$$\overline{Q}_0 = \rho U h + \frac{E}{c}。 \tag{5.2.12}$$

若将质量输运速度记为 U_m,则有

$$U_m = \frac{\overline{Q}_0}{\overline{P}_0} = U + \frac{E}{\rho h c}。 \tag{5.2.13}$$

因此,从上式可知,除去均匀流,由波动而引起的单位时间质量输运为 $\dfrac{E}{\rho h c}$,该式

与(4.10.18)式是一致的。同时从(5.2.12)式还可知,在每一波长上由波动引起的动量为 $\frac{E}{c}$。

5-2-2 动量守恒

在 z 方向截面积为 1 的长条中所含的动量 P_1 为

$$P_1 = -\int_{-h}^{\zeta} \rho \Phi_x \mathrm{d}z \text{。} \tag{5.2.14}$$

使用动量方程

$$\frac{\partial}{\partial t}\left(\int \rho \mathbf{V} \mathrm{d}v\right) + \int \rho \mathbf{V} v_n \mathrm{d}S + \int \rho \mathbf{n} \mathrm{d}S = \mathbf{K},$$

其中 $\mathbf{K}$ 为外力合力,体积元素为 $\mathrm{d}\tau = 1\mathrm{d}x\mathrm{d}z$,此处,面积元素 $n\mathrm{d}S$ 是与 x 轴垂直的面,$\mathbf{n}$ 是 x 轴方向。因而,如仅考虑 x 方向的分量,则 $\mathrm{d}S = 1\mathrm{d}z$($y$ 方向取单位宽度),$VV_n = u^2$。因为 $u = -\Phi_x$,所以上式就为

$$\frac{\partial}{\partial t}\int_{-h}^{\zeta}(-\rho\Phi_x)\mathrm{d}z = -\frac{\partial}{\partial x}\int_{-h}^{\zeta}(p + \rho\Phi_x^2)\mathrm{d}z \text{。} \tag{5.2.15}$$

在此设

$$Q_1 = \int_{-h}^{\zeta}(p + \rho\Phi_x^2)\mathrm{d}z,$$

则

$$\frac{\partial P_1}{\partial t} + \frac{\partial Q_1}{\partial x} = 0 \text{。} \tag{5.2.16}$$

上式即表示了动量守恒,其中 Q_1 为动量通量。将上式取平均,再由(5.2.13)式得 $\overline{Q_0} = U_m P_0 = \rho h U_m$,则

$$\overline{P_1} = -\overline{\int_{-h}^{\zeta}\rho\varphi_x \mathrm{d}z} = \rho U h - \rho\overline{\zeta(\varphi_x)_{z=0}} = \overline{Q_0} = \rho h U_m \text{。} \tag{5.2.17}$$

其次,由于

$$\frac{p}{\rho} + \Phi_x^2 = \Phi_t - \frac{1}{2}(\Phi_x^2 + \Phi_z^2) - gz + \Phi_x^2$$

$$= \varphi_t + \frac{1}{2}(\varphi_x^2 - \varphi_z^2) - gz = U\varphi_x + U^2 + A,$$

且在上式中保留到二阶项,则有

$$\overline{\frac{Q_1}{\rho}} = \overline{\int_{-h}^{\zeta}\left(\frac{p}{\rho} + \Phi_x^2\right)\mathrm{d}z} = \overline{\zeta(\varphi_t)_{z=0}} + \frac{1}{2}\overline{\int_{-h}^{0}(\varphi_x^2 - \varphi_z^2)\mathrm{d}z} - \frac{1}{2}g\overline{\zeta^2}$$

$$= U\overline{\zeta(\varphi_x)_{z=0}} + \frac{1}{2}gh^2 + hU^2 + hA, \qquad (5.2.18)$$

其中

$$\overline{\zeta(\varphi_t)_{z=0}} = \frac{a^2\omega\omega_1}{k}\operatorname{cth} kh\,\overline{\cos^2\theta} = \frac{a^2\omega\omega_1}{2k}\operatorname{cth} kh = \frac{ga^2}{2}\left(1+\frac{U}{c}\right),$$

$$\overline{(\varphi_x^2 - \varphi_z^2)} = a^2\omega^2\frac{\operatorname{ch}^2 k(h+z)}{\operatorname{sh}^2 kh}\overline{\cos^2\theta} - a^2\omega^2\frac{\operatorname{sh}^2 k(h+z)}{\operatorname{sh}^2 kh}\overline{\sin^2\theta}$$

$$= \frac{a^2\omega^2}{2\operatorname{sh}^2 kh} = \frac{ga^2 k}{\operatorname{sh} 2kh},$$

$$\overline{\frac{1}{2}\int_{-h}^{0}(\varphi_x^2 - \varphi_z^2)\mathrm{d}z} = \frac{ga^2 kh}{2\operatorname{sh} 2kh} = Ah = \frac{E}{\rho}\left(\frac{c_g}{c} - \frac{1}{2}\right),$$

$$\frac{1}{2}g\,\overline{\zeta^2} = \frac{ga^2}{4},$$

$$\overline{-\zeta(\varphi_x)_{z=0}} = \frac{E}{\rho c}。$$

将以上各式一起代入(5.2.18)式,合并以后得

$$\overline{Q}_1 = E\left(\frac{1}{2} + \frac{2kh}{\operatorname{sh} 2kh}\right) + \frac{1}{2}\rho gh^2 + \rho hU^2 + \frac{2EU}{c} \qquad (5.2.19)$$

$$= E\left(\frac{2c_g}{c} - \frac{1}{2}\right) + \frac{1}{2}\rho gh^2 + \rho h U U_m + \frac{EU}{c}。$$

对于深水波($kh \gg 1$),因为 $c_g = \dfrac{c}{2}$,所以 $A=0$,在省略与波动无关的项 $\dfrac{\rho gh^2}{2}$,ρhU^2 后,(5.2.19)式可写为

$$\overline{Q}_1 = \frac{E}{2} + \frac{2EU}{c}。 \qquad (5.2.20)$$

当 $U=0$ 时,(5.2.19)式为

$$\overline{Q}_1 - \frac{1}{2}\rho gh^2 = E\left(\frac{2c_g}{c} - \frac{1}{2}\right)S_x。 \qquad (5.2.20')$$

S_x 表示由于波动而引起的动量通量的增加。利用(5.2.17)式,(5.2.16)式可写为

$$\frac{\partial \overline{Q}_0}{\partial t} + \frac{\partial S_x}{\partial x} = 0。 \qquad (5.2.21)$$

上述的 S_x 以及(5.2.8)式的 S_y 都称为辐射应力,我们在第八章中将较为详细地讨论这一物理量。

5-2-3 能量守恒

把上述的 $|\zeta|$ 记为 H,且把势能的基准面取在 $z=-H$ 处,则在所考虑的狭条中,波动的总能量为

$$P_2 = \int_{-h}^{\zeta} \left\{ \frac{1}{2}\rho(\Phi_x^2+\Phi_y^2) + \rho g(z+H) \right\} dz。$$

将上式从底部至自由面取平均后,有

$$\overline{\frac{P_2}{\rho}} = \overline{\int_{-h}^{\zeta}\left\{\frac{1}{2}U^2 - U\varphi_x + \frac{1}{2}(\varphi_x^2+\varphi_z^2) + g(z+H)\right\}dz}$$

$$= \frac{1}{2}hU^2 - U\overline{\zeta(\varphi_x)_{z=0}} + \frac{1}{2}\overline{\int_{-h}^{0}(\varphi_x^2+\varphi_z^2)dz} + \frac{1}{2}g\overline{\zeta^2} - \frac{1}{2}gh^2 + gHh。$$

与以前作同样的计算,得

$$\overline{P_2} = \frac{1}{2}\rho h U^2 + \frac{EU}{c} + E + \rho g h\left(H - \frac{h}{2}\right)。 \tag{5.2.22}$$

注意到(5.2.13)式,有

$$U\left(\frac{1}{2}\rho h U + \frac{E}{c}\right) = \left(U_m - \frac{E}{\rho h c}\right)\left(\frac{1}{2}\rho h U_m + \frac{E}{2c}\right)$$

$$= \frac{1}{2}\rho h U_m^2 + O(E^2),$$

所以

$$\overline{P_2} = \frac{1}{2}\rho h U_m^2 + \rho g h\left(H - \frac{h}{2}\right) + E。 \tag{5.2.23}$$

另一方面能量通量 Q_2 为

$$Q_2 = -\int_{-h}^{\zeta}\left\{p + \frac{1}{2}\rho(\Phi_x^2+\Phi_y^2) + \rho g(z+H)\right\}\Phi_z dz。$$

使用(5.2.9)式后有

$$Q_2 = -\rho\int_{-h}^{\zeta}\left(A + \varphi_t + \frac{U^2}{2} + gH\right)(-U+\varphi_x)dz。 \tag{5.2.24}$$

现计算 $\overline{Q_2}$。因为

$$\overline{\int_{-h}^{\zeta}\left(A + \frac{U^2}{2} + gH\right)(U-\varphi_x)dz}$$

$$= \left(A + \frac{U^2}{2} + gH\right)\left(hU - \overline{\zeta(\varphi_x)_{z=0}}\right)$$

$$= \left(A + \frac{U^2}{2} + gH\right)\left(hU + \frac{E}{\rho c}\right),$$

而且 $AE = O(E^2) = O(a^4)$，故可省略 AE 这一项。同时

$$\overline{\int_{-h}^{\zeta} \varphi_t(U-\varphi_x)\mathrm{d}z} = U\overline{\zeta(\varphi_t)_{z=0}} - \overline{\int_{-h}^{0}\varphi_t\varphi_x \mathrm{d}z} + O(a^3),$$

$$U\overline{\zeta(\varphi_t)_{z=0}} = a^2\omega\omega_1 \mathrm{cth}\frac{kh}{2k} = \frac{ga^2}{2} + \frac{a^2 gU}{2c} = \frac{\left(E+\dfrac{EU}{c}\right)}{\rho}.$$

又

$$\begin{aligned}
-\overline{\int_{-h}^{0}\varphi_t\varphi_x\mathrm{d}z} &= \frac{a^2\omega^2\omega_1}{k}\int_{-h}^{0}\frac{\mathrm{ch}^2 k(h+z)}{\mathrm{sh}^2 kh}\overline{\cos^2\theta}\mathrm{d}z \\
&= \frac{a^2 gkh}{2\mathrm{sh}\,kh}\left(1+\frac{\mathrm{sh}\,2kh}{2kh}\right)(U+c) = \frac{Ec_g}{\rho}\left(1+\frac{U}{c}\right),
\end{aligned}$$

则由(5.2.24)式得

$$\overline{Q}_2 = \left(A+\frac{U^2}{2}+gH\right)\left(\rho hU+\frac{E}{c}\right) + E(U+c_g) + \frac{EU^2}{C} + EU\frac{c_g}{c}.$$

使用(5.2.13)式后，有

$$\rho hU + \frac{E}{c} = \rho hU_m,$$

$$\frac{U^2}{2} = \frac{U_m^2}{2} - \frac{U_m E}{\rho hc} + O(a^4),$$

$$EU^2 = EU_m^2 + O(a^4),$$

$$EU\frac{c_g}{c} = EU_m\frac{c_g}{c} + O(a^4).$$

如果去掉 $O(a^4)$ 的项的话，则

$$\overline{Q}_2 = \rho hU_m\left(\frac{U_m^2}{2}+gH\right) + EU_m\left(\frac{2c_g}{c}-\frac{1}{2}\right) + E(U+c_g). \quad (5.2.25)$$

对上述控制体中的流体使用能量守恒法则，有

$$\frac{\partial}{\partial t}\int\rho\left(\frac{V^2}{2}+U^*\right)\mathrm{d}v + \nabla\cdot\int V\left\{\left(\frac{V^2}{2}+U^*\right)+p\right\}\mathrm{d}S = 0,$$

其中 $U^* = g(z+H)$。对上式求平均就得到

$$\frac{\partial \overline{P}_2}{\partial t} + \frac{\partial \overline{Q}_2}{\partial x} = 0. \quad (5.2.26)$$

5-2-4 一个例子

这里，我们给出一个从底部补充水的例子，以说明守恒关系式的应用。假设

均匀流虽然不随深度变化,但沿波传播方向(取为 x 轴)缓慢变化,因此,水平方向的流量因从底部有水流入而发生变化。

现在来考虑底部是水平的这种情况。

通过底部流入的水立刻流向水平方向而具有速度 U^*,这个 U^* 可近似地认为就等于 U_m。如图 5-2 所示,从垂直于 x 轴且仅相距 δx 的两壁之间的底部流入的水通量应为 $\delta \overline{Q}_0 = \delta(\rho h U_m)$,根据(5.2.19)式,在取 $UU_m \approx U_m^2$ 后,就有

$$\delta\left(\rho h U_m^2 + \frac{1}{2}\rho g h^2 + S_x\right) = U^* \delta(\rho h U_m)。 \qquad (5.2.27)$$

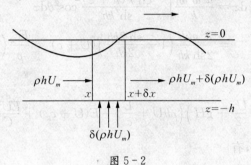

图 5-2

从底部流入的水不仅使动能增加了 $U^{*2}\delta\dfrac{\rho h U_m}{2}$,而且还克服底部的静水压力 gh 做了功,所做的功为 $\rho g h \delta(h U_m)$。我们来考察能量平衡。根据(5.2.25)式,设 $H=h$,c_g 为当地群速度,则对于每一单位宽度,有

$$\delta\left\{\frac{1}{2}\rho h U_m^3 + \rho g h^2 U_m + U_m S_x + E(U_m + c_g)\right\} = \left(\frac{1}{2}U^{*2} + gh\right)\delta(\rho h U_m)。$$
$$\qquad (5.2.28)$$

将(5.2.27)式的两边乘以 U_m,再分别从(5.2.28)式中减去,因为

$$\delta(U_m S_x) - U_m \delta S_x = S_x \delta U_m,$$

所以

$$\delta\{E(U_m + c_g)\} + S_x \delta U_m = \frac{1}{2}(U^* - U_m)^2 \delta(\rho h U_m)。 \qquad (5.2.29)$$

在此 $U^* - U_m = O(E)$,同时 $U_m = U + O(E)$,故在省略 $O(a^4)$ 后,得

$$\frac{\partial}{\partial x}\{E(U + c_g)\} + S_x \frac{\partial U}{\partial x} = 0。 \qquad (5.2.30)$$

这里应该注意的是,从底部补充的水不能太急,水的速度与 U_m 的差应是 $O(a^2)$ 量级,这样 U 沿 x 轴的变化才比较缓慢,即(5.2.1)式的条件才能满足。当运动

为定常时,由(5.2.30)式我们还可以看到:当沿 x 方向的流动有变化时,辐射应力 S_x 就做了功,这个功能使波发生变化。(5.2.30)式最早是由 Longuet-Higgins 和 Higgins 和 Stewart 得到的,为了容易理解,我们在此使用了 Whitham(1962)的推导方法。

这一节的内容取自文献[13],在文献[13]中还给出了另外一些例子,可供参阅。

§5-3 在非均匀流动中的波动解

对于在静水中传播、波数为 k 的线性行波来说,由于波幅是不变的,因此只要知道了色散关系式 $\omega = \omega(k)$,就可得

$$\eta = \eta_0 e^{i(kx-\omega(k)t)}.$$

这样,问题就完全确定了,其中色散关系式是显函数。

但是,在非均匀流动中,线性行波的色散关系式要复杂得多,频率 ω 不仅是波数 k 的函数,而且还与流速有关。在下面的讨论中,我们可以通过求二阶常微分方程的特征值和特征函数来求非均匀流动中的波动解。

5-3-1 幂级数求解法

这里,我们把未知函数(流函数)展开成关于垂直坐标 y 的幂级数来求解。

在实际流动中,流速一般不为常数,此处,我们在流速为 $U(y)$ 的假定下来求线性波动解。考察二维波动,建立如图 5-3 所示的坐标系,底部水平且位于 $y = -h$ 处;流动中,除了流速 $U(y)$ 外,还有扰动速度,扰动速度在 x 方向和 y 方向上的分量分别为 u 和 v,u、v 均为小量。这时,线性化连续性方程为

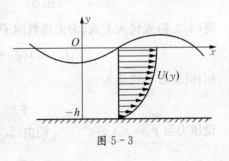

图 5-3

$$\frac{\partial u}{\partial x} + \frac{\partial v}{\partial y} = 0. \qquad (5.3.1)$$

经线性化后的运动方程(撇号"′"表示对 y 的导数)为

$$\frac{\partial u}{\partial t} + U\frac{\partial u}{\partial x} + vU' = -\frac{1}{\rho}\frac{\partial p}{\partial x}, \qquad (5.3.2)$$

$$\frac{\partial v}{\partial t} + U\frac{\partial v}{\partial x} = -\frac{1}{\rho}\frac{\partial p}{\partial y}, \qquad (5.3.3)$$

其中 p 为扰动压力,当然也是小量。在自由面 $y = 0$ 上的运动学条件为

$$v = \frac{\partial \eta}{\partial t} + U \frac{\partial \eta}{\partial x}. \qquad (5.3.4)$$

自由面上的动力学条件假设为 $\frac{Dp}{Dt} = 0$，该式展开后，为

$$\frac{\partial p}{\partial t} + U \frac{\partial p}{\partial x} - \rho g v = 0. \qquad (5.3.5)$$

在底面 $y = -h$ 处的边界条件为

$$v = 0.$$

在求解时假设波为正弦波，即

$$\eta = a e^{ik(x-ct)}. \qquad (5.3.6)$$

流函数记为

$$\psi = \varphi(y) e^{ik(x-ct)}. \qquad (5.3.7)$$

根据定义 $u = \frac{\partial \psi}{\partial y}$，$v = -\frac{\partial \psi}{\partial x}$。将(5.3.2)式关于 y 求导，将(5.3.3)式关于 x 求导，在将所得到的两个式子的两边分别相减后消去压力 p，再利用(5.3.1)式可得

$$\frac{\partial^2 U}{\partial t \partial y} + U \frac{\partial^2 U}{\partial x \partial y} + v U'' - \frac{\partial^2 v}{\partial t \partial x} - U \frac{\partial^2 v}{\partial x^2} = 0.$$

将(5.3.7)式代入上式，消去指数因子 $e^{ik(x-ct)}$ 后可得

$$(U-c)(\varphi'' - k^2 \varphi) - U'' \varphi = 0. \qquad (5.3.8)$$

同样(5.3.4)式化为

$$\varphi = a(U-c). \qquad (5.3.9)$$

设压力为 $p = p_0(y) e^{ik(x-ct)}$，则由(5.3.5)式可得

$$p_0 = \frac{\rho g \varphi}{U-c}.$$

此外，还要利用动量方程，例如，由(5.3.2)式可得

$$\frac{p_0}{\rho} = (U-c) \varphi' - \varphi U'.$$

把上面两式联立起来可得

$$(U-c)[(U-c)\varphi' - \varphi U'] = g\varphi \quad (y=0). \qquad (5.3.10)$$

在底面处，应有

$$\varphi = 0 \quad (y = -h)_{\circ} \tag{5.3.11}$$

为了能从方程(5.3.8)和边界条件(5.3.10)及(5.3.11)求得非零的未知函数φ,则(5.3.7)式中的波速 c 就不能随便选取。这是一个常微分方程的特征值问题,其中φ为特征值。方程(5.3.8)称为 Rayleigh 方程,是由 Rayleigh 最早导得的。

为明确起见,我们假设速度分布满足抛物线规律,即

$$U(y) = \frac{U_0}{h^2}(h^2 - y^2)_{\circ} \tag{5.3.12}$$

将$\varphi(y)$在 $y=0$ 附近展开成幂级数,但为简单起见只取 10 项,即

$$\varphi(y) = A_0 + A_2 y^2 + A_4 y^4 + A_6 y^6 + A_8 y^8 + A_1 y + A_3 y^3 + A_5 y^5 + A_7 y^7 + A_9 y^9_{\circ} \tag{5.3.13}$$

将(5.3.12)式代入方程(5.3.8)后,有

$$\left(\beta - \frac{y^2}{h}\right)(\varphi'' - k^2\varphi) + \frac{2}{h^2}\varphi = 0,$$

其中 $\beta = 1 - \dfrac{c}{U_0}$。再整理为

$$P\varphi + \frac{k^2}{\beta h^2} y\varphi + \varphi'' - \frac{1}{\beta h^2} y^2 \varphi'' = 0,$$

其中 $P = \dfrac{2}{\beta h^2} - k^2$。然后将 φ 的多项式(5.3.13)代入上式,并比较 y 各次幂的系数可得

$$y^0 : PA_0 + 2A_2 = 0,$$

$$y^1 : PA_1 + 6A_3 = 0,$$

$$y^2 : PA_2 + \frac{k^2}{\beta h^2} A_0 + 12 A_4 - \frac{2}{\beta h^2} A_2 = 0,$$

$$y^3 : PA_3 + \frac{k^2}{\beta h^2} A_1 + 20 A_5 - \frac{6}{\beta h^2} A_3 = 0,$$

$$y^4 : PA_4 + \frac{k^2}{\beta h^2} A_2 + 30 A_6 - \frac{12}{\beta h^2} A_4 = 0,$$

$$y^5 : PA_5 + \frac{k^2}{\beta h^2} A_3 + 42 A_7 - \frac{20}{\beta h^2} A_5 = 0,$$

$$y^6 : PA_6 + \frac{k^2}{\beta h^2} A_4 + 56 A_8 - \frac{30}{\beta h^2} A_6 = 0,$$

$$y^7 : PA_7 + \frac{k^2}{\beta h^2} A_5 + 72 A_9 - \frac{42}{\beta h^2} A_7 = 0,$$

$$y^8: PA_8 + \frac{k^2}{\beta h^2}A_6 - \frac{56}{\beta h^2}A_8 = 0,$$

$$y^9: PA_9 + \frac{k^2}{\beta h^2}A_7 - \frac{72}{\beta h^2}A_9 = 0。$$

最后两个方程是近似的,因为其中忽略了 $A_{10}y^{10}$ 和 $A_{11}y^{11}$ 的影响。由(5.3.9)式及上述第一个方程可得

$$A_0 = a(U_0 - c) \text{ 和 } A_2 = -\frac{P}{2}A_0。$$

由上述第三个方程得

$$A_4 = \frac{1}{12}\left(\frac{P^2}{2} - \frac{2}{\beta^2 h^4}\right)A_0。$$

同样可得

$$A_6 = \left(-\frac{P^3}{720} + \frac{7}{180}\frac{P}{\beta^2 h^4} - \frac{1}{15}\frac{1}{\beta^3 h^5}\right)A_0,$$

$$A_8 = \left(-\frac{P^4}{40\,320} + \frac{11}{5\,040}\frac{P^2}{\beta^2 h^4} - \frac{2}{105}\frac{P}{\beta^3 h^5} - \frac{5}{168}\frac{1}{\beta^4 h^8}\right)A_0。$$

再以 A_1 为参数,直接可得

$$A_3 = -\frac{P}{6}A_1,$$

以及

$$A_5 = \left(\frac{P^2}{120} - \frac{1}{10}\frac{1}{\beta^2 h^4}\right)A_1,$$

$$A_7 = \left(-\frac{P^3}{5\,040} + \frac{13}{1\,260}\frac{P}{\beta^2 h^4} - \frac{1}{21}\frac{1}{\beta^3 h^6}\right)A_1,$$

$$A_9 = \left(\frac{P^4}{362\,880} + \frac{17}{45\,360}\frac{P^2}{\beta^2 h^4} + \frac{1}{189}\frac{P}{\beta^3 h^6} - \frac{1}{40}\frac{1}{\beta^4 h^8}\right)A_1。$$

利用 $y = -h$ 时 $\varphi = 0$ 的条件得

$$A_0 + A_2 h^2 + A_4 h^4 + A_6 h^6 + A_8 h^8 = A_1 h + A_3 h^3 + A_5 h^5 + A_7 h^7 + A_9 h^9。$$

(5.3.14)

将 A_2, A_4, A_6 和 A_8 的表达式代入上式的左端后,便有

$$A_0\left[1 - \frac{Q}{2\beta} + \left(\frac{1}{24}Q^2 - \frac{1}{6}\right)\frac{1}{\beta^2} + \left(-\frac{1}{720}Q^3 + \frac{7}{180}Q - \frac{1}{15}\right)\frac{1}{\beta^3} + \left(\frac{1}{46\,320}Q^4 + \frac{11}{5\,040}Q^2 + \frac{2}{105}Q - \frac{5}{168}\right)\frac{1}{\beta^4}\right] = A_0 P_1,$$

其中记 P_1 为方括号中的函数。再将 A_3, A_5, A_7 和 A_9 的表达式代入上式的右端后,得到

$$A_1 h \left[1 - \frac{1}{6}\frac{Q}{\beta} + \left(\frac{Q^2}{120} - \frac{1}{10}\right)\frac{1}{\beta^2} + \left(-\frac{Q^3}{5\,040} + \frac{13}{1\,260}Q - \frac{1}{21}\right)\frac{1}{\beta^3} + \left(\frac{Q^4}{362\,880} + \frac{17Q^2}{45\,360} + \frac{Q}{189} - \frac{1}{40}\right)\frac{1}{\beta^4} \right] = A_1 h P_2,$$

其中记 P_2 为方括号中的函数。P_1 和 P_2 中的 Q 均为 $Ph^2\beta$。因此,由(5.3.14)式得出

$$A_1 = \frac{A_0}{h}F, \tag{5.3.15}$$

其中 $F = \dfrac{P_1}{P_2}$。当 h 和 U_0 给定后,F 仅为 β 和 k 的函数,故 $F = F(\beta, k)$。再利用边界条件(5.3.10),就得

$$(U_0 - c)[(U_0 - c)A_1] = gA_0。$$

将上式与(5.3.15)式联立后可得

$$F(\beta, k)U_0^2\left(1 - \frac{c}{U_0}\right)^2 = gh,$$

即

$$\beta^2 F(\beta, k) = \frac{gh}{U_0^2}。 \tag{5.3.16}$$

从(5.3.16)式可知,对于给定的波数 k 可求得 β,再通过 $\beta = 1 - \dfrac{c}{U_0}$ 可求出 c。然后,将相应的 $A_i(i = 0, 1, \cdots, 9)$ 代入(5.3.13)式便可求得 φ。这样,就可求出特征函数 φ 和特征值 c(或 $\omega = kc$)。

5-3-2 渐近级数求解法

上面,我们把流函数的幅值部分展开成关于 y 的幂级数来求解,为了保证该级数的收敛性,级数可能要取很多项,这样,给求解带来了麻烦。这里,我们把这幅值部分展开成渐近级数来求解,级数的项数比幂级数的项数可少得多。为此,先引进无量纲深度 ξ 和无量纲速度 V,即

$$\xi = \frac{y}{h}, \quad V = \frac{U}{c},$$

则未知函数 $\varphi(y) = \varphi(h\xi) = \phi(\xi)$,$\phi(\xi)$ 应满足方程(5.3.8),即

$$(V-1)(\phi^{**} - \mu^2\phi) - V^{**}\phi = 0 \quad (-1 < \xi < 0)。 \tag{5.3.17}$$

边界条件(5.3.11)和(5.3.10)分别为
$$\phi = 0 \quad (\xi = -1), \tag{5.3.18}$$
$$(V-1)[(V-1)\phi^* - V^*\phi] = \frac{\phi}{\bar{c}^2} \quad (\xi = 0), \tag{5.3.19}$$

其中 $\bar{c} = \dfrac{c}{\sqrt{gh}}$，$\mu = kh$ 为无量纲波数，"*"表示对 ξ 的导数。这里需要求解的常微分方程的本征值问题是由条件(5.3.17)~(5.3.19)构成的，为了求得非零的解 ϕ(本征函数)，在定解条件中的 $\bar{c}$(本征值)就不能任意选取。

假定速度剖面为抛物线形状，这是因为通常在水力坡度作用下的河道中的流动，其速度剖面虽然较为复杂，但可以用抛物线来近似，故
$$V(\xi) = D\sqrt{1+\xi}, \tag{5.3.20}$$
其中
$$D = \frac{U_0}{c}, \tag{5.3.21}$$

U_0 为自由面处的流速。

我们把 μ 作为小参数，再把二阶方程(5.3.17)的两个特解 ϕ_1 和 ϕ_2 展开成关于 μ 的渐近级数[14]
$$\phi_1 = (V-1)[G_0(\xi) + \mu^2 G_2(\xi) + \cdots], \tag{5.3.22}$$
$$\phi_2 = (V-1)[\mu H_1(\xi) + \mu^3 H_3(\xi) + \cdots]. \tag{5.3.23}$$

先把(5.3.22)式代入(5.3.17)式并比较 μ 的同次幂项的系数，就可得一系列递推关系式
$$(V-1)G_0^{**} + 2V^* G_0^* = 0, \tag{5.3.24}$$
$$(V-1)^2 G_2^{**} + 2(V-1)V^* G_2^* - (V-1)^2 G_0 = 0, \tag{5.3.25}$$
$$\cdots\cdots$$

由(5.3.24)式知道 G_0 可取为常数，不妨取 $G_0 = 1$。由(5.3.25)式可得
$$((V-1)^2 G_2^*)^* = (V-1)^2.$$

积分一次，有
$$(V-1)^2 G_2^* = -\int_\xi^0 (V-1)^2 d\xi.$$

在此已假定了 $G_2^*(0) = 0$。再积分一次，有
$$G_2 = \int_\xi^0 \frac{1}{(V-1)^2}\left(\int_\xi^0 (V-1)^2 d\xi_1\right) d\xi_2, \tag{5.3.26}$$

其中也假定了 $G_2(0) = 0$。

再把(5.3.23)式代入(5.3.17)式,同样可得

$$(V-1)^2 H_1^{**} + 2V^*(V-1)H_1^* = 0, \quad (5.3.27)$$

$$(V-1)^2 H_3^{**} + 2V^*(V-1)H_3^* - (V-1)^2 H_1 = 0, \quad (5.3.28)$$

……

(5.3.27)式可化为

$$((V-1)^2 H_1^*)^* = 0。$$

故

$$H_1 = -\int_\xi^0 \frac{d\xi_1}{(V-1)^2}, \quad (5.3.29)$$

其中也设 $H_1(0) = 0$。同样,(5.3.28)式可化为

$$((V-1)^2 H_3^*)^* = (V-1)^2 H_1,$$

从而

$$H_3 = -\int_\xi^0 \frac{1}{(V-1)^2} \left(\int_{\xi_2}^0 (V-1)^2 \left(\int_{\xi_3}^0 \frac{d\xi_1}{(V-1)^2} \right) d\xi_2 \right) d\xi_3, \quad (5.3.30)$$

其中也假设 $H_3(0) = H_3^*(0) = 0$。由于我们只考虑 $|V|<1$ 这种非临界情况,因此,上述各积分都不包含奇性。

这里,我们并不考虑级数(5.3.22)和(5.3.23)中更高阶的项,于是,本征函数 ϕ 就为

$$\phi = -C_1 \phi_1 - C_2 \phi_2$$
$$= C_1(1-V)[1+\mu^2 G_2] + C_2(1-V)[\mu H_1 + \mu^3 H_3]。 \quad (5.3.31)$$

利用边界条件(5.3.18),有

$$C_1[1+\mu^2 G_2(-1)] + C_2[\mu H_1(-1) + \mu^3 H_3(-1)] = 0。 \quad (5.3.32)$$

再利用边界条件(5.3.19),有

$$(D-1)\left[(D-1)\phi^*(0) - \frac{D}{2}\phi(0)\right] - \frac{1}{c^2}\phi(0) = 0。 \quad (5.3.33)$$

直接由(5.3.31)式得到

$$\phi(0) = C_1(1-D),$$

$$\phi^*(0) = -\frac{D}{2}C_1 + \frac{\mu}{1-D}C_2。$$

将上式代入(5.3.33)式,可得

$$-\frac{C_1}{c^2} + \mu C_2 = 0。 \quad (5.3.34)$$

联立(5.3.32)和(5.3.34)式，由于 C_1 和 C_2 不能同时为零，因此本征方程为

$$\begin{vmatrix} 1+\mu^2 G_2(-1) & H_1(-1)+\mu^2 H_3(-1) \\ -\dfrac{1}{c^2} & 1 \end{vmatrix} = 0, \quad (5.3.35)$$

即

$$1 + \mu^2 G_1(-1) + \frac{1}{c^2}[H_1(-1) + \mu^2 H_3(-1)] = 0。 \quad (5.3.36)$$

对于给定的 k 和 U_0，要从上式求出相应的 c 时，实际上只须计算 $G_2(-1)$，$H_1(-1)$ 和 $H_3(-1)$ 即可。

现在来讨论 $U_0 = 0$ 的特例。这时由(5.3.26)式可得

$$G_2(-1) = \frac{1}{2!},$$

一般式可为

$$G_{2n}(-1) = \frac{1}{(2n)!} \quad (n = 1, 2, \cdots)。$$

由(5.3.29)式和(5.3.30)式可得

$$H_1(-1) = -\frac{1}{1!} \text{ 和 } H_3(-1) = -\frac{1}{3!},$$

一般式可为

$$H_{2n+1}(-1) = -\frac{1}{(2n+1)!} \quad (n = 0, 1, 2, \cdots)。$$

因此，一般形式的本征方程(5.3.36)不难修正为

$$\sum_{n=0}^{\infty} \frac{\mu^{2n}}{(2n)!} - \frac{1}{c^2 \mu} \sum_{n=0}^{\infty} \frac{\mu^{2n+1}}{(2n+1)!} = 0 \quad (\mu < 1),$$

即

$$c^2 = \frac{g}{k} \text{th} kh。 \quad (5.3.37)$$

上式就是静水中小振幅波的色散关系式。这就是说，当 $U_0 = 0$ 时，由(5.3.22)式和(5.3.23)式所定义的渐近级数可求得精确的结果。

下面，我们假定 $U_0 \neq 0$。首先按照(5.3.29)式求出 $H_1(-1)$ 为

$$H_1(-1) = -\int_{-1}^{0} \frac{\mathrm{d}\xi_1}{(1-D\sqrt{\xi_1+1})^2}。$$

作变换 $x_1 = \sqrt{\xi_1+1}$,则

$$H_1(-1) = -2\int_{0}^{1} \frac{x_1 \mathrm{d}x_1}{(1-Dx_1)^2}$$

$$= -\frac{2}{D_2}\Big[\ln(1-D) + \frac{1}{1-D} - 1\Big]。 \quad (5.3.38)$$

再按照(5.3.26)式来求 $G_2(-1)$,则

$$G_2(-1) = \int_{-1}^{0} \frac{1}{(1-D\sqrt{\xi_2+1})^2}\Big(\int_{\xi_2}^{0}(1-D\sqrt{\xi_1+1})^2 \mathrm{d}\xi_1\Big)\mathrm{d}\xi。$$

也依次作变换 $x_i = \sqrt{\xi_i+1}$ ($i=1,2$),于是有

$$G_2(-1) = -2\Big(\frac{1}{2} - \frac{D}{3} + \frac{D^2}{4}\Big)H_1(-1) - 2\Big(J_2 - \frac{2D}{3}J_3 + \frac{D^2}{4}J_4\Big),$$
$$(5.3.39)$$

其中 $J_k = \int_{-1}^{0} \frac{(\sqrt{\xi_2+1})^k}{(1-D\sqrt{\xi_2+1})^2}\mathrm{d}\xi_2$,积分后有

$$J_2 = \frac{1}{D^2} + \frac{4}{D^3} + \frac{6}{D^4}\ln(1-D) + \frac{2}{D^3(1-D)}, \quad (5.3.40)$$

$$J_3 = \frac{2}{3D^2} + \frac{2}{D^3} + \frac{6}{D^4} + \frac{8}{D^5}\ln(1-D) + \frac{2}{D^4(1-D)}, \quad (5.3.41)$$

$$J_4 = \frac{1}{2D^2} + \frac{4}{3D^3} + \frac{3}{D^4} + \frac{8}{D^5} + \frac{10}{D^6}\ln(1-D) + \frac{2}{D^5(1-D)}。 \quad (5.3.42)$$

最后,再由(5.3.30)式来求 $H_3(-1)$,即有

$$H_3(-1) = -\int_{-1}^{0} \frac{1}{(1-D\sqrt{\xi_3+1})^2}\Big[\int_{\xi_3}^{0}(1-D\sqrt{\xi_3+1})^2 \cdot$$

$$\Big(\int_{\xi_2}^{0}\frac{\mathrm{d}\xi_1}{(1-D\sqrt{\xi_3+1})^2}\Big)\mathrm{d}\xi_2\Big]\mathrm{d}\xi_3$$

$$= N_2 \cdot H_1(-1) - H_1(-1) \cdot J_2 - \frac{4}{3D}\Big[2\ln(1-D) + \frac{2}{1-D} - 1\Big] \cdot J_3$$

$$+ \Big[\ln(1-D) + \frac{1}{1-D}\Big] \cdot J_4 + \frac{4}{D^4}\Big[\frac{L_1}{3} - \frac{L_2}{4}\Big] - \frac{4}{D^4}\Big[\frac{M_1}{9} - \frac{M_2}{16}\Big],$$

$$(5.3.43)$$

其中

$$N_2 = \frac{4}{D^2}\left[\ln(1-D) + \frac{1}{(1-D)}\right]\left(\frac{1}{2} - \frac{2D}{3} + \frac{D^2}{4}\right) -$$
$$\frac{4}{D^2}\left(\frac{1}{2} - \frac{D}{3}\right) + \frac{4}{D^4}\left[\frac{(1-D)^3}{3}\ln(1-D) - \right. \quad (5.3.44)$$
$$\left. \frac{(1-D)^3}{9} - \frac{(1-D)^4}{4}\ln(1-D) + \frac{(1-D)^4}{16}\right],$$

而

$$L_k = \int_{-1}^{0}(1 - D\sqrt{\xi_3+1})^k \ln(1 - D\sqrt{\xi_3+1})\,d\xi_3 \quad (k=1,2)。$$

通过计算上面积分,有

$$L_1 = -\frac{2}{D^2}\left[\frac{(1-D)^2}{2}\ln(1-D) - \frac{(1-D)^2}{4} - \right. $$
$$\left. \frac{(1-D)^3}{3}\ln(1-D) + \frac{(1-D)^3}{9} + \frac{5}{36}\right], \quad (5.3.45)$$

$$L_2 = -\frac{2}{D^2}\left[\frac{(1-D)^3}{3}\ln(1-D) - \frac{(1-D)^3}{3} - \right.$$
$$\left. \frac{(1-D)^4}{4}\ln(1-D) + \frac{(1-D)^4}{16} + \frac{7}{144}\right]。 \quad (5.3.46)$$

另外

$$M_k = \int_{-1}^{0}(1 - D\sqrt{\xi_3+1})^k \,d\xi_3 \quad (k=1,2)。$$

通过计算后,也有

$$M_1 = 1 - \frac{2}{3}D, \quad (5.3.47)$$
$$M_2 = 1 - \frac{4}{3}D + \frac{1}{2}D^2。 \quad (5.3.48)$$

可以证明(见本章末的附录):当 $D \to 0$ 时,(5.3.38)式、(5.3.39)式和(5.3.43)式分别趋于各自的极限值,即

$$H_1(-1) \to -1, \quad G_2(-1) \to \frac{1}{2}, \quad H_3(-1) \to -\frac{1}{6}。 \quad (5.3.49)$$

因此当 $D \to 0$ 时,(5.3.36)式就成为

$$\frac{c}{\sqrt{gh}} = \sqrt{\frac{1 + \frac{1}{6}\mu^2}{1 + \frac{1}{2}\mu^2}} = 1 - \frac{1}{6}\mu^2 + \frac{5}{72}\mu^4 + O(\mu^6)。$$

如果也保留前3项,则精确结果(5.3.37)就可以写为

$$\frac{c}{\sqrt{gh}} = 1 - \frac{1}{6}\mu^2 + \frac{19}{360}\mu^4 + O(\mu^6)。$$

可见两者相差甚微。

从上面的推导可知,渐近级数(5.3.22)和(5.3.23)只要求 μ 是小参数,而其中包含的 $D = \dfrac{U_0}{c}$ 可不必为小参数。因此,当波逆流传播时,即使流速和波速相差不大,解仍然有效。

下面我们再来说明一下所得的结果。在色散关系式(5.3.36)中,首先把 $\mu = kh$ 作为小参数,并将由此所建立起来的无量纲波速 $\dfrac{c}{c_0}$ 随无量纲流速 $\dfrac{U_0}{c_0}$(其中 $c_0 = \sqrt{gh}$)变化的函数关系曲线描绘在图 5-4 中,图中顺流波速和逆流波速(已取绝对值)分别用实线和虚线表示。由图 5-4 可知,对固定的 $\dfrac{U_0}{c_0}$,顺流波速要比逆流波速来得大,而且流速越大时这种现象越显著。此外,还可以看到 $\dfrac{c}{c_0}$ 和 $\dfrac{U_0}{c_0}$ 呈很好的线性关系。当 $\mu = 0.1$ 增加到 $\mu = 0.4$ 时,$\dfrac{c}{c_0} - \dfrac{U_0}{c_0}$ 曲线彼此的差别不大。当波逆流传播时,随着 $\left|\dfrac{U_0}{c_0}\right|$ 逐渐增大,比值 $\left|\dfrac{c}{c_0}\right|$ 也逐渐增大,当该值约大于 $\dfrac{1}{4}$ 后,由于此时波可能发生破碎,因此我们就不再考虑了。

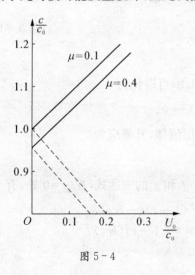

图 5-4

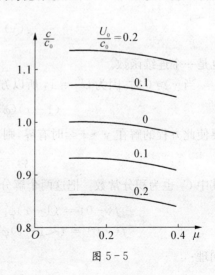

图 5-5

其次,将 $\dfrac{U_0}{c_0}$ 作为参数,并将所建立起来的 $\dfrac{c}{c_0}$ 随 μ 变化的曲线描绘在图 5-5

中。从图 5-5 中可见,$\dfrac{c}{c_0}$ 随 μ 增大而略有减小。同时,对于同一个 μ 值,顺流波速要比逆流波速来得大,而且,当流速增大时这种现象更明显。

5-3-3 两个精确解

在前面的讨论中,我们所得到的两个结果都是近似解。当情况较为简单时,Rayleigh 方程(5.3.8)可以有精确解。下面,我们先来讨论 Kelvin‑Helmholtz 稳定性问题(这一问题以后在§6-1 中还要详细讨论)。这里,我们不考虑表面张力,也不考虑密度差,而仅考虑速度差。设上、下层流体的速度分别为 $U' = 1$ 和 $U = -1$,那么我们可以证明:该流动对于任何 $k > 0$ 的波数的扰动都是不稳定的。

为此,我们把方程(5.3.8)改写为

$$\frac{\mathrm{d}}{\mathrm{d}y}[(U-c)\varphi' - U'\varphi] = k^2(U-c)\varphi。$$

上式右端部分是一个有界函数,故

$$f(y) = (U-c)\varphi' - U'\varphi \tag{5.3.50}$$

为一连续函数。另外,上式还可以化为

$$\frac{\mathrm{d}}{\mathrm{d}y}\left(\frac{\varphi}{U-c}\right) = \left(\frac{f(y)}{(U-c)^2}\right)。$$

因为一般约定 $|U| < c$,所以上式右端部分也是一个有界函数,从而

$$g(y) = \frac{\varphi}{U-c} \tag{5.3.51}$$

也是一个连续函数。

当 $y > 0$ 时,因为 $U' = 1$,所以方程(5.3.8)可以化为

$$(1-c)(\varphi'' - k^2\varphi) = 0。$$

要使此方程的解在 $y \to +\infty$ 时有界,则对于上层流体,其解应为

$$\varphi_2 = C_2 \mathrm{e}^{-ky},$$

其中 C_2 也为积分常数。把这两个解分别代入 f 和 g 的表达式,在 $y = 0$ 处,有

$$f(+0) = (1-c)\varphi_1'|_{y=+0} = (1-c)(-kc_1),$$
$$f(-0) = (-1-c)\varphi_2'|_{y=-0} = (-1-c)(kc_2)。$$

同理

$$g(+0) = \frac{C_1}{1-C}, \quad g(-0) = \frac{C_2}{-1-C}。$$

利用函数 f 和 g 在 $y=0$ 处的连续性,就可得
$$-(1-c)C_1+(1+c)C_2=0,$$
$$(1+c)C_1+(1-c)C_2=0.$$

因此 C_1 和 C_2 不能同时为零,故
$$\begin{vmatrix} -(1-c) & 1+c \\ 1+c & 1-c \end{vmatrix}=0.$$

解此特征方程得 $c=\pm\mathrm{i}$。因为包含了 $c_i>0$(c_i 为特征值的虚部)的特征值,故上述的剪切流动对于任一 $k>0$ 的波数的扰动都是不稳定的,这与以后的结论是一致的。

现在我们再来讨论另外一个例子:当风从水面上吹过时,由于水的黏性作用,在上层水域中会形成一种剪切流动;而在下层水域中流体仍保持静止状态。这种流动中的波动问题也可以求得精确解。

建立如图 5-6 所示的坐标系,这时,上、下层流体的分界面在 $y=-d$ 处,表面处的流速为 U_0,故流速分布为

$$U(y)=\begin{cases}\dfrac{U_0}{d}(y+d) & (-d\leqslant y\leqslant 0),\\ 0 & (-h\leqslant y<-d).\end{cases}$$

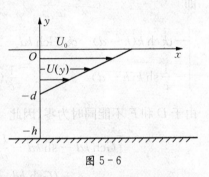

图 5-6

我们利用方程(5.3.8)和边界条件(5.3.10)以及(5.3.11)来求解剪切流动问题。这时,(5.3.8)式简化为
$$\varphi''-k^2\varphi=0.$$

故满足(5.3.11)式的下层解 φ_2 可取为
$$\varphi_2=D\operatorname{sh}k(y+h).$$

我们把上层解 φ_1 取为
$$\varphi_1=E\operatorname{sh}ky+F\operatorname{ch}ky.$$

利用边界条件(5.3.10)可得 $E=GF$,其中
$$G=\frac{(U_0-c)\dfrac{U_0}{d}+g}{k(U_0-c)^2}.$$

故
$$\varphi_1=F(G\operatorname{sh}ky+\operatorname{ch}ky).$$

φ_1 中的 F 和 φ_2 中的 D 都是任意常数，下面就来确定这两个常数。显然，由 (5.3.50)式和(5.3.51)式分别定义的两个函数 f 和 g 也必在 $y=-d$ 处都连续。现在分别计算在 $y=-d$ 处的左、右极限值 f_2, g_2 和 f_1, g_1。这时

$$f_2 = f|_{y=-d-0} = [-ck\,\mathrm{ch}\,k(h-d)]D,$$

$$g_2 = g|_{y=-d-0} = \left[-\frac{1}{c}\,\mathrm{sh}\,k(h-d)\right]D,$$

$$f_1 = f|_{y=-d+0} = \left[-ck(G\,\mathrm{ch}\,kd - \mathrm{sh}\,kd) + \frac{U_0}{d}(G\,\mathrm{sh}\,kd - \mathrm{ch}\,kd)\right]F,$$

$$g_1 = g|_{y=-d+0} = -\frac{1}{c}(-G\,\mathrm{sh}\,kd + \mathrm{ch}\,kd)F。$$

由函数 f 和 g 的连续性，可得

$$f_1 = f_2, \quad g_1 = g_2,$$

即

$$\begin{pmatrix} -ck\,\mathrm{ch}\,k(h-d) & ck(G\,\mathrm{ch}\,kd - \mathrm{sh}\,kd) - \dfrac{U_0}{d}(G\,\mathrm{sh}\,kd - \mathrm{ch}\,kd) \\ -\dfrac{1}{c}\mathrm{sh}\,k(h-d) & \dfrac{1}{c}(-G\,\mathrm{sh}\,kd + \mathrm{ch}\,kd) \end{pmatrix} \cdot \begin{pmatrix} D \\ F \end{pmatrix} = \begin{pmatrix} 0 \\ 0 \end{pmatrix}。$$

由于 D 和 F 不能同时为零，因此

$$\left[G\,\mathrm{ch}\,kd - \mathrm{sh}\,kd - \frac{U_0}{ck}(G\,\mathrm{sh}\,kd - \mathrm{ch}\,kd)\right]\mathrm{sh}\,k(h-d)$$
$$+ (G\,\mathrm{sh}\,kd - \mathrm{ch}\,kd)\mathrm{ch}\,k(h-d) = 0。 \qquad (5.3.52)$$

上式就是本征值 c 所满足的方程，也就是存在上层均匀剪切流动时的色散关系式。

当 $U_0 = 0$ 时，(5.3.52)式就简化为

$$(G\,\mathrm{ch}\,kd - \mathrm{sh}\,kd)\mathrm{sh}\,k(h-d) + (G\,\mathrm{sh}\,kd - \mathrm{ch}\,kd)\mathrm{ch}\,k(h-d) = 0。$$
$$(5.3.53)$$

上式经整理后可得

$$G\,\mathrm{sh}\,kh - \mathrm{ch}\,kh = 0。$$

但此时由于 $G = \dfrac{g}{kc^2}$，因此，将该式代入上式，可得

$$c = \sqrt{\frac{g}{k}\mathrm{th}\,kh}。$$

这正是静水中小振幅波的色散关系式。

当 $d=h$ 时,(5.3.52)式又可简化为

$$G\,\mathrm{sh}\,kh - \mathrm{ch}\,kh = 0,$$

即

$$\frac{(U_0-c)^2}{\frac{(U_0-c)U_0}{gh}+1} = \frac{g}{k}\mathrm{th}\,kh。$$

这个关系式也可以从沿整个水深都作均匀剪切流动的情况中直接导得。

我们再举一些数字例子来说明所得的结果。首先,在假定波数 k 保持不变的情况下来考察波速 c 随表面流速 U_0 的变化。在(5.3.52)式中,设 $h=10$ m, $d=2$ m,且波数 k 分别固定为 0.1 和 0.2,在取 $U_0=1$ m/s, 2 m/s, 3 m/s 后,可对超越方程(5.3.52)数值求根而得 c。另外,当 $U_0=0$ 时,显然可直接由(5.3.53)式得 $c=8.64$ m/s ($k=0.1$) 和 $c=6.87$ m/s ($k=0.2$)。在静水中,左传波和右传波的波速大小相等,但符号相反;然而在流动中,即使相对于流动的水来说,顺流波和逆流波的波速的大小也不相等。我们将所得的不同结果表示在图 5-7 中,图中逆流波的波速也已取绝对值,实线和虚线分别表示顺流和逆流两种不同情况,由图 5-7 可见,顺流波速随流速增大而增大,逆流波速随流速增大而减小。不论是顺流和逆流,在所讨论的范围内,波速随流速几乎都呈线性变化。

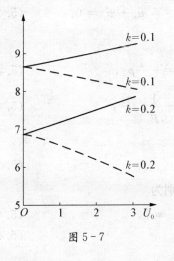

图 5-7

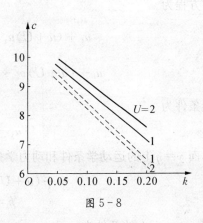

图 5-8

接着我们再来考察当表面流速 U_0 保持不变时,波速 c 随波数 k 变化的情况。在(5.3.52)式中也取 $h=10$ m, $d=2$ m,且 U_0 分别固定为 1 m/s 和 2 m/s,然后取 $k=0.85, 0.10, 0.15, 0.20$,在通过对方程(5.3.52)的数值求根后得到

c。我们将所得的不同结果表示在图5-8中,由图5-8可见,顺流和逆流的波速都随 k 增大而线性减小,不过,逆流波波速减小得稍快一些。

§5-4 流动对激浪破碎的影响

浅水中的长波由于非线性作用而具有一个明显的特征,即波在传播的过程中会发生变形。具有这个特征的原因是由于居于波面上较高处的点以较大的速度传播,而居于波面上较低处的点以较小的速度传播。因此,随着时间的推移,波阵面会越来越陡,最后有可能导致波的破碎。这里,我们采用 Lagrange 表示方法来讨论流动对激浪破碎的影响,先导出波面斜率的控制方程,然后再求得破碎位置的显式表达式,从而看出均匀流速对破碎位置的影响。

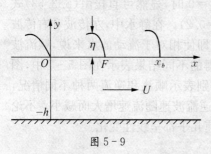

图5-9

如图5-9所示,按照文献[15],假设激浪这个波沿 x 轴正向传播,未扰动时自由面位于 $y=0$ 处,底部为水平直线,且位于 $y=-h$ 处。水的均匀流速为 U,当 U 取正值时,流动沿 x 轴正向;反之沿负向。扰动速度分别为 u, v,扰动压力为 p,自由面高度为 η,则在 $-h < y < \eta$ 内,连续性方程为

$$u_x + v_y = 0 \text{。} \tag{5.4.1}$$

运动方程为

$$u_t + (u+U)u_x + vu_y = -\frac{1}{\rho}p_x, \tag{5.4.2}$$

$$u_t + (u+U)v_x + vv_y = -\frac{1}{\rho}p_y - g \text{。} \tag{5.4.3}$$

无旋条件为

$$u_y = v_x \text{。} \tag{5.4.4}$$

自由面 $y=\eta$ 上的运动学条件和动力学条件分别为

$$\eta_t + (u+U)\eta_x - v = 0, \tag{5.4.5}$$

$$p = 0 \text{。} \tag{5.4.6}$$

底部 $y=-h$ 上的条件为

$$v = 0 \text{。} \tag{5.4.7}$$

选取水平方向和垂直方向的特征长度分别为 L 和 h,并选择小参数 a,使得

$\sqrt{a} = \dfrac{h}{L}$。取带"—"的量均为无量纲量,定义

$$\bar{t} = \dfrac{t}{\dfrac{\sqrt{\dfrac{h}{g}}}{\sqrt{a}}}, \quad \overline{X} = \dfrac{x}{\dfrac{h}{\sqrt{a}}}, \quad \bar{y} = \dfrac{y}{h},$$

$$\bar{\eta} = \dfrac{\eta}{h}, \quad \bar{u} = \dfrac{u}{\sqrt{gh}}, \quad \bar{v} = \dfrac{\sqrt{a}\,v}{\sqrt{gh}},$$

$$\overline{U} = \dfrac{U}{\sqrt{gh}}, \quad \bar{p} = \dfrac{p}{\rho g h}, \quad \bar{c} = \dfrac{c}{\sqrt{gh}},$$

其中 c 为波速。将上述各无量纲量代入方程(5.4.1)~(5.4.7),就得到关于 u,v,η 和 p 的无量纲方程。然后,去掉"—"记号,再把各未知函数 u,v,η 和 p 关于小参数 a 作渐近展开,有

$$\phi \sim \phi_0 + a\phi_1 + a^2\phi_2 + \cdots,$$

将各渐近级数代入上述的无量纲方程,就得到一系列递推方程,这里,仅考虑浅水的情况 $\left(\dfrac{h}{L} \ll 1\right)$,即在 $-1 < y < \eta_0$ 上,仅考虑零阶方程

$$u_{0x} + v_{0y} = 0, \qquad (5.4.1')$$
$$u_{0t} + (u_0 + U)u_{0x} + v_0 u_{0y} + p_{0x} = 0, \qquad (5.4.2')$$
$$p_{0y} + 1 = 0, \qquad (5.4.3')$$
$$u_{0y} = 0, \qquad (5.4.4')$$

以及在 $y = \eta_0$ 上,有

$$\eta_{0t} + (u_0 + U)\eta_{0x} - v_0 = 0, \qquad (5.4.5')$$
$$p_0 = 0, \qquad (5.4.6')$$

和在 $y = -1$ 上,有

$$v_0 = 0. \qquad (5.4.7')$$

由(5.4.4′)式可知 u_0 仅与 x 和 t 有关。此外,从 η_0 到 y 积分(5.4.3′)式,并利用(5.4.6′)式,可得

$$p_0 = -y + \eta_0。 \qquad (5.4.8)$$

按照推导浅水波方程的方法,再关于 y 积分(5.4.1′)式,并利用(5.4.5′)式和(5.4.7′)式,又得

$$\eta_{0t} + [(u_0 + U)(\eta_0 + 1)]_x = 0, \qquad (5.4.9)$$

$$u_{0t} + (u_0 + U)u_{0x} + \eta_{0x} = 0. \tag{5.4.10}$$

从方程(5.4.9)和方程(5.4.10)就能求解未知函数 u_0 和 η_0。

在这个方法中,我们通常认为:

(1) u_0 和 η_0 是连续的;

(2) u_0 和 η_0 的一阶和二阶导数至多只有第一类间断点;

(3) 在激浪前方,u_0 和 η_0 始终为零。特别在图 5-9 中,若将点 F 的 u_0 和 η_0 分别记为 $\overline{u_0}$ 和 $\overline{\eta_0}$ 的话,则应有 $\overline{u_0} = \overline{\eta_0} = 0$。

由于点 F 以速度 $c+U$ 向前运动,因此全导数为

$$\frac{d\overline{u_0}}{dt} = 0, \text{即}(c+U)\overline{u_{0x}} = -\overline{u_{0t}}, \tag{5.4.11}$$

$$\frac{d\overline{\eta_0}}{dt} = 0, \text{即}(c+U)\overline{\eta_{0x}} = -\overline{\eta_{0t}}, \tag{5.4.12}$$

其中 $c+U = \frac{dx}{dt}$ 为点 F 的速度。由方程(5.4.9)和方程(5.4.10),再利用 $\overline{u_0} = \overline{\eta_0} = 0$ 的假定,可得

$$\overline{\eta_{0t}} = -\overline{u_{0x}} - U\overline{\eta_{0x}}, \tag{5.4.13}$$

$$\overline{u_{0t}} = -U\overline{u_{0x}} - \overline{\eta_{0x}}. \tag{5.4.14}$$

将(5.4.11)式和(5.4.12)式分别代入(5.4.13)式和(5.4.14)式,即得

$$c^2 = 1. \tag{5.4.15}$$

在后面的讨论过程中我们仅取 $c=1$。如用有量纲的量来表示,则有

$$c^2 = gh,$$

这就是通常的点 F 的波速公式。

为讨论波的破碎,我们来定义波阵面上的点 F 处的斜率 a:

$$a = \overline{\eta_{0x}}. \tag{5.4.16}$$

由(5.4.14)式并利用(5.4.16)式,得到

$$\overline{u_{0t}} = -U\overline{u_{0x}} - a, \tag{5.4.17}$$

解得

$$\overline{u_{0x}} = a. \tag{5.4.18}$$

将(5.4.18)式代入(5.4.17)式求出

$$\overline{u_{0t}} = -(1+U)a. \tag{5.4.19}$$

将(5.4.9)式关于 x 求导,且利用(5.4.16)式有

$$\eta_{0tx}^- + u_{0xx}^- + 2au_{0x}^- + U\eta_{0xx}^- = 0。 \tag{5.4.20}$$

把(5.4.10)式关于 t 求导,并再利用(5.4.16)式,又有

$$u_{0tt}^- + u_{0t}^- u_{0x}^- + Uu_{0xt}^- + \eta_{0xt}^- = 0。 \tag{5.4.21}$$

将(5.4.20)式和(5.4.21)式相减,并假定对 x 和 t 的偏导数可交换次序,于是得到

$$u_{0xx}^- - u_{0tt}^- + 2au_{0x}^- + U\eta_{0xx}^- - u_{0t}^- u_{0x}^- - Uu_{0xt}^- = 0。 \tag{5.4.22}$$

设点 F 沿着特征线 l 传播,用 $\dfrac{\mathrm{d}}{\mathrm{d}x}$ 来表示沿着 l 的导数,即

$$\begin{aligned}\frac{\mathrm{d}}{\mathrm{d}x}(u_{0x}^-) &= \lim_{x_0 \to x_1} \frac{u_{0x}^-(x_2, t(x_2)) - u_{0x}^-(x_1, t(x_1))}{x_2 - x_1}\\ &= \lim_{x_0 \to x_1} \frac{u_{0x}^-(x_2, t(x_2)) - u_{0x}^-(x_1, t(x_1))}{t(x_2) - t(x_1)} \frac{t(x_2) - t(x_1)}{x_2 - x_1} +\\ &\quad \frac{u_{0x}^-(x_2, t(x_1)) - u_{0x}^-(x_1, t(x_1))}{x_2 - x_1},\end{aligned}$$

因此

$$\frac{\mathrm{d}}{\mathrm{d}x}(u_{0x}^-) = \frac{1}{1+U} u_{0xt}^- + u_{0xx}^-。 \tag{5.4.23}$$

同理

$$\frac{\mathrm{d}}{\mathrm{d}x}(u_{0t}^-) = \frac{1}{1+U} u_{0tt}^- + u_{0tx}^-。 \tag{5.4.24}$$

由以上两式可得

$$(1+U)^2 \frac{\mathrm{d}}{\mathrm{d}x}(u_{0x}^-) - (1+U)\frac{\mathrm{d}}{\mathrm{d}x}(u_{0x}^-) = (1+U)^2 u_{0xx}^- - u_{0tt}^-。$$

利用(5.4.22)式以及(5.4.18)式和(5.4.19)式,在消去了 a_x 这种项后,上式恰可化为

$$\frac{\mathrm{d}a}{\mathrm{d}x} = -\frac{3+U}{2(1+U)^2} a^2。$$

这就是波阵面上点 F 斜率的控制方程。将上述方程积分,得

$$a = \left(\frac{3+U}{2(1+U)^2}x + \frac{1}{a_0}\right)^{-1}, \tag{5.4.25}$$

其中 a_0 为 $x=0$ 时点 F 的斜率,在图 5-9 所示的情况中, $a_0 < 0$。对于在 $x=0$ 处,波阵面上点 F 的斜率为 a_0 的波浪来说,当它传播到破波位置 x_b 处时,点 F 的斜率最终就减少到 $-\infty$,这时激浪就破碎。因此, x_b 要满足

$$\frac{3+U}{2(1+U)^2}x_b + \frac{1}{a_0} = 0.$$

由此,有

$$x_b = -\frac{2}{a_0}\frac{(1+U)^2}{3+U}.$$

用有量纲的量来表示,即为

$$x_b = -\frac{2h}{a_0}\frac{\left(1+\dfrac{U}{\sqrt{gh}}\right)^2}{3+\dfrac{U}{\sqrt{gh}}}. \tag{5.4.26}$$

相应地,激浪从 $x=0$ 处传播到 $x=x_b$ 处所需的时间 t_b 为

$$t_b = \frac{x_b}{U+c} = -\frac{2h}{a_0(U+\sqrt{gh})}\frac{\left(1+\dfrac{U}{\sqrt{gh}}\right)^2}{3+\dfrac{U}{\sqrt{gh}}}. \tag{5.4.27}$$

因为 $a_0 < 0$,故 x_b 和 t_b 均大于零。在上述两式中若置 $U=0$,则得在静水中激浪破碎的结果。

现设 a_0 和 h 不变,我们从 (5.4.26) 式来考察 x_b 随 U 的变化。记 $\bar{x}_b = \dfrac{|a_0|x_b}{2h}$,$\xi = \dfrac{U}{\sqrt{gh}}$,如果分别以 $\bar{x}_{b逆流}$,$\bar{x}_{b静水}$ 和 $\bar{x}_{b顺流}$ 记破波的位置,则有

$$\bar{x}_{b逆流} < \bar{x}_{b静水} < \bar{x}_{b顺流}.$$

§5-5 在非均匀流动中水波的缓慢调制

在第二章里,我们曾从 Laplace 方程出发,对在静水中线性水波的缓慢调制问题,使用多重尺度法得出了两个调制方程。这里,我们再从 Euler 方程出发,也使用多重尺度法来分析均匀流动中线性水波的缓慢调制问题。虽然这个问题的控制方程同静水中线性水波的缓慢调制问题的控制方程不一样,但最后我们可以看出,静水中的结果恰是这里所讨论问题的一个特例。

参照图 5-3,流动中除了基本流动 $\mathbf{V} = (U(y), 0)$ 外,还有扰动速度 $\mathbf{V}^* = (u, v)$。在 $-h < y < 0$ 内,经线性化后的运动方程为

$$\frac{\partial u}{\partial t} + U\frac{\partial u}{\partial x} + vU' = -\frac{1}{\rho}\frac{\partial p}{\partial x}, \tag{5.5.1}$$

$$\frac{\partial v}{\partial t}+U\frac{\partial v}{\partial x}=-\frac{1}{\rho}\frac{\partial p}{\partial y}。 \quad (5.5.2)$$

线性化后的连续性方程为

$$\frac{\partial u}{\partial x}+\frac{\partial v}{\partial y}=0。 \quad (5.5.3)$$

线性化后的边界条件为

$$p=\rho g\eta \quad (y=0), \quad (5.5.4)$$

$$v=\frac{\partial \eta}{\partial t}+U\frac{\partial \eta}{\partial x} \quad (y=0), \quad (5.5.5)$$

$$v=0 \quad (y=-h)。 \quad (5.5.6)$$

从(5.5.1)式和(5.5.2)式中消去压力 p，就得到以流函数 ψ 为未知函数的单个偏微分方程

$$\frac{\partial}{\partial t}(\nabla^2 \psi)+U\frac{\partial}{\partial x}(\nabla^2 \psi)-U''\frac{\partial \psi}{\partial x}=0。 \quad (5.5.7)$$

边界条件也相应地变化为

$$\frac{\partial \psi}{\partial x}=\frac{\partial \eta}{\partial t}+U\frac{\partial \psi}{\partial x} \quad (y=0), \quad (5.5.8)$$

$$p=\rho g\eta \quad (y=0), \quad (5.5.9)$$

$$\frac{\partial \psi}{\partial x}=0 \quad (y=-h), \quad (5.5.10)$$

其中 $\nabla^2=\frac{\partial^2}{\partial x^2}+\frac{\partial^2}{\partial y^2}$。此外，由(5.5.1)式或(5.5.2)式可得

$$-\frac{1}{\rho}\frac{\partial p}{\partial x}=-\frac{\partial^2 \psi}{\partial t \partial y}-U\frac{\partial^2 \psi}{\partial x \partial y}+U'\frac{\partial \psi}{\partial x}。 \quad (5.5.11)$$

也以 x 和 t 为快变量，再引进慢变量 $x_1, x_2, \cdots; t_1, t_2, \cdots$，即

$$x_1=\varepsilon x, \ x_2=\varepsilon^2 x, \cdots,$$

$$t_1=\varepsilon t, \ t_2=\varepsilon^2 t, \cdots,$$

其中 $\varepsilon=ka$ 为陡波，k 为波数，a 为波幅。与第二章中的做法相同，关于 x 和 t 的导数也应变换为

$$\frac{\partial}{\partial x}\to\frac{\partial}{\partial x}+\varepsilon\frac{\partial}{\partial x_1}+\varepsilon^2\frac{\partial}{\partial x_2}+\cdots,$$

$$\frac{\partial}{\partial t}\to\frac{\partial}{\partial t}+\varepsilon\frac{\partial}{\partial t_1}+\varepsilon^2\frac{\partial}{\partial t_2}+\cdots。$$

此外
$$\frac{\partial}{\partial y} \rightarrow \frac{\partial}{\partial y},$$

这样一来,(5.5.7)~(5.5.11)式各式就分别变化为

$$\frac{\partial}{\partial y}(\nabla^2 \psi) + U \frac{\partial}{\partial x}(\nabla^2 \psi) - U'' \frac{\partial \psi}{\partial x} + \varepsilon \left\{ \left(2 \frac{\partial^3}{\partial x \partial t \partial x_1} + \frac{\partial^3}{\partial x^2 \partial t_1} + \frac{\partial^3}{\partial y^2 \partial t_1} \right) + U \left(3 \frac{\partial^3}{\partial x^2 \partial x_1} + \frac{\partial^3}{\partial y^2 \partial x_1} \right) - U'' \frac{\partial}{\partial x} \right\} \psi + \varepsilon^2 \left\{ \frac{\partial^3}{\partial x_1^3 \partial t} + 2 \frac{\partial^3}{\partial x \partial t \partial x_2} + 2 \frac{\partial^3}{\partial x \partial x_1 \partial t_1} + \frac{\partial^3}{\partial x^2 \partial t_2} + \frac{\partial^3}{\partial y^2 \partial t_2} \right) + U \left(3 \frac{\partial^3}{\partial x \partial x_1^2} + 3 \frac{\partial^3}{\partial x^2 \partial x_2} + \frac{\partial^3}{\partial y^2 \partial x_2} \right) - U'' \frac{\partial}{\partial x_2} \right\} \psi + O(\varepsilon^3) = 0, \quad (5.5.7')$$

$$\frac{\partial \psi}{\partial x} + \varepsilon \frac{\partial \psi}{\partial x_1} + \varepsilon^2 \frac{\partial \psi}{\partial x_2}$$
$$= \frac{\partial \eta}{\partial t} + \varepsilon \frac{\partial \eta}{\partial t_1} + \varepsilon^2 \frac{\partial \eta}{\partial t_2} + U \frac{\partial \eta}{\partial x} + U \varepsilon \frac{\partial \eta}{\partial x_1} + U \varepsilon^2 \frac{\partial y}{\partial x_2} + O(\varepsilon^3), \quad (5.5.8')$$

$$p = \rho g \eta, \quad (5.5.9')$$

$$\frac{\partial \psi}{\partial x} + \varepsilon \frac{\partial \psi}{\partial x_1} + \varepsilon^2 \frac{\partial \psi}{\partial x_2} = O(\varepsilon^3), \quad (5.5.10')$$

$$-\frac{1}{\rho}\left(\frac{\partial p}{\partial x} + \varepsilon \frac{\partial p}{\partial x_1} + \varepsilon^2 \frac{\partial p}{\partial x_2} \right)$$
$$= -\left(\frac{\partial^2}{\partial y \partial t} + \varepsilon \frac{\partial^2}{\partial y \partial t_1} + \varepsilon^2 \frac{\partial^2}{\partial y \partial t_2} \right) \psi - U \left(\frac{\partial^2}{\partial y \partial x} + \varepsilon \frac{\partial^2}{\partial y \partial x_1} + \varepsilon^2 \frac{\partial^2}{\partial y \partial x_2} \right) \psi + U' \left(\frac{\partial}{\partial x} + \varepsilon \frac{\partial}{\partial x_1} + \varepsilon^2 \frac{\partial}{\partial x_2} \right) \psi + O(\varepsilon^3) \text{。}$$
$$(5.5.11')$$

这里,我们仅研究正弦波的缓慢调制,因此各未知函数均依正弦函数变化,但幅值不再为常数。假定幅值都可以展开成某一渐近级数,而且均为慢变量的函数,即有

$$\{\psi, \eta, p\} = \sum_{\alpha=1}^{\infty} \varepsilon^{\alpha} \{\psi_{\alpha}, \eta_{\alpha}, p_{\alpha}\} e^{i(kx - \omega t)}, \quad (5.5.12)$$

因此所有的 ψ_{α}, η_{α}, p_{α} 都是慢变量 x_1, x_2, $\cdots$; t_1, t_2, $\cdots$ 的函数。将上式分别代入(5.5.7')~(5.5.11')式各式,分别比较各式两边 ε 的同次幂项的系数,可得

$$\varepsilon_1:\begin{cases} L\psi_1 = F_1 \equiv 0 & (-h < y < 0), \quad (5.5.13a)\\ M\psi_1 = E_1 \equiv 0 & (y = 0), \quad (5.5.13b)\\ \eta_1 = \dfrac{\psi_1}{U-c} & (y = 0), \quad (5.5.13c)\\ p_1 = \rho g \eta_1 & (y = 0), \quad (5.5.13d)\\ \psi_1 = 0 & (y = -h); \quad (5.5.13e) \end{cases}$$

$$\varepsilon_2:\begin{cases} L\psi_2 = F_2 \equiv 0 & (-h < y < 0), \quad (5.5.14a)\\ M\psi_2 = E_2 \equiv 0 & (y = 0), \quad (5.5.14b)\\ \eta_2 = \dfrac{\psi_2}{U-c} + \dfrac{i}{k(U-c)^2}\left[\dfrac{\partial \psi_1}{\partial t_1} + c\dfrac{\partial \psi_1}{\partial x_1}\right] & (y = 0), \quad (5.5.14c)\\ p_2 = \rho g \eta_2 & (y = 0), \quad (5.5.14d)\\ \psi_2 = 0 & (y = -h); \quad (5.5.14e) \end{cases}$$

$$\varepsilon_2:\begin{cases} L\psi_3 = F_3 \equiv 0 & (-h < y < 0), \quad (5.5.15a)\\ M\psi_3 = E_3 \equiv 0 & (y = 0), \quad (5.5.15b)\\ \eta_3 = \dfrac{\psi_3}{U-c} + \dfrac{i}{k(U-c)^2}\left[\left(\dfrac{\partial \psi_2}{\partial t_1} + c\dfrac{\partial \psi_2}{\partial x_1}\right) + \right.\\ \qquad \left. \dfrac{\partial \psi_1}{\partial t_2} + c\dfrac{\partial \psi_1}{\partial x_2}\right] - \dfrac{1}{k^2(U-c)^3}\left[\dfrac{\partial^2 \psi_1}{\partial t_1^2} + \right.\\ \qquad \left. c\dfrac{\partial^2 \psi_1}{\partial t_1 \partial x_1}\right) + U\left(\dfrac{\partial^2 \psi_1}{\partial t_1 \partial x_1} + c\dfrac{\partial^2 \psi_1}{\partial x_1^2}\right)\right] & (y = 0), \quad (5.5.15c)\\ p_2 = \rho g \eta_2 & (y = 0), \quad (5.5.15d)\\ \psi_2 = 0 & (y = -h); \quad (5.5.15e) \end{cases}$$

其中

$$c = \dfrac{\omega}{k},$$

$$L = \dfrac{\partial^2}{\partial y^2} - \left[k^2 + \dfrac{U''}{U-c}\right], \quad M = \dfrac{\partial}{\partial y} + \dfrac{1}{c-U}\left[U' + \dfrac{g}{U-c}\right],$$

$$F_2 = i\left[\left(-2k + \dfrac{cU''}{k(U-c)^2}\right)\dfrac{\partial \psi_1}{\partial x_1} + \dfrac{U''}{k(U-c)^2}\dfrac{\partial \psi_1}{\partial x_1}\right],$$

$$E_2 = i\left[\dfrac{2g}{k(U-c)^3} + \dfrac{U'}{k(U-c)^2}\right]\cdot\left[\dfrac{\partial \psi_1}{\partial x_1} + c\dfrac{\partial \psi_1}{\partial x_1}\right],$$

$$F_3 = i\left[\left(-2k + \dfrac{cU''}{k(U-c)^2}\right)\dfrac{\partial \psi_2}{\partial x_1} + \dfrac{U''}{k(U-c)^2}\dfrac{\partial \psi_2}{\partial t_1} + \dfrac{1}{k(U-c)}\dfrac{\partial F_2}{\partial t_1} + \right.$$

$$\left.\dfrac{U}{k(U-c)}\dfrac{\partial F_2}{\partial x_1} + \left(-2k + \dfrac{cU''}{k(U-c)^2}\right)\dfrac{\partial \psi_1}{\partial x_2} + \right.$$

$$\left.\frac{U''}{k(U-c)^2}\frac{\partial \psi_1}{\partial t_2} + \frac{2i}{U-c}\frac{\partial^2 \psi_1}{\partial x_1 \partial t_1} + i\frac{3U-c}{U-c}\frac{\partial^2 \psi_1}{\partial x_1^2}\right],$$

$$E_3 = \frac{ig}{k(U-c)^3}\left[\left(\frac{\partial \psi_2}{\partial t_1} + c\frac{\partial \psi_2}{\partial x_1}\right) + \left(\frac{\partial \psi_1}{\partial t_2} + c\frac{\partial \psi_1}{\partial x_2}\right)\right] - \frac{g}{k^2(U-c)^4} \cdot$$

$$\left[\left(\frac{\partial^2 \psi_1}{\partial t_1^2} + c\frac{\partial^2 \psi_1}{\partial t_1 \partial x_1}\right) + U\left(\frac{\partial^2 \psi_1}{\partial x_1 \partial t_1} + c\frac{\partial^2 \psi_1}{\partial x_1^3}\right)\right] - \frac{ig}{k(U-c)^2}\left(\frac{\partial \psi_2}{\partial x_1} + \frac{\partial \psi_1}{\partial x_2}\right) +$$

$$\frac{g}{k^2(U-c)^3}\left(\frac{\partial^2 \psi_1}{\partial t_1 \partial x_1} + c\frac{\partial^2 \psi_1}{\partial x_1^2}\right) - \frac{iU'}{k(U-c)}\left(\frac{\partial \psi_2}{\partial x_1} + \frac{\partial \psi_1}{\partial x_2}\right) +$$

$$\frac{i}{k(U-c)}\left(\frac{\partial^2 \psi_2}{\partial t_1 \partial y} + \frac{\partial^2 \psi_1}{\partial t_2 \partial y}\right) + \frac{Ui}{k(U-c)}\left(\frac{\partial^2 \psi_2}{\partial x_1 \partial y} + \frac{\partial^2 \psi_1}{\partial x_2 \partial y}\right).$$

在进一步求解之前,我们假设基本流动的速度仅沿 y 方向线性分布,即

$$U(y) = u_a y + u_b,$$

其中 u_a 和 u_b 为两个常数,此时算子 L 简化为 $L = \dfrac{\partial^2}{\partial y^2} - k^2$。容易求得方程 (5.5.13a) 及 (5.5.13e) 的解为

$$\psi_1 = A\frac{\operatorname{sh} k(y+h)}{\operatorname{ch} kh}, \tag{5.5.16}$$

其中 $A = A(x_1, x_2, \cdots; t_1, t_2, \cdots)$。再将 ψ_1 代入 (5.5.13b) 式,得到色散关系式为

$$\omega = \sqrt{\omega_0^2 + \left(\frac{u_0 \operatorname{th} kh}{2}\right)^2} - \frac{u_a \operatorname{th} kh}{2} + k u_b。 \tag{5.5.17}$$

这里

$$\omega_0^2 = kg \operatorname{th} kh。$$

下面再来求解 ψ_2。我们可以看到:方程 (5.5.13a)、(5.5.13b)、(5.5.13e) 就是非齐次方程 (5.5.14a)、(5.5.14b)、(5.5.14e) 所对应的齐次方程,而齐次方程 (5.5.13a)、(5.5.13b)、(5.5.13e) 有非零解 ψ_1,因此,要使非齐次方程 (5.5.14a)、(5.5.14b)、(5.5.14c) 有解,根据 Fredholm 择一定理,这时要满足一个可解性条件。这个条件利用 Green 公式后可以表示为

$$\int_{-h}^{0}(\psi_1 L \psi_2 - \psi_2 L \psi_1)\mathrm{d}y = \left[\psi_1 \frac{\partial \psi_2}{\partial y} - \psi_2 \frac{\partial \psi_1}{\partial y}\right]\bigg|_{-h}^{0},$$

即

$$\int_{-h}^{0}\psi_1 F_2 \mathrm{d}y = \psi_1 E_2 \big|_{y=0}。 \tag{5.5.18}$$

现在 F_2 和 E_2 分别简化为

$$F_2 = -2ki\frac{\partial \psi_1}{\partial x_1},$$

$$E_2 = i\left[\frac{2g}{k(u_b-c)^3} + \frac{u_a}{k(u_b-c)^2}\right]\left(\frac{\partial \psi_1}{\partial t_1} + c\frac{\partial \psi_1}{\partial x_1}\right).$$

由直接计算(5.5.18)式可得

$$\frac{\partial A}{\partial t_1} + \left[c - \frac{(c-u_b)\left(1-\dfrac{2kh}{\text{sh}\,2kh}\right)}{1+\dfrac{\omega_0^2}{k^2(c-u_b)^2}}\right]\frac{\partial A}{\partial x_1} = 0. \qquad (5.5.19)$$

另一方面根据色散关系(5.5.17)式直接算得群速度 c_g 为

$$c_g = \frac{d\omega}{dk} = c - \frac{(c-u_b)\left(1-\dfrac{2kh}{\text{sh}\,2kh}\right)}{1+\dfrac{\omega_0^2}{k^2(c-u_b)^2}}.$$

上式中当 $u_b = 0$ 时，c_g 就为静水中小振幅波的群速度。根据上式可知，(5.5.19)式即为

$$\frac{\partial A}{\partial t_1} + c_g \frac{\partial A}{\partial x_1} = 0. \qquad (5.5.19')$$

由此可见，调制波幅 A 在较长距离和较长时间范围内，以群速度传播且其值保持不变。与第二章中的结果相比较可见，方程(5.5.19′)与第二章中的方程(2.8.12)具有相同的结构，只是其中的色散关系式(5.5.17)与那里的(2.8.11)式不同而已。

§5-6 在非均匀流动中的弱非线性波

在本节中，我们将讨论在速度剖面为抛物线的流动中，弱非线性波动问题是如何求解的，并且，将所得的解也用一个渐近级数来表达。由此级数我们可以看出：零阶近似就是§5-3中的结果；而当非均匀流速为零时的情况，我们已在第四章中讨论过了。

这里的讨论也可以参照图5-3，用类似于导得(5.5.7)式的方法，我们可以得到在弱非线性波动中扰动流函数 ψ 所满足的方程：

$$\frac{\partial}{\partial t}(\nabla^2 \psi) + \left(U - \frac{\partial \psi}{\partial y}\right)\frac{\partial}{\partial x}(\nabla^2 \psi) + \frac{\partial \psi}{\partial x}\frac{\partial}{\partial y}(\nabla^2 \psi) - U''\frac{\partial \psi}{\partial x} = 0.$$

$$(5.6.1)$$

边界条件为

$$p + \eta \frac{\partial p}{\partial y} + \cdots = \rho g \eta \quad (y=0), \tag{5.6.2}$$

$$\left[\frac{\partial \psi}{\partial x} - \frac{\partial \eta}{\partial t} - \left(U - \frac{\partial \psi}{\partial y}\right)\frac{\partial \eta}{\partial x}\right] + \eta\left(\frac{\partial^2 \psi}{\partial x \partial y} + \frac{\partial^2 \psi}{\partial y^2}\frac{\partial \eta}{\partial x}\right) + \cdots = 0 \quad (y=0), \tag{5.6.3}$$

$$\frac{\partial \psi}{\partial x} = 0 \quad (y=-h). \tag{5.6.4}$$

由于讨论的是非线性波动的问题,故控制方程中包含了许多非线性项。为了比较各项的量级大小,我们要把定解条件无量纲化。设无量纲和有量纲之间的关系为

$$\bar{x} = kx, \quad \bar{y} = \frac{y}{h}, \quad \bar{\eta} = \frac{\eta}{A}, \quad \bar{p} = \frac{p}{\frac{A}{h} \cdot \rho g h}, \quad \bar{U} = \frac{U}{\sqrt{gh}},$$

$$\bar{t} = k\sqrt{gh}\, t, \quad \bar{\psi} = \frac{\psi}{\sqrt{gh} \cdot \frac{A}{h} \cdot h},$$

其中 k 为波数,A 为波幅。对应的无量纲方程为

$$\frac{\partial}{\partial t}\left(\mu^2 \frac{\partial^2 \psi}{\partial x^2} + \frac{\partial^2 \psi}{\partial y^2}\right) + \left(U - \varepsilon \frac{\partial \psi}{\partial y}\right)\frac{\partial}{\partial x}\left(\mu^2 \frac{\partial^2 \psi}{\partial x^2} + \frac{\partial^2 \psi}{\partial y^2}\right) +$$
$$\varepsilon \frac{\partial \psi}{\partial x}\frac{\partial}{\partial y}\left(\mu^2 \frac{\partial^2 \psi}{\partial x^2} + \frac{\partial^2 \psi}{\partial y^2}\right) - U^{**}\frac{\partial \psi}{\partial x} = 0。 \tag{5.6.5}$$

此外,还有

$$p + \varepsilon \eta \frac{\partial p}{\partial y} + \cdots = \eta \quad (y=0), \tag{5.6.6}$$

$$\frac{\partial \psi}{\partial x} - \frac{\partial \eta}{\partial t} - \left(u_0 - \varepsilon \frac{\partial \psi}{\partial y}\right)\frac{\partial \eta}{\partial x} + \varepsilon \eta \left(\frac{\partial^2 \psi}{\partial x \partial y} + \varepsilon \frac{\partial^2 \psi}{\partial y^2} \cdot \frac{\partial \eta}{\partial x}\right) + \cdots = 0 \quad (y=0), \tag{5.6.7}$$

$$\frac{\partial \psi}{\partial x} = 0 \quad (y=-1). \tag{5.6.8}$$

为方便见,这里已将"—"号去掉,其中星号"$*$"表示对 y 的导数,$\mu = kh$ 为无量纲波数,$\varepsilon = \dfrac{A}{h}$ 为无量纲波幅,(5.6.5)~(5.6.8)式就是本问题的4个无量纲方程。

我们把各未知函数关于小参数 ε 作渐近展开,即

$$\{\psi,\ \eta,\ p\} = \sum_{\alpha=0}^{\infty} \{\psi_\alpha,\ \eta_\alpha,\ p_\alpha\}\varepsilon^\alpha,$$

并且把系数 ψ_α, η_α 和 p_α 都视作 θ 和 y 的函数,即

$$\psi_\alpha = \psi_\alpha(\theta, y),\ \eta_\alpha = \eta_\alpha(\theta, y),\ p_\alpha = p_\alpha(\theta, y),$$

其中 $\theta = x - ct$。这里我们把无量纲波速 c 也关于小参数 ε 作渐近展开,有

$$c = c_0 + \varepsilon c_1 + \cdots。$$

把 ψ 和 c 的渐近展开式都代入方程(5.6.5),再比较 ε 的各次幂的系数,就可得

$$\varepsilon^0:\ (c_0 - U)(\mu^2 \psi_{0,111} + \psi_{0,122}) + U^{**}\psi_{0,1} = 0, \tag{5.6.9}$$

$$\varepsilon^1:\ (c_0 - U)(\mu^2 \psi_{1,111} + \psi_{1,122}) + U^{**}\psi_{1,1}$$
$$= \psi_{0,1}(\mu^2 \psi_{0,112} + \psi_{0,222}) - \psi_{0,2}(\mu^2 \psi_{0,111} + \psi_{0,122}) - c_1(\mu^2 \psi_{0,111} + \psi_{0,122})。$$

利用(5.6.9)式,上式的右端可稍作简化,即为

$$(c_0 - U)(\mu^2 \psi_{1,111} + \psi_{1,122}) + U^{**}\psi_{1,1}$$
$$= \psi_{0,1}(\mu^2 \psi_{0,112} + \psi_{0,222}) + (\psi_{0,2} + c_1)\frac{U^{**}}{c_0 - U}\psi_{0,1}。 \tag{5.6.10}$$

这里,利用 $\psi_{0,1}$ 和 $\psi_{1,2}$ 分别来记 ψ_0 对 θ 和 ψ_1 对 y 的偏导数,这种约定以下可依此类推。

下面我们再来导出边界条件。首先来导出底部的条件。由(5.6.8)式,有

$$\varepsilon^0:\ \psi_{0,1} = 0\quad (y = -1), \tag{5.6.11}$$

$$\varepsilon^1:\ \psi_{1,1} = 0\quad (y = -1)。 \tag{5.6.12}$$

在 $y = 0$ 上的边界条件可以这样来得到,即先利用(5.6.6)式可得

$$\varepsilon^0:\ p_0 = \eta_0, \tag{5.6.13}$$

$$\varepsilon^1:\ p_1 = \eta_1 - \eta_0 p_{0,2}。 \tag{5.6.14}$$

再利用(5.6.7)式可得

$$\varepsilon^0:\ \psi_{0,1} + c_0 \eta_{0,1} - U\eta_{0,1} = 0, \tag{5.6.15}$$

$$\varepsilon^1:\ \psi_{1,1} + c_0 \eta_{1,1} - U\eta_{1,1} = -c_1 \eta_{0,1} - \psi_{0,2}\eta_{0,1} - \psi_{0,12}\eta_0, \tag{5.6.16}$$

那么,由(5.6.15)式,我们有

$$\eta_0 = -\frac{\psi_0}{c_0 - U}。 \tag{5.6.17}$$

于是,利用(5.6.13)式,就得

$$p_0 = -\frac{\psi_0}{c_0 - U}。 \tag{5.6.18}$$

这样一来，η_0 和 p_0 就都分别用 ψ_0 来表示了。

另外，还需要利用 x 方向的动量方程

$$-\frac{\partial^2 \bar{\psi}}{\partial \bar{t} \partial \bar{y}} - \left(U - \frac{\partial \bar{\psi}}{\partial \bar{y}}\right)\frac{\partial^2 \bar{\psi}}{\partial \bar{x} \partial \bar{y}} - \frac{\partial \bar{\psi}}{\partial \bar{x}}\frac{\partial^2 \bar{\psi}}{\partial \bar{y}^2} + U'\frac{\partial \bar{\psi}}{\partial \bar{x}} = -\frac{1}{\rho}\frac{\partial \bar{p}}{\partial \bar{x}}。$$

将上式无量纲化，再去掉无量纲的记号"—"，就可得

$$-\frac{\partial^2 \psi}{\partial t \partial y} - \left(U - \varepsilon\frac{\partial \psi}{\partial y}\right)\frac{\partial^2 \psi}{\partial x \partial y} - \varepsilon\frac{\partial \psi}{\partial x}\frac{\partial^2 \psi}{\partial y^2} + U^*\frac{\partial \psi}{\partial x} + \frac{\partial p}{\partial x} = 0。$$

将相应的渐近展开式代入上式可得

$$\varepsilon^0: c_0\psi_{0,12} - U\psi_{0,12} + U^*\psi_{0,1} + p_{0,1} = 0, \tag{5.6.19}$$

$$\varepsilon^0: c_0\psi_{1,12} - U\psi_{1,12} + U^*\psi_{1,1} + p_{0,1} = -c_1\psi_{0,12} - \psi_{0,2}\psi_{0,12} + \psi_{0,1}\psi_{0,22}。$$
$$\tag{5.6.20}$$

我们现在组合(5.6.13)式、(5.6.15)式和(5.6.19)式，就得到了在 $y = 0$ 上 ψ_0 所满足的条件

$$(c_0 - U)[(c_0 - U)\psi_{0,12} + U^*\psi_{0,1}] - \psi_{0,1} = 0。 \tag{5.6.21}$$

同理，由(5.6.14)式、(5.6.16)式和(5.6.20)式可得在 $y = 0$ 上 ψ_1 所满足的条件。另外，由(5.6.16)式可得

$$\eta_{1,1} = -\frac{\psi_{1,1}}{c_0 - U} - \frac{1}{c_0 - U}(c_1\eta_{0,1} + \psi_{0,2}\eta_{0,1} + \psi_{0,12}\eta_0)。 \tag{5.6.22}$$

再由(5.6.14)式可得

$$p_{1,1} = \eta_{1,1} - \eta_{0,1}p_{0,2} - \eta_0 p_{1,12}。$$

于是，利用(5.6.17)式、(5.6.18)式和(5.6.22)式，就可由 $\psi_{1,1}$ 和 ψ_0 及其导数来表示 $p_{1,1}$ 了。

最后，我们把 $p_{1,1}$ 代入(5.6.20)式，经整理后有

$$(c_0 - U)[(c_0 - U)\psi_{1,12} + U^*\psi_{1,1}] - \psi_{1,1}$$
$$= -\frac{1}{c_0 - U}(c_1\psi_{0,1} + \psi_{0,2}\psi_{0,1} + \psi_{0,12}\psi_0) + \frac{\psi_{0,1}}{(c_0 - U)^2}[\psi_{0,2}(c_0 - U) + U^*\psi_0] + \frac{\psi_0}{(c_0 - U)^2}[\psi_{0,12}(c_0 - U) + U^*\psi_{0,1}] - (c_1\psi_{0,12} + \psi_{0,2}\psi_{0,12} - \psi_{0,1}\psi_{0,22})(c_0 - U) \quad (y = 0)。$$
$$\tag{5.6.23}$$

这样,先从方程(5.6.9)、(5.6.11)式和(5.6.21)式求出 ψ_0,再从方程(5.6.10)、(5.6.12)式和(5.6.23)式我们就能求得 ψ_1。

为了便于求解,我们也假设无量纲的非均匀流速为
$$U = V\sqrt{1+y},$$
其中 V 为在 $y=0$ 处的无量纲流速。先来求 ψ_0,为此,我们设 $\psi_0 = D_0 \phi_0 \cos\theta$,其中 D_0 为常数,ϕ_0 为 y 的函数,尚需确定。把 ψ_0 代入方程(5.6.9)式、(5.6.11)式和(5.6.21)式,可得

$$L\phi_0 = \phi_0^{**} - \mu^2 \phi_0 \frac{\widetilde{U}^{**}}{\widetilde{U}-1} \phi_0 = 0, \tag{5.6.24}$$

$$\phi_0 = 0 \quad (y=-1), \tag{5.6.25}$$

$$M\phi_0 \equiv (\widetilde{U}-1)[(\widetilde{U}-1)\phi_0^* - \widetilde{U}^*\phi_0] - \frac{1}{c_0^2}\phi_0 = 0 \quad (y=0), \tag{5.6.26}$$

其中
$$\widetilde{U} = \frac{U}{c_0} = D\sqrt{1+y} \quad \left(D = \frac{V}{c_0}\right).$$

算子 L 和 M 都是线性算子。

根据(5.3.31)式和(5.3.34)式,由(5.6.24)~(5.6.26)式所确定的零阶近似 ϕ_0 为

$$\phi_0 = (1-\widetilde{U})\left\{[1+\mu^2 G_2(y)] + \frac{1}{c_0^2}[H_1(y)+\mu^2 H_3(y)]\right\}, \tag{5.6.27}$$

其中的 $G_2(y)$,$H_1(y)$,$H_3(y)$ 已在 §5-3 中给出过,而色散关系式为

$$1+\mu^2 G_2(-1) + \frac{1}{c_0^2}[H_1(-1)+\mu^2 H_3(-1)] = 0。 \tag{5.6.28}$$

对于给定的波数和非均匀流速分布,从上式可确定出 c_0,c_0 为在抛物线速度剖面的流动中线性水波的波速。因此,最后有

$$\psi_0 = D_0(1-\widetilde{U})\left([1+\mu^2 G_2(y)] + \frac{1}{c_0^2}[H_1(y)+\mu^2 H_3(y)]\right)\cos\theta, \tag{5.6.29}$$

其中 D_0 是任意常数。接下来我们再讨论关于 ψ_1 的求解问题。我们看到,若将(5.6.29)式代入方程(5.6.10)的右端项,便有

$$-c_1 D_0 \frac{U^{**}}{1-\widetilde{U}} \phi_0 \sin\theta + \frac{1}{2} D_0^2(\phi_0^* \phi_0^{**} - \phi_0 \phi_0^{***})\sin 2\theta。$$

若把(5.6.29)式代入(5.6.23)式的右端,便又有

$$c_1 D_0 c_0 \left(\frac{\phi_0}{c_0^2(1-\widetilde{U})} + (1-\widetilde{U})\phi_0^* \right) \sin\theta +$$

$$D_0^2 \left[\frac{c_0}{2}(1-\widetilde{U})(\phi_0^{*}{}^2 - \phi_0 \phi_0^{**}) - \frac{\widetilde{U}^*}{c_0(1-\widetilde{U})}\phi_0^2 \right] \sin 2\theta.$$

上述两个右端项中都包含了 $\sin\theta$ 和 $\sin 2\theta$ 这种项,因此可假设

$$\psi_1 = \phi_{11}(y)\cos\theta + \phi_{12}(y)\cos 2\theta.$$

上式右端的后面一项是由于非线性效应所引起的二次谐波。我们把 ψ_1 的表达式分别代入方程(5.6.10)、(5.6.12)式和(5.6.23)式,可以看出:为使 ψ_1 满足定解条件,只需 ϕ_{11} 和 ϕ_{12} 分别满足各自的定解条件即可。这时,ϕ_{11} 应满足

$$\mathrm{L}\phi_{11} = \frac{c_1 D_0}{c_0} \frac{\widetilde{U}^{**}}{(\widetilde{U}-1)^2}\phi_0, \tag{5.6.30}$$

$$\phi_{11} = 0 \quad (y=-1), \tag{5.6.31}$$

$$\mathrm{M}\phi_{11} = -\frac{c_1 D_0}{c_0}\left[\frac{\phi_0}{c_0^2(1-\widetilde{U})} + (1-\widetilde{U})\phi_0^* \right] \quad (y=0)。 \tag{5.6.32}$$

ϕ_{12} 应满足

$$\phi_{12}^{**} - 4\mu^2 \phi_{12} - \frac{\widetilde{U}^{**}}{\widetilde{U}-1}\phi_{12} = \frac{D_0^2}{4c_0(\widetilde{U}-1)}(\phi_0^* \phi_0^{**} - \phi_0 \phi_0^{***}), \tag{5.6.33}$$

$$\phi_{12} = 0 \quad (y=-1), \tag{5.6.34}$$

$$\mathrm{M}\phi_{12} = -\frac{D_0^2}{2c_0}\left[\frac{1-\widetilde{U}}{2}(\phi_0^{*2} - \phi_0\phi_0^{**}) - \frac{\widetilde{U}^*}{c_0^2(1-\widetilde{U})^2}\phi_0^2 \right] \quad (y=0)。$$

$$\tag{5.6.35}$$

这里,可以采用在第二章中已使用的论证方法。我们首先说明关于 ϕ_{12} 的定解问题(5.6.33)~(5.6.35)必然可解。我们看出该问题是一个非齐次问题,而所对应的齐次方程问题必定无非零解。假设齐次方程有非零解,则其解一定为(5.6.27)式的形式,只不过是把该式中的 μ 换成了 2μ 而已。但将 μ 换成了 2μ 后色散关系式(5.6.28)就不成立了。因此,齐次问题无非零解。那么,根据 Fredholm 择一定理可知,此时的非齐次问题总可解。

其次,我们说明关于 ϕ_{11} 的定解问题(5.6.30)~(5.6.32)必须满足一个可解性条件才可解。由于该问题也是一个非齐次问题,而所对应的齐次问题有非零解(即(5.6.27)式),因此,根据 Fredholm 择一定理可知:当且仅当非齐次项正交于齐次问题的所有非零解(即本征函数)时,非齐次问题才可解。把 Green 公式用于这个条件中的 ϕ_0 和 ϕ_{11},可得

$$\int_{-1}^{0} (\phi_0 L\phi_{11} - \phi_{11} L\phi_0) \mathrm{d}y = (\phi_0 \phi_{11}^* - \phi_{11} \phi_0^*)\Big|_{-1}^{0}.$$

利用(5.6.24)式、(5.6.30)式和(5.6.25)式、(5.6.31)式，上式可简化为

$$\frac{c_1 D_0}{c_0} \int_{-1}^{0} \phi_0^2 \frac{\widetilde{U}^{**}}{(1-\widetilde{U})^2} \mathrm{d}y$$

$$= \left\{ \phi_0 \left[\widetilde{U}^* \phi_{11} + \left(\frac{\phi_{11}}{c_0^2} - \frac{c_1 D_0}{c_0^2} \left(\frac{\phi_0}{c_0^2(1-\widetilde{U})} + (1-\widetilde{U})\phi_0^* \right) \frac{1}{\widetilde{U}-1} \right) \frac{1}{\widetilde{U}-1} \right] - \phi_0^* \phi_{11} \right\} \bigg|_{y=0}.$$

利用(5.6.26)式，恰巧能把上式右端项中的 ϕ_{11} 消去，因此，就不必知道 ϕ_{11} 的具体形式，最后可得

$$\frac{c_1 D_0}{c_0} \left\{ \int_{-1}^{0} \phi_0^2 \frac{\widetilde{U}^{**}}{(\widetilde{U}-1)^2} \mathrm{d}y - \left[\frac{\phi_0}{(\widetilde{U}-1)^2} \left(\frac{\phi_0}{c_0^2(\widetilde{U}-1)} + (\widetilde{U}-1)\phi_0^* \right) \right] \bigg|_{y=0} \right\} = 0. \tag{5.6.36}$$

下面，我们来估计上式大括号中的值 S，记

$$I = 1 + \mu^2 G_2(y) + \frac{1}{c_0^2}[H_1(y) + \mu^2 H_3(y)],$$

则 S 就为

$$S = \int_{-1}^{0} I^2 U^{**} \mathrm{d}y - \frac{1}{1-D}\left[-\frac{1}{c_0^2} - (1-D)\left(-\frac{D}{2} + \frac{1}{c_0^2(1-D)} \right) \right].$$

将其中的积分进行二次分部积分并应用中值定理，可得

$$S = \frac{2}{c_0^2(1-D)^2}(-D + D\sqrt{1+\bar{y}} + 1), \quad \bar{y} \in (-1, 0).$$

因为我们总假设 $D < 1$，所以，总有 $S > 0$，故只能有

$$c_1 = 0,$$

即在波速 c 的渐近展开式中一阶近似项为零。因此，色散关系式(5.6.28)式可以应用于弱非线性的场合，这一点与第四章中得到的静水中的结果是一致的。

附录 (5.3.49)式的证明

当考察 $D \to 0$ 的极限时，可把有关的函数展开成关于 D 的 Taylor 级数，根据(5.3.38)式，有

$$H_1(-1) = -1 - \frac{4}{3}D - \frac{3}{2}D^2 - \frac{8}{5}D^3 - \frac{5}{3}D^4 + O(D^5).$$

因此当 $D \to 0$ 时,有

$$H_1(-1) \to -1 \text{。} \tag{A-1}$$

又根据(5.3.39)式,有

$$G_1(-1) = -2\left(\frac{1}{2} - \frac{D}{3} + \frac{D^2}{4}\right)H_1(-1) - \left(J_2 - \frac{2D}{3}J_3 + \frac{D^2}{4}J_4\right)\text{。}$$

显然,当 $D \to 0$ 时,上式右端第一项趋于 1,而根据(5.3.40)~(5.3.42)式,上式右端第二项中的 J_2,J_3 和 J_4 为

$$J_2 = \frac{1}{2} + \frac{4}{5}D + \cdots, \tag{A-2}$$

$$J_3 = \frac{2}{5} + \frac{2}{3}D + \cdots, \tag{A-3}$$

$$J_4 = \frac{1}{3} + \frac{4}{7}D + \cdots, \tag{A-4}$$

因此,当 $D \to 0$ 时,有

$$G_2(-1) \to \frac{1}{2}\text{。} \tag{A-5}$$

最后,根据(5.3.43)式,我们记

$$H_{31} = N_2 \cdot H_1(-1), \quad H_{32} = -H_1(-1) \cdot J_2,$$

$$H_{33} = -\frac{4}{3D} = \left[2\ln(1-D) + \frac{2}{1-D} - 1\right] \cdot J_3,$$

$$H_{34} = \left[\ln(1-D) + \frac{1}{1-D}\right] \cdot J_4, \quad H_{35} = \frac{4}{D^4} = \left[\frac{L_1}{3} - \frac{L_2}{4}\right],$$

$$H_{36} = -\frac{1}{D^4} = \left[\frac{M_1}{9} - \frac{M_2}{16}\right]\text{。}$$

下面分别来考察 $D \to 0$ 时各项的极限。根据(5.3.44)式,我们有

$$N_2 = \frac{1}{2} - \frac{7}{36}\frac{1}{D^4} + O(D),$$

故

$$H_{31} = -\frac{19}{108} + \frac{14}{45}\frac{1}{D} + \frac{7}{24}\frac{1}{D^2} + \frac{7}{27}\frac{1}{D^3} + \frac{7}{36}\frac{1}{D^4} + O(D)\text{。}$$

再利用(A-1)和(A-2)两式,有

$$H_{32} = \frac{1}{2} + O(D)\text{。}$$

同理,得到

$$H_{33} = -\frac{8}{9} - \frac{8}{15}\frac{1}{D} + O(D),$$

$$H_{34} = \frac{1}{3} + O(D),$$

$$H_{35} = \frac{7}{108} + \frac{2}{9}\frac{1}{D} + \frac{5}{12}\frac{1}{D^2} + \frac{2}{9}\frac{1}{D^3} + O(D),$$

$$H_{36} = \frac{1}{8}\frac{1}{D^2} - \frac{1}{27}\frac{1}{D^3} - \frac{7}{36}\frac{1}{D^4} + O(D)。$$

因为

$$H_3(-1) = H_{31} + H_{32} + H_{33} + H_{34} + H_{35} + H_{36},$$

所以当 $D \to 0$ 时,就有

$$H_3(-1) \to -\frac{1}{6}。$$

第六章 内 波

·水·波·动·力·学·基·础·

本章讨论在分层流体内部的波动——内波。这里仅讨论小振幅波的内波，并且也用小振幅波的色散关系来讨论稳定性问题。首先我们讨论界面的问题，然后再讨论连续分层流体的问题，并分别给出一些例子。对于连续分层流体的稳定性问题，还将给出一些一般性的结果。

§6-1 界面的稳定性

设有一密封容器，将它装上水但并不装满。若使该容器突然向前运动，显然该容器内的水会晃动起来；如果将装满水的容器突然向前运动，其中的水也会晃动起来吗？答案是：容器内的水不可能发生晃动。

产生上述现象的原因是：在不可压缩流体中，重力波只能在密度分层的介质中才能发生，当然自由面是密度分层的一种极端情况。因此，如把均匀流体充满一容器，则容器内的流体无论如何不会发生波动。

对这一结论可以给出一般证明，为简单起见，我们只考虑静态的情况。假设在一种越向上密度越小的分层流体中，有一个流体质点突然离开了平衡位置，例如，向上移动了一个微小的距离，则此时该流体质点受到的重力必大于浮力，故要向下运动，并且由于惯性将越过原来的平衡位置。一旦流体质点向下产生一个位移后，它所受的重力必将小于浮力，故该质点又要向上运动。因此，在重力场中的、密度越向上越小的分层流体里，波是可能产生的。在通常的空气与水组成的一种特殊的分层流体里，在空气与水的界面上就有可能产生以前所讨论过的表面波。在空气和淡水以及盐水组成的分层流体里，除了在空气与淡水的界面上可能产生表面波以外，在淡水与盐水的界面上也有可能产生重力波。为了将这种重力波和表面波区别开来，我们就将这种波称为**内波**。

现在，我们来讨论两层叠加流体的界面波稳定性问题，界面的稳定性与界面上产生的波有密切关系，而且利用波的色散关系就可以讨论界面的稳定与否。

我们设上、下两层流体均无限深,且上、下两种流体不能溶混,流动是二维的。如图 6-1 所示,上层流体的密度为 ρ',压力为 p',x 方向的速度为 U';而下层流体的密度为 ρ,压力为 p,x 方向的速度为 U。除了界面外,两种流体都作无旋运动,设扰动速度势分别为 φ' 和 φ。界面方程在未扰动时为 $y=0$,扰动后为 $y=\eta(x,t)$。这时,扰动速度势 φ' 和 φ 分别满足

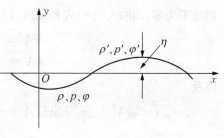

图 6-1

$$\nabla^2 \varphi' = 0, \quad (6.1.1a)$$
$$\nabla^2 \varphi = 0。 \quad (6.1.1b)$$

界面上的运动学条件分别为

$$\varphi'_y = \eta_t + U'\eta_x \quad (y=0), \quad (6.1.2a)$$
$$\varphi_y = \eta_t + U'\eta_x \quad (y=0)。 \quad (6.1.2b)$$

动力学条件为

$$p' - p = \alpha \eta_{xx} \quad (y=0), \quad (6.1.3)$$

其中 α 为表面张力系数。上式中的 p' 和 p 可分别由 Bernoulli 方程来确定:

$$\varphi'_t + g\eta + U'\varphi'_x + \frac{p'}{\rho'} = 0, \quad (6.1.4a)$$
$$\varphi_t + g\eta + U\varphi_x + \frac{p}{\rho} = 0。 \quad (6.1.4b)$$

此外,在上、下无穷远处,应有

$$\varphi' \to 0 \quad (y \to +\infty), \quad (6.1.5a)$$
$$\varphi \to 0 \quad (y \to -\infty)。 \quad (6.1.5b)$$

为了研究界面的稳定性,可设想给平衡状态一个小扰动。如果扰动的幅度不随时间增大,则界面是稳定的;反之则是不稳定的。当然,最简单的扰动是一系列波幅很小的行波,根据(6.1.1)式和(6.1.5)式,我们不妨设

$$\varphi' = A' e^{-ky} e^{i(kx-\omega t)}, \quad (6.1.6a)$$
$$\varphi = A e^{ky} e^{i(kx-\omega t)}。 \quad (6.1.6b)$$

扰动后的界面为

$$\eta = \eta_0 e^{i(kx-\omega t)}, \quad (6.1.7)$$

其中 k 和 ω 分别是行波的波数和频率。A' 和 A 是两个常数,η_0 为行波的波幅,它

们均不为零。将(6.1.6)式和(6.1.7)式分别代入(6.1.2)式和(6.1.3)式,可得

$$-kA' = (kU' - \omega)i\eta_0, \quad (6.1.8a)$$
$$kA = (kU - \omega)i\eta_0, \quad (6.1.8b)$$

以及

$$-\rho'(-i\omega A' + g\eta_0 + ikU'A') + \rho(-i\omega A + g\eta_0 + ikUA) = -\alpha k^2 \eta_0. \quad (6.1.8c)$$

从(6.1.8a)式和(6.1.8b)式可分别解得 A' 和 A。然后,代入(6.1.8c)式,显然 $\eta_0 \neq 0$,于是可从等式两边消去 η_0,最后得

$$\rho'(\omega - U'k)^2 + \rho'gk + \rho(\omega - Uk)^2 - \rho gk = \alpha k^3,$$

或者

$$\rho'\left(U' - \frac{\omega}{k}\right)^2 + \rho\left(U - \frac{\omega}{k}\right)^2 = \alpha k + (\rho - \rho')\frac{g}{k}.$$

将 $\frac{\omega}{k}$ 作为一元二次方程的根,求得 $\frac{\omega}{k}$ 为

$$c = \frac{\omega}{k} = \frac{\rho'U' + \rho U}{\rho' + \rho} \pm \left\{\frac{g}{k}\frac{\rho - \rho'}{\rho + \rho'} - \frac{\rho'\rho}{(\rho' + \rho)^2}(U - U')^2 + \frac{\alpha k}{\rho' + \rho}\right\}^{\frac{1}{2}}. \quad (6.1.9)$$

这就是界面上内波的色散关系式 $c = c(k)$。对于给定的波数 k,界面上行波的波速还要受到上、下两层流体的密度和速度以及界面上表面张力系数的影响。现在,我们利用这个色散关系式来讨论界面的稳定性问题。将(6.1.9)式根号中的表达式记为 R,对于给定的实数 k,当 $R \geqslant 0$ 时,ω 为实数,扰动就保持为幅度不变的行波;而当 $R < 0$ 时,ω 为一复数,其实部和虚部分别为 ω_r 和 ω_i,即 $\omega = \omega_r \pm i\omega_i$,其中 $\omega_i > 0$。当 $R < 0$ 时,将 $\omega = \omega_r \pm i\omega_i$ 代入(6.1.7)式,可得

$$\eta = \eta_0 e^{\omega_i t} e^{i(kx - \omega_r t)}. \quad (6.1.10)$$

由上式可见,必有一模态的振幅要依指数规律增大,即行波的波幅随时间由小变大。最后行波可能破碎,从而导致界面不稳定。另外,R 中的第一项表示密度对稳定性的影响,若下层流体的密度比上层的大,则有利于稳定;R 中的第二项表示相对流速对稳定性的影响,相对流速的增大总是不利于稳定的;R 中的最后一项表明,在现在的情况中(平衡位置为一平面),表面张力总是有利于稳定的。当然,最终应由这3种因素综合起来才能确定界面稳定与否。

上述稳定性问题称为 Kelvin-Helmholtz 问题(**动态稳定性问题**)。当 $U = U' = 0$ 时,这种稳定性问题称为 Rayleigh-Taylor 问题(**静态稳定性问题**)。

下面来讨论一个 Rayleigh–Taylor 稳定性的实例,此时 $U = U' = 0$。由于存在表面张力,故轻流体有可能支持重流体,但这种支持作用是有条件的,现在我们就来导出这个条件。在(6.1.9)式中,为使

$$\frac{g}{k}\frac{\rho-\rho'}{\rho+\rho'} + \frac{ak}{\rho+\rho'} > 0,$$

注意此时 $\rho - \rho' < 0$,要求

$$k^2 > -\frac{g}{a}(\rho-\rho') = \frac{g}{a}|\rho-\rho'|.$$

由于波长 $\lambda = \frac{2\pi}{k}$,故有

$$\lambda < 2\pi\sqrt{\frac{a}{g|\rho-\rho'|}} = \lambda_0, \tag{6.1.11}$$

其中 λ_0 为临界波长,当系统确定以后,λ_0 就唯一确定了。我们能在垂直放置的空心玻璃管中保持一段液柱,就是因为液柱上、下表面的扰动总小于 $2D$(D 为管子的内径),故只要当 $2D$ 小于 λ_0 时,就能满足轻流体支持重流体的条件。但当该条件不满足时,一旦产生扰动,这段液柱就不稳定了,这就是为什么我们只能在垂直的细管子中看到一段液柱的原因。还有,在塑料窗纱上泼一些水,在网眼中形成的液膜也是因为网眼尺寸较小而能满足 $\lambda < \lambda_0$ 的缘故。

最后,我们用 Kelvin–Helmholtz 稳定性来解释大气中脊状云的生成,假设在大气中有上、下两层不同密度和不同速度的气层,其界面由于不稳定而成为波状。在波峰处,流体质点上升,大气中的水汽就凝结而生成云;在波谷处,流体质点下降,大气中的水汽更偏离饱和点,结果就在空中出现我们经常见到的脊状云。如果在考虑到大气的可压缩性后再作一些必要的修正的话,则观察结果和上述结果还是能够吻合的。

根据(6.1.10)式,不稳定的波幅由于因子 $\exp(\omega_i t)$ 随时间 t 增长,其中扰动增长率 ω_i 是 k 的函数,因此对于不稳定的扰动来说,具有最大扰动增长率的扰动起着决定性的作用。

如果上、下两层流体的水平速度 U' 和 U 不相等,则可知界面是一个涡层。但由(6.1.8a)式和(6.1.8b)式可知,因为 $A = -A'$,所以,即使 U' 和 U 相等,但在界面两侧的水平方向的扰动速度则恰恰相反。因此,如果在界面上取一微段 ds、高度为 2ε(ε 为小量)的矩形来包围这微段 ds 时,则在沿着矩形的 4 边计算环量时,该环量不为零,即矩形中的涡量也不为零。在令 $\varepsilon \to 0$ 后可知,上述界面就是一个涡面。因此,我们不能在包含界面的整个区域中建立一个统一的扰动速度势,而必须分区建立扰动速度势。

§6-2 管中两层叠加流体的不稳定性

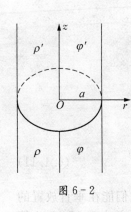

图 6-2

现在,我们来考察直径较大的管中的两层叠加流体(见图 6-2)。设上层流体的密度比下层的大,则在这种情况下,界面是不稳定的。但不稳定的模态是何种模态? 下面,我们来进行详细的计算。因为若不经过详细的计算,则结果是很难判断的。

按文献[16],设上、下层流体的密度分别为 ρ' 和 ρ,且假定 $\rho'>\rho$。又管截面是一个半径为 a 的圆,管轴垂直向上,如图 6-2 所示,建立圆柱坐标系 (r, θ, z)。假定流体从静止开始运动,忽略黏性的影响,则上、下两种流体运动的速度势分别为 φ' 和 φ,壁面上的边界条件为

$$\frac{\partial \varphi}{\partial r}=0 \text{ 和 } \frac{\partial \varphi'}{\partial r}=0 \quad (r=a)。 \tag{6.2.1}$$

无穷远处的条件为

$$\varphi \to 0 \text{ (当 } z \to -\infty),$$

和

$$\varphi' \to 0 \text{ (当 } z \to \infty)。$$

因为 φ' 和 φ 都满足 Laplace 方程,所以

$$\frac{\partial^2 \varphi}{\partial r^2}+\frac{1}{r}\frac{\partial \varphi}{\partial r}+\frac{1}{r^2}\frac{\partial^2 \varphi}{\partial \theta^2}+\frac{\partial^2 \varphi}{\partial z^2}=0。$$

因为现在我们考察的是不稳定状态,所以不妨设

$$\varphi=Ce^{\sigma t}\Phi(r, \theta, z)。$$

不稳定的模态要求 $\sigma>0$。关于函数 Φ,显然有

$$\nabla^2 \Phi=0,$$

$$\frac{\partial \Phi}{\partial r}=0 \quad (r=a),$$

$$\frac{\partial \Phi}{\partial z}=-\frac{\sigma^2}{y}\Phi \quad (z=0)。$$

我们用分离变量法求解。设 $\Phi=R(r)\Theta(\theta)Z(z)$,将该式代入 Laplace 方程,就有

$$\frac{R''}{R} + \frac{1}{r}\frac{R'}{R} + \frac{1}{r^2}\frac{\Theta''}{\Theta} = -\frac{Z''}{Z} = -k_m^2 \text{。} \qquad (6.2.2)$$

上式中将常数取成负数可以保证 φ 在 z 方向上具有衰减特性。从上式解得 Z 为

$$Z = Ae^{-k_m z} + Be^{k_m z}$$

为满足无穷远的条件,对 φ' 来说,Z 应取为 $e^{-k_m z}$(即 $B = 0$);对 φ 来说,Z 应取为 $e^{k_m z}$(即 $A = 0$)。再求解另外两个未知函数,由方程(6.2.2),有

$$r^2\frac{R''}{R} + r\frac{R'}{R} + k_m^2 r^2 = -\frac{\Theta''}{\Theta} = a^2 \text{。}$$

将上式中的常数取成正数能使 φ 在 θ 方向是周期变化的函数。对于 Θ,有

$$\Theta = C\cos a\theta + D\sin a\theta \text{。}$$

一般可取 $\Theta = C\cos a\theta$,因为在物理上应有 $\Theta(\theta) = \Theta(\theta + 2n\pi)$($n$ 整数),故 a 也为整数,不妨就取为 n,因此

$$\Theta = \cos n\theta \text{。}$$

又,关于 R 的方程化为

$$R'' + \frac{1}{r}R' + \left(k_m^2 - \frac{n^2}{r^2}\right)R = 0 \text{。}$$

这是 n 阶的 Ressel 方程,其解应在 $r = 0$ 处有界,故只能是 $R = J_n(k_m r)$。最后,有

$$\varphi' = C'\exp(\sigma t - k_m z)\cos n\theta J_n(k_m r),$$
$$\varphi = C\exp(\sigma t + k_m z)\cos n\theta J_n(k_m r) \text{。}$$

利用(6.2.1)式可得特征值 k_m 所应满足的关系式,即特征值 k_m 是方程

$$J_n'(k_m r) = \frac{dJ_n(k_m r)}{dr} = 0$$

的根。求解上面的超越方程,得

当 $n = 0$ 时,$k_m a = 3.8317, 7.0156, 10.1735, \cdots$,
当 $n = 1$ 时,$k_m a = 1.84, 5.33, 8.53, \cdots$,
当 $n = 2$ 时,$k_m a = 3.05, 6.70, 9.97, \cdots$。

从界面上的运动学条件可知,垂直方向的速度必须连续,即

$$\frac{\partial \varphi}{\partial z} = \frac{\partial \varphi'}{\partial z} = \frac{\partial \zeta}{\partial t} \quad (z = 0), \qquad (6.2.3)$$

这里 ζ 是界面的位移。如果记上、下层流的压力分别为 p' 和 p,则界面上的动力学条件为

$$p - p' = -T\left(\frac{1}{R_1} + \frac{1}{R_2}\right) \quad (z=0),$$

其中 T 是表面张力系数，R_1 和 R_2 是主曲率半径，如果曲率中心在界面上方，则 R_1 和 R_2 为正。因为曲面上任何两条正交曲线的曲率之和等于两主曲率之和，所以

$$p - p' = -T\left(\frac{\partial^2 \zeta}{\partial r^2} + \frac{1}{r}\frac{\partial \zeta}{\partial r} + \frac{1}{r^2}\frac{\partial^2 \zeta}{\partial \theta^2}\right). \tag{6.2.4}$$

根据界面上的运动条件，可取

$$\zeta = a e^{\sigma t} \cos n\theta J_n(k_m r),$$

则由(6.2.3)式，可得

$$C k_m = -C' k_m = \sigma a. \tag{6.2.5}$$

压力 p' 和 p 可从 Bernoulli 方程求得为

$$\frac{p'}{\rho'} = -\frac{\partial \phi'}{\partial t} - g\zeta \text{ 和 } \frac{p}{\rho} = -\frac{\partial \phi}{\partial t} - g\zeta.$$

再由(6.2.4)式可得

$$\rho(-\sigma c - ga) - \rho'(-\sigma c' - ga) = T k_m^2 a. \tag{6.2.6}$$

在推导上式时要利用到 Bessel 函数的递推公式。将(6.2.5)式和(6.2.6)式联立起来消去 c, c' 和 a，结果可得

$$\sigma^2 = \frac{g(\rho' - \rho) k_m}{\rho + \rho'} - \frac{T k_m^3}{\rho + \rho'}. \tag{6.2.7}$$

于是，如果

$$k_m^2 < \frac{g(\rho' - \rho)}{T}, \tag{6.2.8}$$

则因为存在正的 σ，故界面就不稳定。(6.2.7)式还可写为

$$\sigma^2 = \frac{T(k_m a)}{(\rho + \rho') a^3}\left[\frac{g(\rho - \rho') a^2}{T} - (k_m a)^2\right]. \tag{6.2.9}$$

于是，根据 $\dfrac{g(\rho' - \rho) a^2}{T}$ 的值就可知哪种模态是不稳定的。如果该值很大，则不稳定模态可有相当高的特征值；如果该值最小，则不稳定的模态对应于 $n = 1$ 时的 $k_m a = 1.84$。因此，当逐渐增大密度差时，首先发生的不稳定模态不是轴对称的，这是一个相当有趣的事实。而且，只要密度差增大到

$$\left[\frac{g(\rho'-\rho)}{T}\right]^{\frac{1}{2}} a = 1.84$$

时,就首先产生非轴对称的不稳定。

§6-3 界面上的波

这里假定在河口海岸区域中,海水(盐水)的深度为 h,密度为 ρ;河水(淡水)的深度为 h',密度为 $\rho'(<\rho)$。海水和河水都仅处于波动状态(见图 6-3),表面波和内波的波速都为 c。若在以速度 c 向 x 轴正向作平动的坐标系中来考察波动的话,则波形是固定不变的,而水则沿着固定的波向 x 轴负向流动,且其流速为 $-c$,总之,此时的流动是定常运动。在这一节中,我们使用流函数来处理。设下层流动的流函数 ψ 为

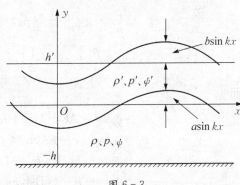

图 6-3

$$\psi = -cy - A\,\mathrm{sh}\,k(y+h)\sin kx, \tag{6.3.1}$$

上层流动的流函数 ψ' 为

$$\psi' = -cy - (B\,\mathrm{ch}\,ky + D\,\mathrm{sh}\,ky)\sin kx。 \tag{6.3.2}$$

上面两个流函数均满足二维的 Laplace 方程。在底部 $y = -h$ 上,有 $\psi = ch = $ 常数,即满足底部是边界流线的要求。在界面处,设波高 η 为

$$\eta = a\sin kx。 \tag{6.3.3}$$

同时设界面为零流线,即 $\psi = \psi' = 0$,则有

$$-ca - A\,\mathrm{sh}\,kh = 0, \tag{6.3.4a}$$
$$-ca - B = 0。 \tag{6.3.4b}$$

而自由面的方程为

$$y = h' + b\sin kx。 \tag{6.3.5}$$

由于自由面也为一流线,故在自由面上 $\psi' = $ 常数,即从 (6.3.2) 式得

$$-c(h' + b\sin kx) - (B\,\mathrm{ch}\,kh' + D\,\mathrm{sh}\,kh')\sin kx = 常数。$$

在这一节中,我们认为 a, b 和 A, B, D 都是小量,故这些量的二阶量均可忽略

不计。要使上式为常数，必须使 $\sin kx$ 的系数为零，即

$$-bc - (B\operatorname{ch} kh' + D\operatorname{sh} kh') = 0。 \tag{6.3.6}$$

从(6.3.4)式和(6.3.6)式可得

$$A = -\frac{ca}{\operatorname{sh} kh}, \quad B = -ca,$$

$$D = ca\operatorname{cth} kh' - \frac{cb}{\operatorname{sh} kh'}。$$

上、下两层流体的 Bernoulli 方程为

$$\frac{p'}{\rho'} + gy + \frac{1}{2}[(\psi'_x)^2 + (\psi'_y)^2] = 常数, \tag{6.3.7}$$

$$\frac{p}{\rho} + gy + \frac{1}{2}[\psi_x^2 + \psi_y^2] = 常数。 \tag{6.3.8}$$

而

$$\psi_x = -Ak\operatorname{sh} k(y+h)\cos kx,$$

$$\psi_y = -c - kA\operatorname{ch} k(y+h)\sin kx,$$

$$\psi'_x = -k(B\operatorname{ch} ky + D\operatorname{sh} ky)\cos kx,$$

$$\psi'_y = -c - k(B\operatorname{sh} ky + D\operatorname{ch} ky)\sin kx。$$

将以上有关的几个式子都代入到(6.3.7)式和(6.3.8)式中，并注意到二阶小量均可忽略，则在界面处就有

$$\frac{p'}{\rho'} + ga\sin kx + kcD\sin kx = 常数,$$

$$\frac{p}{\rho} + ga\sin kx + kcA\operatorname{ch} kh\sin kx = 常数。$$

因为压力在界面处是连续的，故 $p = p'$。因此可得

$$ga(\rho - \rho') + ck(\rho A\operatorname{ch} kh - \rho'D) = 0。 \tag{6.3.9}$$

将 A, D 之值代入上式，有

$$g(\rho - \rho') = c^2 k\left(\rho\operatorname{cth} kh + \rho'\operatorname{cth} kh' - \rho'\frac{b}{a}\operatorname{csch} kh'\right)。 \tag{6.3.10}$$

另外，在自由面上，我们有

$$\frac{p'}{\rho'} + gh' + gb\sin kx + ck(B\operatorname{sh} kh' + D\operatorname{ch} kh')\sin kx = 常数,$$

所以

$$gb + ck(B\,\text{sh}\,kh' + D\,\text{ch}\,kh') = 0_\circ$$

将 B, D 之值代入上式得

$$g = c^2 k \left(\text{cth}\,kh' - \frac{a}{b}\text{csch}\,kh' \right)_\circ \tag{6.3.11}$$

由上式解得 $\dfrac{b}{a}$ 为

$$\frac{b}{a} = \frac{c^2 k}{c^2 k\,\text{ch}\,kh' - g\,\text{sh}\,kh'}_\circ \tag{6.3.12}$$

为了简单起见,在(6.3.10)式中取 $h \to \infty$,亦即海水为无限深的情况。再将(6.3.12)式代入(6.3.10)式,便有

$$g(\rho - \rho') = c^2 k \left(\rho + \rho'\,\text{cth}\,kh' - \rho'\,\text{csch}\,kh'\,\frac{c^2 k}{c^2 k\,\text{ch}\,kh' - g\,\text{sh}\,kh'} \right)_\circ$$

将上式整理后就得到关于 $(c^2 k)$ 的一元二次方程

$$(c^2 k)^2 (\rho\,\text{cth}\,kh' + \rho') - (c^2 k)\rho g(1 + \text{cth}\,kh') + g^2(\rho - \rho') = 0_\circ \tag{6.3.13}$$

(6.3.13)式可变形为

$$[c^2 k(\rho' + \rho\,\text{cth}\,kh') - g(\rho - \rho')][c^2 k - g] = 0_\circ$$

于是,有

$$c^2 = \frac{g}{k}, \tag{6.3.14a}$$

和

$$c^2 = \frac{g}{k}\frac{\rho - \rho'}{\rho\,\text{cth}\,kh' + \rho'}_\circ \tag{6.3.14b}$$

可见,(6.3.14a)式中的 c 值与上面没有流体(淡水)时的深水波波速是相同的。为了研究第二个 c 值,令

$$\frac{g(\rho - \rho')h'}{\rho c^2} = l, \quad \frac{\rho'}{\rho} = s, \quad kh' = x,$$

则(6.3.14b)式化为

$$\frac{1}{x} = \text{cth}\,x + s,$$

或者

$$f(x) = s + \left(\operatorname{cth} x - \frac{l}{x}\right) = 0,$$

也可写为

$$f(x) = s + \left(\operatorname{cth} x - \frac{1}{x}\right) - \frac{l-1}{x} = 0.$$

我们仅讨论上面方程在什么情况下可有正根。上式中的第二项为

$$\operatorname{cth} x - \frac{1}{x} = \frac{x \operatorname{ch} x - \operatorname{sh} x}{x \operatorname{sh} x},$$

其分母大于零;这一项右端的分子在 $x=0$ 时为零,但分子的导数恒正,故分子也总大于零。因为当 $l \leqslant 1$ 时,上述方程没有正根,即此时对于给定的系统(给定 ρ,ρ',h'),当 $l \leqslant 1$ 时,不论 c^2 取何值也找不到一个正的波数 k 与之对应。当 $l > 1$ 时,因为 $f(0) = -\infty$,$f(\infty) = 1+s$,而且由于 $f'(x) > 0$,故有也仅有一个正根。亦即当 $l > 1$ 时,c^2 可以有一个正的波数 k 与之相对应,也就是说此时由(6.3.14b)式所确定的 c 值可以作为以 k 为波数的某一行波的波速。

总之,对于给定的波数为 k 的表面波和内波都可以以深水波的波速 $\sqrt{\dfrac{g}{k}}$ 进行传播。此外,由(6.3.14b)式求得的 c^2 如果满足

$$l < 1, \text{即 } c^2 < \frac{g(\rho - \rho')h'}{\rho},$$

则给定的波数为 k 的表面波和内波还可以以另一个波速

$$c = \sqrt{\frac{g}{k} \frac{\rho - \rho'}{\rho \operatorname{cth} kh' + \rho'}}$$

进行传播。

根据(6.3.12)式我们还可以知道:当 $c^2 > \dfrac{g}{k} \operatorname{th} kh'$ 时,表面波和内波是同相的;当 $c^2 < \dfrac{g}{k} \operatorname{th} kh'$ 时,两种波是反相的(相位差为 $180°$)。这就是说,要确定表面波和内波是同相的或者是反相的,则要看 c 是大于还是小于小振幅波的波速。假如 $c^2 = \dfrac{g}{k} \operatorname{th} kh'$,则因 $\dfrac{b}{a} \to \infty$,就不能应用以上的解法。

现在将(6.3.14a)式中的 c^2 代入(6.3.12)式,得

$$\frac{b}{a} = \frac{1}{\operatorname{ch} kh' - \operatorname{sh} kh'} = e^{kh'}.$$

由上式可知内波的波幅比表面波的波幅要小得多。但将(6.3.14b)式中的 c^2 代入(6.3.12)式的话,则有

$$\frac{b}{a} = -\left(\frac{\rho}{\rho'} - 1\right) e^{-kh'},$$

$$\frac{a}{b} = -\frac{\rho'}{\rho - \rho'} e^{kh'}.$$

从上式可知,当 ρ 略大于 ρ' 时,内波的波幅要比表面波的波幅大得多。1893—1896 年期间,挪威的考察船"弗雷姆"号在北欧的海域里进行考察。当时海面上由于冰的溶化有一层淡水浮在盐水上,因此尽管表面波很小,但船舶在航行时仍受到很大的兴波阻力,这就是由于在界面上产生了很大的内波所致。所以 Phillips 在 1977 年曾写道:"内波并非像表面波那样凭我们一般的经验所能捉摸,……已经发现了以前难以想象的内波的各种动力学特点。"

§6-4 圆截面水槽中的内波

在本节我们将给出另一个求解内波的例子。当要研究某一长条形湖泊中的水波时,通常可用一直河道来代替湖泊。又当湖深比湖宽小得多时,湖底可近似地取为一圆弧。湖泊研究者经常使用两层均匀湖水叠加的模型来近似地描述温度和密度分布。下面对于这一模型来说明求解的过程。

几何量如图 6-4 所示,设上、下两层流体的密度分别为 ρ_1 和 ρ_2,深度分别为 d_1 和 d_2。因为每一层的密度是均匀的,故可假定上、下两层流体的运动分别具有速度势 φ_1 和 φ_2,于是

$$\nabla^2 \varphi_1 = 0, \quad (6.4.1a)$$

$$\nabla^2 \varphi_2 = 0。 \quad (6.4.1b)$$

在此,$\nabla^2 = \frac{\partial^2}{\partial x^2} + \frac{\partial^2}{\partial y^2}$。将水平方向取为 x 轴,垂直方向取为 y 轴,那么,上、下两层流动的速度势在固壁处都要满足

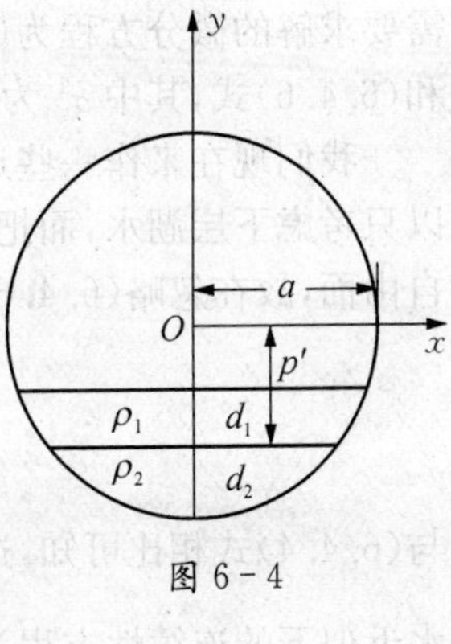

$$\frac{\partial \varphi_i}{\partial n} = 0 \quad (i = 1, 2)。 \quad (6.4.2)$$

图 6-4

在自由面上应满足

$$\frac{\partial^2 \varphi_1}{\partial t^2} + g \frac{\partial \varphi_1}{\partial y} = 0 。 \tag{6.4.3}$$

如果假定所有的扰动量都包含了因子 $\exp(-i\sigma t)$,则上面的条件可化为

$$\sigma^2 \varphi_1 = g \varphi_{1,y} 。 \tag{6.4.4}$$

又界面上的运动学条件为

$$\varphi_{1,y} = \varphi_{2,y} 。 \tag{6.4.5}$$

在界面上利用 Bernoulli 方程可得

$$\frac{p_1}{\rho_1} + \frac{\partial \varphi_1}{\partial t} + g\eta = 0, \quad \frac{p_2}{\rho_2} + \frac{\partial \varphi_2}{\partial t} + g\eta = 0,$$

其中 η 为界面的垂直位移。由界面上的动力学条件可知:界面上两层流体的压力相等,即 $p_1 = p_2$,所以

$$\rho_1 \frac{\partial \varphi_1}{\partial t} - \rho_2 \frac{\partial \varphi_2}{\partial t} + (\rho_1 - \rho_2)g\eta = 0 。$$

再把上式关于 t 求导,就可消去 η,即有

$$\rho_1 \frac{\partial^2 \varphi_1}{\partial t^2} - \rho_2 \frac{\partial^2 \varphi_2}{\partial t^2} + g(\rho_1 - \rho_2)\varphi_{2,y} = 0 。$$

故

$$\sigma^2(\rho_2 \varphi_2 - \rho_1 \varphi_1) = g(\rho_2 - \rho_1)\varphi_{2,y} 。 \tag{6.4.6}$$

需要求解的微分方程为(6.4.1),边界条件为(6.4.2)式、(6.4.4)式、(6.4.5)式和(6.4.6)式,其中 σ^2 为特征值。

我们现在来作一些近似处理,这里仅讨论下层极端薄的情况。这时,我们可以只考虑下层湖水,而把上层湖水当作大气来看待,因此原来的界面现在变成了自由面,故在忽略(6.4.6)式中的 φ_1 后,该式成为

$$\sigma^2 \varphi_2 = \frac{(\rho_2 - \rho_1)}{\rho_2} g \varphi_{2,y} 。 \tag{6.4.7}$$

与(6.4.4)式相比可知,这时的重力加速度应修正为 $g' = \frac{(\rho_2 - \rho_1)}{\rho_2} g$。这样,在浅水近似下的连续性方程为

$$\frac{\partial \eta_2}{\partial t} + \frac{\partial}{\partial x}(h_2 u_2) = 0 。 \tag{6.4.8}$$

在自由面上,有

$$g'\eta_2 + \frac{\partial \varphi_2}{\partial t} = 0。 \tag{6.4.9}$$

η_2 为现在下层湖水自由面的高度，h_2 为下层湖水的深度。在(6.4.8)式和(6.4.9)式中消去 η_2，得

$$\frac{\partial^2 \varphi_2}{\partial t^2} = g' \frac{\partial}{\partial x}[h_2(x)\varphi_{2,x}]。$$

令

$$\varphi_2 = \Phi_2(x)\mathrm{e}^{-\mathrm{i}\sigma t},$$

则得

$$\frac{\mathrm{d}}{\mathrm{d}x}[h_2 \Phi_{2,x}] + \frac{\sigma^2}{g'}\Phi_2 = 0。 \tag{6.4.10}$$

再引进一个新的变量 ξ，使得 $x=0$ 对应于 $\xi=0$；$x=\sqrt{a^2-b'^2}$ 对应于 $\xi=1$。这样当 x 在 $[0, \sqrt{a^2-b'^2}]$ 中变化时，ξ 就在 $[0,1]$ 中变化。ξ 与 x 之间的关系为

$$x^2 = (a^2 - b'^2)\xi^2,$$

近似地取为

$$x^2 \approx 2a(a-b')\xi^2。 \tag{6.4.11}$$

代入几何关系，有

$$h^2 = \sqrt{a^2 - x^2} - b' \approx (a-b')(1-\xi^2)。$$

在上述的变换下，方程(6.4.10)化为

$$\frac{\mathrm{d}}{\mathrm{d}\xi}[(1-\xi^2)\Phi_{2,\xi}] + \frac{2a\sigma^2}{g'}\Phi_2 = 0。 \tag{6.4.12}$$

这是一个 Legendre 方程，$\xi = \pm 1$ 是该方程的正则奇点。为了得到在 $[0,1]$ 内的有界解，应有

$$\frac{2a\sigma^2}{g'} = n(n+1), \tag{6.4.13}$$

其中 n 为正整数，对应于 n 阶模态。由此可得特征值 σ^2 的取值，这时，相应的特征函数可取为 n 阶 Legendre 多项式。

根据(6.4.13)式，前 4 个频率平方之比为

$$\sigma_1^2 : \sigma_2^2 : \sigma_3^2 : \sigma_4^2 = 2 : 6 : 12 : 20 = 1 : 3 : 6 : 10。$$

而利用数值方法直接求解这一问题，所得的结果为

$$\sigma_1^2 : \sigma_2^2 : \sigma_3^2 : \sigma_4^2 = 1 : 3.06 : 5.22 : 7.13。$$

可见,前面两个频率还是很接近的。

§6-5 波运动的微分方程式

与前几节不同,从本节开始我们讨论密度连续变化的情况。为简单起见,这里仅考虑不可压缩流体波动的微分方程组,这相当于在可压缩流体的方程组中将音速取为无穷大时的特例。

对于二维的波运动,我们采用平面直角坐标系 Oxy,其中 x 轴为水平方向,y 轴垂直向上。x 方向和 y 方向的扰动速度分量分别记为 u 和 v,且均假定为小量,未扰动压力和密度分别为 $\bar{p}$ 和 $\bar{\rho}$,它们均只是 y 的函数。利用静水压力条件,有

$$\frac{d\bar{p}(y)}{dy} = \bar{\rho}(y)g。 \tag{6.5.1}$$

扰动后的压力和密度分别为 p 和 ρ,其中

$$\rho = \bar{\rho}(y) + \tilde{\rho}, \quad p = \bar{p}(y) + \tilde{p}。 \tag{6.5.2}$$

这里的 $\tilde{\rho}$ 和 $\tilde{p}$ 是扰动量,当然它们是 x,y 和 t 的函数,且对于 $\bar{\rho}$ 和 $\bar{p}$ 来说是小量。不可压缩流体的运动方程为

$$\rho\left(\frac{\partial u}{\partial t} + u\frac{\partial u}{\partial x} + v\frac{\partial u}{\partial y}\right) = -\frac{\partial p}{\partial x}, \tag{6.5.3}$$

$$\rho\left(\frac{\partial v}{\partial t} + u\frac{\partial v}{\partial x} + v\frac{\partial v}{\partial y}\right) = -\frac{\partial p}{\partial y} - \rho g。 \tag{6.5.4}$$

略去高阶小量并利用(6.5.1)式,得到线性化方程为

$$\bar{\rho}\frac{\partial u}{\partial t} = -\frac{\partial \tilde{p}}{\partial x}, \tag{6.5.5}$$

$$\bar{\rho}\frac{\partial v}{\partial t} = -\frac{\partial \tilde{p}}{\partial y} - \tilde{\rho}g。 \tag{6.5.6}$$

因为流体是不可压缩的,所以连续性方程为

$$\frac{\partial u}{\partial x} + \frac{\partial v}{\partial y} = 0。 \tag{6.5.7}$$

由此可引进流函数 ψ,使得

$$u = \psi_y, \quad v = -\psi_x。 \tag{6.5.8}$$

流体不可压缩要求满足 $\dfrac{\mathrm{d}\rho}{\mathrm{d}t}=0$，即

$$\frac{\partial \rho}{\partial t}+u\frac{\partial \rho}{\partial x}+v\frac{\partial \rho}{\partial y}=0。$$

利用线化条件，再注意到 $\rho=\bar{\rho}(y)+\tilde{\rho}$，故上式为

$$\frac{\partial \tilde{\rho}}{\partial t}+v\frac{\partial \bar{\rho}}{\partial y}=0。 \tag{6.5.9}$$

将(6.5.5)式关于 y 求导，将(6.5.6)式关于 x 求导，然后，再将两式相减就能消去 $\tilde{p}$，即有

$$\frac{\partial}{\partial t}+\frac{\partial}{\partial y}(\bar{\rho}\psi_y)+\frac{\partial}{\partial t}(\bar{\rho}\psi_{xx})=g\frac{\partial \tilde{\rho}}{\partial x}。 \tag{6.5.10}$$

下面再从(6.5.9)式和(6.5.10)式消去 $\tilde{\rho}$，将上式再对 t 求导得

$$\frac{\partial^2}{\partial t^2}\frac{\partial}{\partial y}(\bar{\rho}\psi_y)+\frac{\partial^2}{\partial t^2}(\bar{\rho}\psi_{xx})=g\frac{\partial^2 \tilde{\rho}}{\partial t \partial x}。 \tag{6.5.11}$$

把(6.5.9)式对 x 求导得

$$\frac{\partial^2 \tilde{\rho}}{\partial t \partial x}=-\frac{\mathrm{d}\bar{\rho}}{\mathrm{d}y}\frac{\partial v}{\partial x}=\frac{\mathrm{d}\bar{\rho}}{\mathrm{d}y}\psi_{xx}。 \tag{6.5.12}$$

因此(6.5.11)式就为

$$\frac{\partial^2}{\partial t^2}\frac{\partial}{\partial y}(\bar{\rho}\psi_y)+\frac{\partial^2}{\partial t^2}(\bar{\rho}\psi_{xx})=g\frac{\mathrm{d}\bar{\rho}}{\mathrm{d}y}\psi_{xx}。 \tag{6.5.13}$$

不妨把上式中的 ψ 取成 $\psi=\mathrm{e}^{-\mathrm{i}\sigma t}F(x,y)$，则(6.5.13)式就为

$$\sigma^2\frac{\partial}{\partial y}(\bar{\rho}F_y)+\left(\sigma^2\bar{\rho}+g\frac{\mathrm{d}\bar{\rho}}{\mathrm{d}y}\right)F_{xx}=0。 \tag{6.5.14}$$

设

$$\left(-\frac{g}{\bar{\rho}}\frac{\mathrm{d}\bar{\rho}}{\mathrm{d}y}\right)_{\max}\equiv N^2,$$

N 称为 **Brunt-Väisälä** 频率。如果 $\sigma \geqslant N$，这时方程(6.5.14)为椭圆型，所以不可能产生波动。这是因为质点振动得快（σ 很大），惯性很大，从而使流体分层的作用减弱了，振动只能限于局部范围，不能传到远处；如果 $\sigma < N$，这时方程(6.5.14)至少在部分区域上为双曲型，因此就能产生波动。

我们假设在 x 方向上有波动，则可设 $F(x,y)=f(y)\mathrm{e}^{\mathrm{i}kx}$。这样，$\psi$ 就可写为

$$\psi=f(x)\mathrm{e}^{\mathrm{i}(kx-\sigma t)},$$

那么，方程(6.5.14)用 $f(y)$ 来表达的话就为

$$(\bar{\rho}f')' - k^2\left(\bar{\rho} + \frac{g}{\sigma^2}\frac{d\bar{\rho}}{dy}\right)f = 0。 \qquad (6.5.15)$$

因为 $v = -\psi_x$，为能直接写出边界条件，(6.5.15) 式要改用 v 来表达，即

$$(\bar{\rho}v')' - k^2\left(\bar{\rho} + \frac{g}{\sigma^2}\frac{d\bar{\rho}}{dy}\right)v = 0。 \qquad (6.5.16)$$

我们再来推导边界条件。如果流体介于 $y = 0$ 和 $y = d$ 的两刚壁之间，那么边界条件为

$$v(0) = 0, \ v(d) = 0。 \qquad (6.5.17)$$

如果将上面的刚壁换成自由面，且流体仍为不可压缩的，则上面的边界条件就可简单地通过自由面(包含 $y=d$ 的一个小区间)对(6.5.16)式作 Stieltjes 积分就可得到，即

$$\int_{d-\varepsilon}^{d+\varepsilon}\left((\bar{\rho}v')' - k^2\left(\bar{\rho} + \frac{g}{\sigma^2}\frac{d\bar{\rho}}{dy}\right)v\right)dy = 0。$$

由于积分区间非常小，故

$$(\bar{\rho}v')\bigg|_{d-\varepsilon}^{d+\varepsilon} - \frac{k^2 g}{\sigma^2}(\bar{\rho})\bigg|_{d-\varepsilon}^{d+\varepsilon}v(d) = 0。$$

又因为在 $y = d$ 的上面 $\bar{\rho} = 0$，所以有

$$(\bar{\rho}v')\bigg|^{d-\varepsilon} - \frac{k^2 g}{\sigma^2}(\bar{\rho})\bigg|^{d-\varepsilon}v(d) = 0。$$

再令 $\varepsilon \to 0$，即得

$$v'(d) = \frac{k^2 g}{\sigma^2}v(d), \text{或 } v'(d) = \frac{g}{c^2}v(d), \qquad (6.5.18)$$

其中 $c = \frac{\sigma}{k}$ 为相速度。因此在 $y = 0$ 和 $y = d$ 处的刚壁和自由面的边界条件分别为

$$v(0) = 0, \qquad (6.5.19a)$$

$$v'(d) = \frac{g}{c^2}v(d)。 \qquad (6.5.19b)$$

上面这种能直接通过对微分方程作 Stieltjes 积分而得到的边界条件称为**自然边界条件**。

§6-6 波运动的特征值问题

对连续分层的不可压缩流体波运动问题来说,其定解条件由(6.5.16)式和(6.5.17)式组成,或者由(6.5.16)式和(6.5.19)式组成。为明确起见,我们把前一系统称为系统Ⅰ,而把后一系统称为系统Ⅱ,它们各自构成了常微分方程的特征值问题。不论是系统Ⅰ还是系统Ⅱ,对给定的 k 值和给定的分层(因此 $\bar{\rho}$ 是 y 的已知函数)来说,仅当 c 为某一确定的值(微分方程的特征值)时,微分方程才有对应的不恒为零的解 v(微分方程的特征函数)。求特征值 c 和特征函数 v 的问题就是微分方程的特征值问题。

为了研究特征值的存在性和分布情况以及特征函数的性质,就要用到 Sturm 振荡定理,这是一个很有用的定理。现将该定理叙述如下。

Sturm 振荡定理 考虑 Sturm-Liouville 型方程(简称 S-L 方程):

$$\frac{\mathrm{d}}{\mathrm{d}y}(Kf') - Gf = 0, \tag{6.6.1}$$

$$\alpha' f(a) - \alpha f'(a) = 0, \tag{6.6.2}$$

$$\beta' f(b) + \beta f'(b) = 0。\tag{6.6.3}$$

如果上面几式中的各参数满足:

(1) K 和 G 是 y 以及参数 λ 的函数,当 λ 从 Λ_1 增到 Λ_2 时 K 和 G 不增加,K 永远为正;

(2) α, α' 和 β, β' 是 λ 的函数,且当 $\beta \neq 0$ 时,$\dfrac{K(b)\beta'}{\beta}$ 是 λ 的减函数;

(3) 关于 G, K 还成立下式

$$\lim_{\lambda \to \Lambda_2}\left(\frac{-\max G}{-\max K}\right) = +\infty, \tag{6.6.4}$$

$$\lim_{\lambda \to \Lambda_1}\left(\frac{-\max G}{-\max K}\right) = -\infty; \tag{6.6.5}$$

则该系统在 Λ_1 和 Λ_2 之间有无限多个按大小排列的特征值:$\lambda_0, \lambda_1 \cdots$,且对应于各特征值,其特征函数 $f_0, f_1 \cdots$ 是该系统的不恒为零的解。此外,这些特征函数在 a 和 b 之间($y = a$ 和 $y = b$ 除外)有许多零点,其个数精确地等于其指数。

我们不予以证明而直接利用上述定理。微分方程(6.5.16)是属于方程(6.6.1)的这种 S-L 方程,我们现在来一一验证定理所要求的条件是否满足。

首先验证(1)。这里 $K = \bar{\rho}$,显然恒正,而且当 λ(取为 $\dfrac{1}{c^2}$)增加时,因为 $\bar{\rho}$ 与 λ

无关,所以 $\bar{\rho}$ 是不会增加的。而 G 等于

$$k^2 \bar{\rho} + \frac{g}{c^2} \frac{d\bar{\rho}}{dy} = k^2 \bar{\rho} + \lambda g \frac{d\bar{\rho}}{dy}。$$

因为在考虑波运动时首先要求分层是稳定的,故 $\frac{d\bar{\rho}}{dy}$ 是负的。因此,当 λ 增加时, G 是减少的,当然 G 不增加。

再来验证(2)。边界 $y=0$ 和 $y=d$ 对应于定理中的 $a=0$ 和 $b=d$。对于系统 I,有

$$a = 0, \ a' = 1, \ \beta = 0, \ \beta' = 1;$$

对于系统 II,有

$$a = 0, \ a' = 1, \ \beta = 0, \ \beta' = -\lambda g。$$

可见,这些系数都是 λ 的函数。在系统 II 中, $\beta' \neq 0$,而

$$\frac{K(b)\beta'}{\beta} = -\lambda g \bar{\rho}(d)$$

确实为 λ 的减函数。

最后验证(3)。我们现在取 $\Lambda_1 = -\infty$, $\Lambda_2 = +\infty$,且以下标 M 和 m 分别记变量的极大值和极小值,则条件(6.6.4)为

$$\lim_{\lambda \to +\infty} \left[-\frac{k^2 \bar{\rho}_M + \lambda \left(g \left(\frac{d\bar{\rho}}{dy}\right)_M\right)}{\bar{\rho}_M} \right] = \lim_{\lambda \to +\infty} \left[-k^2 - \lambda g \frac{\left(\frac{d\bar{\rho}}{dy}\right)_M}{\bar{\rho}_M} \right] = +\infty,$$

注意 $\left(\frac{d\bar{\rho}}{dy}\right)_M < 0$。又条件(6.6.5)为

$$\lim_{\lambda \to -\infty} \left[-k^2 - \lambda g \frac{\left(\frac{d\bar{\rho}}{dy}\right)_m}{\bar{\rho}_M} \right] = -\infty。$$

可见,所有的条件均得到满足。于是,在 $-\infty$ 和 $+\infty$ 之间存在无限多个特征值 λ。因为 $\lambda = \frac{1}{c^2}$,故 c^2 也落在 $(-\infty, +\infty)$ 内。当 λ 增加时, c^2 随之减少,且对应的特征函数因指数增加而在 $0 < y < d$ 中将包含更多的零点。

在上面的讨论中,我们设 $\lambda = \frac{1}{c^2}$,这显然默认了 c^2 为实数,关于这一点是很容易证明的。用 v 的共轭复数 v^* 乘以(6.5.16)式的两边,再在 0 和 d 之间关于 y 积分该式,则得

$$\int_0^d \left[(\bar{\rho}v')v^* - k^2 \left(\bar{\rho} + \frac{g\dfrac{d\bar{\rho}}{dy}}{\sigma^2} \right) vv^* \right] dy = 0 \text{。}$$

上式的左边为

$$\int_0^d v^* d(\bar{\rho}v') - k^2 \int_0^d \bar{\rho}|v|^2 dy - \frac{g}{c^2}\int_0^d \frac{d\bar{\rho}}{dy}|v|^2 dy$$

$$= \bar{\rho}v^* v' \Big|_0^d - \int_0^d \bar{\rho}|v'|^2 dy - k^2 \int_0^d \bar{\rho}|v|^2 dy - \frac{g}{c^2}\int_0^d \frac{d\bar{\rho}}{dy}|v|^2 dy \text{。}$$

可见 3 个积分都为实数。对系统 I 来说，因为 $v(0) = 0$，$v(d) = 0$，故 $v^*(0) = 0$，$v^*(d) = 0$，可见上式第一项为零，而上式的右边为零，因此从中可解出 c^2 来，且 c^2 确实为实数。对于系统 II 来说，上式中第一项要保留，可以化为

$$\bar{\rho}(d)v^*(d)\frac{g}{c^2}v(d) = \frac{g}{c^2}\bar{\rho}(d)|v(d)|^2 \text{。}$$

由此仍可得出 c^2 为实数。

至此，虽然我们尚未求得特征函数的确切形式，但已大致了解特征函数的变化情况。例如，对于系统I来说，特征函数 v_0，v_1，v_2，… 的变化如图 6-5 所示。

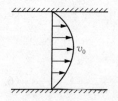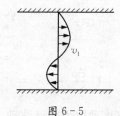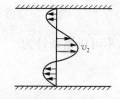

图 6-5

§6-7 分层流体的稳定性问题

上面我们在推导波运动的微分方程时，假设了未扰动流体处于静止状态。这里由于我们考虑的是稳定性问题，因此，我们假定未扰动流体作定常运动，且在 x 方向有速度 $U(y)$。同时，我们仍设 $\bar{\rho}(y)$ 和 $\bar{p}(y)$ 分别为未扰动的密度和压力，并设 ρ 和 p 分别为扰动密度和压力，故总的密度和压力就分别为 $\bar{\rho}(y) + \rho$ 和 $\bar{p}(y) + p$。记 u 和 v 分别为 x 方向和 y 方向的扰动速度，而且用 "'" 表示各量关于 y 的导数，则线性化后的运动方程为

$$\bar{\rho}\left(\frac{\partial u}{\partial t} + U\frac{\partial u}{\partial x} + vU' \right) = -\frac{\partial p}{\partial t}, \qquad (6.7.1)$$

$$\bar{\rho}\left(\frac{\partial v}{\partial t}+U\frac{\partial v}{\partial x}\right)=-\frac{\partial p}{\partial y}-\rho g。 \quad (6.7.2)$$

线性化后的连续性方程为

$$\frac{\partial u}{\partial x}+\frac{\partial v}{\partial y}=0。 \quad (6.7.3)$$

由此可以引进流函数 ψ,使

$$u=\psi_y, \quad v=-\psi_x。 \quad (6.7.4)$$

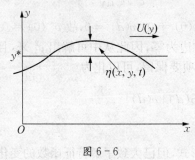

图 6-6

如图 6-6 所示,设 $\eta(x, y, t)$ 为等压线偏离原来位置的垂直位移,该位移当然是 x, t 的函数。另外,即使 x, t 固定,但对于不同的 y,位移也不同,故 $\eta=\eta(x, y, t)$。当固定 $y=y^*$ 后,将 η 关于 t 求导,得

$$\left.\frac{\mathrm{d}\eta}{\mathrm{d}t}\right|_{y=y^*}=\left.\left(\frac{\mathrm{d}\eta}{\mathrm{d}t}+\frac{\mathrm{d}\eta}{\mathrm{d}x}\frac{\mathrm{d}x}{\mathrm{d}t}\right)\right|_{y=y^*}。$$

将上式线性化后,有

$$\frac{\partial \eta}{\partial t}+U\frac{\partial \eta}{\partial x}=v=-\psi_x。 \quad (6.7.5)$$

此外,不可压缩条件为

$$\frac{\partial \varrho}{\partial t}+U\frac{\partial \varrho}{\partial x}+v\bar{\rho}'=0。 \quad (6.7.6)$$

在考虑稳定性时,我们仍将扰动取为简谐波动,故假定所有扰动量都具有指数因子 $\mathrm{e}^{\mathrm{i}k(x-ct)}$。把 η 作为基本变量,这时 η 为

$$\eta(x, y, t)=F(y)\mathrm{e}^{\mathrm{i}k(x-ct)}。 \quad (6.7.7)$$

如把 y 取成自由面的坐标时,上式就是自由面方程。将(6.7.7)式代入(6.7.5)式,得

$$-\psi_x=-\mathrm{i}kc\eta+v\mathrm{i}k\eta=\mathrm{i}k(U-c)\eta。$$

故

$$\psi=-(U-c)\eta。 \quad (6.7.8)$$

因为 $u=\psi_y$,所以

$$u=-[(U-c)\eta]'。 \quad (6.7.9)$$

同理

$$v = ik(U-c)\eta. \tag{6.7.10}$$

再由(6.7.1)式,我们有

$$p_x = -\bar{\rho}\left(\frac{\partial u}{\partial t} + U\frac{\partial u}{\partial x} + vU'\right) \tag{6.7.11}$$
$$= \bar{\rho}(ik)(U-c)^2\eta'.$$

这时,有

$$\frac{\partial u}{\partial t} = -\frac{\partial}{\partial t}(U'\eta + (U-c)\eta')$$
$$= -U'(-ikc)\eta - (U-c)(-ikc)\eta,$$
$$U\frac{\partial u}{\partial x} = -U\frac{\partial}{\partial x}(U'\eta + (U-c)\eta')$$
$$= -UU'(ik)\eta - U(U-c)(ik)\eta',$$
$$vU' = U'(U-c)(ik)\eta.$$

将上面 3 式相加并稍加整理可得(6.7.11)式。由(6.7.11)式得

$$p = \bar{\rho}(U-c)^2\eta'. \tag{6.7.12}$$

设 $\rho \propto e^{ik(x-ct)}$,则由(6.7.6)式得

$$\rho(-ikc) + U(ik)\rho + (ik)(U-c)\eta\bar{\rho}' = 0.$$

由此得

$$\rho = -\bar{\rho}'\eta. \tag{6.7.13}$$

至此,u, v, ρ 和 p 都用 η 来表达了,那么,最后由(6.7.2)式有

$$\bar{\rho}(ik)(U-c)(-ikc)F + U(ik)(U-c)(ik)F$$
$$= -(\bar{\rho}(U-c)^2 F')' + g\bar{\rho}'F.$$

上式中已约去了因子 $e^{ik(x-ct)}$。设 $\beta = \dfrac{-\bar{\rho}'}{\bar{\rho}}$ 后,可把上式整理为

$$(\bar{\rho}(U-c)^2 F')' + \bar{\rho}[\beta g - k^2(U-c)^2]F = 0. \tag{6.7.14}$$

下面分 3 种情况来讨论边界条件:

(1) 固壁。因为 $v = 0$,所以由(6.7.10)式可知 $F = 0$。 (6.7.15)

(2) 自由面。设自由面位于 $y = y_0$ 处,自由面高度为 η,则应有

$$v = \left(\frac{\partial \eta}{\partial t} + U\frac{\partial \eta}{\partial x}\right)\bigg|_{y=y_0}. \tag{6.7.16}$$

实际上,(6.7.16)式的右边为

$$-ikc\eta + U(ik)\eta = ik(U-c)\eta,$$

恰巧等于(6.7.16)的左边,所以自由面上的运动学条件自然满足。再考虑动力学条件。因为 $p(x, y_0+\eta, t) = p_a$(大气压),我们不妨取 $p_a = 0$,再将 $p(x, y_0+\eta, t)$ 在 y_0 处展开成幂级数,当只取到一阶项时,有

$$p(x, y_0+\eta, t) = p(x, y_0, t) + \left.\frac{\partial \bar{p}}{\partial y}\right|_{(x, y_0, t)} \cdot \eta = 0。$$

根据静水压力条件,有

$$\left.\frac{\partial \bar{p}}{\partial y}\right|_{(x, y_0, t) \cdot \eta} = \bar{\rho}(x, y_0, t)g,$$

得到自由面上的动力学条件为

$$p(x, y_0, t) = -\bar{\rho}(x, y_0, t)g\eta。$$

再由(6.7.12)式就得

$$\bar{\rho}(U-c)^2\eta' - \bar{\rho}g\eta = 0,$$

即

$$(U-c)^2 F' - gF = 0。 \tag{6.7.17}$$

(3) 无穷远处。因为 $v = 0$,所以有 $F = 0$。 (6.7.18)

这样,在经过上述一系列讨论之后,连续分层流体流动的稳定性问题就成为:对于给定的 k 值和分层情况($\bar{\rho}$ 和 U),要求得 c 值且使不恒为零的 F 能满足方程(6.7.14)和边界条件(6.7.15)、(6.7.17)、(6.7.18)。在求得 c 值后,就可根据 $\mathrm{Im}\, c \leqslant 0$ 或 $\mathrm{Im}\, c > 0$ 来判别流动的稳定与否。解决这类稳定性问题时需要求解一个常微分方程的特征值问题,通常这是相当困难的。目前已有一些关于流动稳定性的充分条件以及在流动不稳定时关于特征值 c 的实部和虚部所处的范围的定理,这对分析问题和数值求解特征值问题是大有好处的。

§6-8 一些定性结果

1933年 Synge 发表了一篇重要论文,该论文中的一些定性结果对于一般的速度和密度分布都适用。

下面我们先来叙述 Synge 的结果。由(6.7.7)式和(6.7.8)式可知,流函数 ψ 可写为

$$\psi = -(U-c)F(y)e^{ik(x-ct)}。$$

现在,将流函数的幅值作为未知函数来求解,即设

$$F(y) = -(U-c)F(y), \qquad (6.8.1)$$

或者

$$F(y) = -\frac{f(y)}{U-c}. \qquad (6.8.2)$$

将上式代入(6.7.14)式,得到

$$(\bar{\rho}f')' + \left[\frac{(\bar{\rho}U')'}{c-U} - k^2\bar{\rho} - \frac{(g\bar{\rho}')}{(c-U)^2}\right]f = 0. \qquad (6.8.3)$$

如果 $y=0$ 和 $y=d$ 处的边界都是固壁的话,则有

$$f(0) = 0 \text{ 和 } f(d) = 0. \qquad (6.8.4)$$

将(6.8.3)式取复共轭,即有

$$(\bar{\rho}f^{*\prime})' + \left[\frac{(\bar{\rho}U')'}{c^*-U} - k^2\bar{\rho} - \frac{g\bar{\rho}'}{(c^*-U)^2}\right]f^* = 0. \qquad (6.8.5)$$

以 f^* 乘以(6.8.3)式,以 f 乘以(6.8.5)式,然后将得到的两个式子相减,再在 0 到 d 内关于 y 积分,便有

$$\int_d^0 [(\bar{\rho}f')'f^* - (\bar{\rho}f^{*\prime})'f]\mathrm{d}y$$

$$= \int_0^d \left[(\bar{\rho}U')'\left(\frac{1}{U-c} - \frac{1}{U-c^*}\right) + g\bar{\rho}'\left(\frac{1}{(U-c)^2} - \frac{1}{(U-c^*)^2}\right)\right]ff^*\,\mathrm{d}y.$$

可知上式的右边在分部积分并使用边界条件(6.8.4)式后为零。又注意到 $c = c_r + \mathrm{i}c_i$, $c^* = c_r - \mathrm{i}c_i$,在经过一些简单运算后,就将上式化为

$$0 = c_i\int_0^d [(U-c_r)^2 + c_i^2]^{-2}\{(\bar{\rho}U')'[(U-c_r)^2 + c_i^2] + 2(U-c_r)g\bar{\rho}'\}ff^*\,\mathrm{d}y.$$
$$(6.8.6)$$

如果 $c_i \neq 0$,则大括号中的函数在积分区间 $0 < y < d$ 内必须改变符号,因此,对于积分区间中的某一 y,该函数的值应为零。如果 $(\bar{\rho}U')'$ 在整个积分区间不等于零,那么有

$$2\left|\frac{g\bar{\rho}'}{(\bar{\rho}U')'}\right||U-c_r| = (U-c_r)^2 + c_i^2,$$

故

$$2\left|\frac{g\bar{\rho}'}{(\bar{\rho}U')'}\right|_{\max}|U-c_r| > (U-c_r)^2 + c_i^2. \qquad (6.8.7)$$

而另一方面,有

第六章 内 波

$$(U-c_r-c_i)^2 \geqslant 0 \text{ 即} (U-c_r)^2 + c_i^2 \geqslant 2|U-c_r||c_i|。$$

将上式代入(6.8.7)式后,即得

$$\left|\frac{g\bar{\rho}'}{(\bar{\rho}U')'}\right|_{max} > |c_i|。 \tag{6.8.8}$$

对于给定的分层流动(即给定的 $\bar{\rho}$ 和 U),如果 $c_i \neq 0$,则 c_i 必满足(6.8.8)式。Synge 的结果只是分层流动不稳定的一个必要条件,即如果分层流动不稳定,则扰动传播速度的虚部 c_i 应满足(6.8.8)式。对于均匀流体($\bar{\rho}'=0$),则直接从(6.8.6)式可知此时 U'' 必在积分区间内变号,亦即在积分区间内速度剖面上有一拐点(Rayleigh 定理)。不过,即使速度剖面上出现了拐点,但还不能肯定流动一定是不稳定的。

分层流体剪切流动的稳定性是气象学中很重要的问题,也是用来说明风产生波的一个模型。为了表征分层效应(密度和速度分层)对稳定性的影响,我们现在引进一个无量纲参数——Richardson 数。在 Kelvin - Helmholtz 稳定性问题中,只有当

$$R = \frac{g}{k}\frac{\rho-\rho'}{\rho+\rho'} + \frac{ak}{\rho+\rho'} - \frac{\rho\rho'}{(\rho+\rho')^2}(U-U')^2 \geqslant 0 \tag{6.8.9}$$

时,分层流动才稳定。现在忽略表面张力,记 $\rho-\rho'=-\Delta\rho$,$U-U'=-\Delta U$,$\rho \approx \rho'$,把 Δy 作为一个参考长度,则

$$R = \frac{(\Delta y)^2}{4}\left(\frac{dU}{dy}\right)^2\left(\frac{2g}{k\Delta y}\left(-\frac{1}{\rho}\frac{d\rho}{dy}\right)\left(\frac{dU}{dy}\right)^{-2} - 1\right)。$$

记 $\beta = -\frac{1}{\rho}\frac{d\rho}{dy}$,对稳定的分层流动来说,$\beta$ 为正值。现在我们定义 Richardson 数为

$$J = \frac{g\beta}{\left(\frac{dU}{dy}\right)^2}。 \tag{6.8.10}$$

显然,J 越大越有利于稳定,波数 k 越小也越有利于稳定;反之不利于稳定,这就说明长波较短波容易稳定。

Miles 定理认为:当 $J \geqslant \frac{1}{4}$ 时就能断定连续分层流体的流动是稳定的。但这仅是一个充分条件。在使用 Miles 定理来判别流动的稳定与否时,可以不必求解特征值问题,所以,使用这个定理是十分方便的。

设分层流体仍介于 $y=0$ 和 $y=d$ 的两块平板之间,故方程为(6.7.14)式,边界条件为(6.7.15)式,即

$$(\bar{\rho}(U-c)^2 F')' + \bar{\rho}[\beta g - k^2(U-c)^2]F = 0, \tag{6.8.11}$$

$$F(0) = 0, \quad F(d) = 0. \tag{6.8.12}$$

引进变换

$$G = \sqrt{U-c}\, F, \tag{6.8.13}$$

故

$$F = \sqrt{\frac{G}{U-c}}.$$

将上式两边关于 y 求导

$$F' = \frac{G'\sqrt{U-c} - G\dfrac{U'}{2\sqrt{U-c}}}{U-c},$$

故

$$\bar{\rho}(U-c)^2 F' = \bar{\rho}(U-c)^{\frac{3}{2}} G' - \frac{1}{2}\bar{\rho}(U-c)^{\frac{1}{2}} G U'.$$

因此(6.8.11)式变为

$$(\bar{\rho}(U-c)^{\frac{3}{2}} G')' - \left(\frac{1}{2}\bar{\rho}(U-c)^{\frac{1}{2}} G U'\right)' + \bar{\rho}[\beta g - k^2(U-c)^2]\frac{G}{\sqrt{U-c}} = 0.$$

整理后,有

$$(U-c)^{\frac{1}{2}}(\bar{\rho}(U-c)G')' + \frac{U'}{2\sqrt{U-c}}(\bar{\rho}(U-c)G') -$$

$$\frac{1}{2}(\bar{\rho} U')'(U-c)^{\frac{1}{2}} G - (\bar{\rho} U')\frac{U'}{4\sqrt{U-c}} G -$$

$$\frac{1}{2}(\bar{\rho} U')(U-c)^{\frac{1}{2}} G' + \bar{\rho}[\beta g - k^2(U-c)^2]\frac{G}{\sqrt{U-c}} = 0.$$

由于含有 G' 的第二项、第五项恰能抵消,故得到的仍是 S-L 型方程:

$$\bar{\rho}(U-c) G' - \frac{1}{2}(\bar{\rho} U')' \bar{\rho} k^2 (U-c) + \frac{\bar{\rho}}{U-c}\left(\frac{U'^2}{4} - \beta g\right) G = 0.$$

$$\tag{6.8.14}$$

由(6.8.12)式可知边界条件为

$$G(0) = 0, \quad G(d) = 0. \tag{6.8.15}$$

在(6.8.14)式的两边乘以 G 的复共轭函数 G^*,并将第一项作适当处理,为

$$(\bar{\rho}(U-c) G' G^*)' - \bar{\rho}(U-c)|G'|^2$$

$$- \left[\frac{1}{2}(\bar{\rho} U')' + \bar{\rho} k^2 (U-c) + \frac{\bar{\rho}}{U-c}\left(\frac{U'^2}{4} - \beta g\right)\right]|G|^2 = 0.$$

再从 0 到 d 关于 y 积分，上式中的第一项在使用了边界条件(6.8.15)后为零，故

$$-\int_0^d \bar{\rho}(U-c)|G'|^2\mathrm{d}y - \int_0^d\left[\frac{1}{2}(\bar{\rho}U')' + \bar{\rho}k^2(U-c) + \frac{\bar{\rho}}{U-c}\left(\frac{U'^2}{4}-\beta G\right)\right]|G|^2\mathrm{d}y = 0。$$

这里的 c 也是复数，取上式的虚部，得到

$$c_i\left[\int_0^d \bar{\rho}|G'|^2 + |G|^2k^2\mathrm{d}y - \int_0^d \bar{\rho}\left(\frac{U'^2}{4}-\beta g\right)\left|\frac{G}{U-c}\right|^2\mathrm{d}y\right]=0。$$

(6.8.16)

如果

$$\frac{U'^2}{4}-\beta g \leqslant 0,$$

则方括号中的量恒正。要使(6.8.16)式成立，则必须 $c_i = 0$，这样，扰动的振幅就不随时间 t 增大，故流动是稳定的。这就是 Miles 定理，我们将这个定理重新叙述如下。

Miles 定理　如 U' 处处不为零，则当

$$\frac{\beta g}{U'^2} \geqslant \frac{1}{4}, \text{即 } J \geqslant \frac{1}{4}$$

时，分层流体的流动是稳定的。

由该定理可知，只要给定的分层情况（$\bar{\rho}$ 和 U）满足上述条件，就立刻可判断分层流体的流动是稳定的，而不必求解微分方程的特征值问题了。

此外，即使在流动不稳定、振幅随时间 t 增大的情况下，这种振幅随时间增长的增长率仍具有上界，下面我们从(6.8.16)式来求得这一上界。因为流动不稳定，所以 $c_i > 0$，因此方括号中的量为零，即

$$k^2\int_0^d \bar{\rho}|G|^2\mathrm{d}y = \int_0^d \bar{\rho}\left(\frac{U'^2}{4}-\beta g\right)\left|\frac{G}{U-c}\right|^2\mathrm{d}y - \int_0^d \bar{\rho}|G|'^2\mathrm{d}y。$$

我们把上式右边的量适当放大。首先把上式右端最后一项舍去，其次利用关系式（见图 6-7）

$$|U-c| \geqslant |c_i|,$$

即

$$|U-c|^{-2} \leqslant |c_i|^{-2}。$$

这样，可把式中的 $|U-c|^{-2}$ 用 $|c_i|^{-2}$ 来替代。最后使用不等式

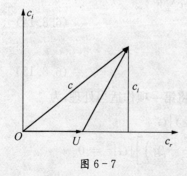

图 6-7

$$\frac{U'^2}{4}-\beta g \leqslant \max_{y\in[0,d]}\left(\frac{U'^2}{4}-\beta g\right),$$

得到

$$k^2\int_0^d \bar{\rho}|G|^2\mathrm{d}y \leqslant \frac{1}{c_i^2}\max_{y\in[0,d]}\left(\frac{U'^2}{4}-\beta g\right)\int_0^d \bar{\rho}|G|^2\mathrm{d}y,$$

即

$$k^2 c_i^2 \leqslant \max_{y\in[0,d]}\left(\frac{U'^2}{4}-\beta g\right).$$

上式给出了 $k^2 c_i^2$ 的上界,而 kc_i 即为扰动增长率,因此,扰动增长率不会超过

$$\sqrt{\max_{y\in[0,d]}\left(\frac{U'^2}{4}-\beta g\right)}.$$

注意根号中的量肯定是正的,否则对于任一 $y\in[0,d]$,都有

$$\frac{U'^2}{4}-\beta g \leqslant 0,$$

那么,根据 Miles 定理能判断出这流动是稳定的,这与原来的流动是不稳定的假定相矛盾.

§6-9 分层流体对坝上动压力的影响

在 §6-6 中我们仅对分层流体波动问题的特征值和特征函数给出了一个定性的描述,本节中我们要举一个例子,以说明连续分层流体波动时对特征值问题是如何求解的,并对所得的结果进行分析讨论,从而对特征值和特征函数给以定量的描述.

计算地震时水坝表面的动压力是十分重要的,这个问题早在 1933 年就有人研究过。但是在水库中由于有悬浮泥沙且在不同水深处水的温度不同,故沿着水深方向水的密度逐渐变化。这一节我们将分析地震时分层效应对坝上动压力的影响,各个几何参数如图 6-8 所示。设流函数为

$$\psi = f(y)\mathrm{e}^{\mathrm{i}(kx-\omega t)}, \qquad (6.9.1)$$

则上式中的 $f(y)$ 应满足方程(6.5.15),即有

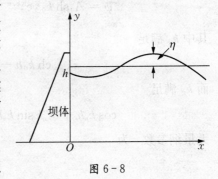

图 6-8

$$(\bar{\rho}f')' - k^2\left(\bar{\rho} + \frac{g}{\omega^2}\bar{\rho}'\right)f = 0。 \tag{6.9.2}$$

水底的条件应为

$$f(0) = 0。 \tag{6.9.3}$$

自由面上的条件可直接应用(6.5.19b)式得到

$$v'(h) - g\left(\frac{k}{\omega}\right)^2 v(h) = 0。 \tag{6.9.4}$$

但

$$v = -\psi_x = -\mathrm{i}k\psi = -\mathrm{i}kf(y)\mathrm{e}^{\mathrm{i}(kx-\omega t)}。 \tag{6.9.5}$$

将(6.9.5)式代入(6.9.4)式得

$$f'(h) - g\left(\frac{k}{\omega}\right)^2 f(h) = 0。 \tag{6.9.6}$$

在 $x=0$ 处，设坝面的水平位移为 $a\sin\omega t$，其中 a 为最大水平位移，故水平方向的速度为 $a\omega\cos\omega t$。由(6.9.1)式可得 $u = \psi_y = f'(y)\mathrm{e}^{\mathrm{i}(kx-\omega t)}$，故在 $x=0$ 处应有关系式

$$f'(y) = a\omega。 \tag{6.9.7}$$

下面我们将求得满足方程(6.9.2)和边界条件(6.9.3)、(6.9.6)及(6.9.7)3式的解。

首先，我们来求解未扰动密度 $\bar{\rho}(y) = \rho_0$ (ρ_0 为常数)的情况。由方程(6.9.2)即得

$$f'' - k^2 f = 0, \tag{6.9.8}$$

其中撇号"'"表示关于 y 的导数。从满足方程(6.9.8)以及边界条件(6.9.3)和(6.9.6)的完整解(即包括 $k^2 > 0$ 和 $k^2 < 0$ 两种情况)，可得流函数 ψ 应为

$$\psi = A_0 \mathrm{sh}\, k_0 y\, \mathrm{e}^{\mathrm{i}(k_0 x - \omega t)} + \sum_{n=1}^{\infty} A_n \sin k_n y\, \mathrm{e}^{-k_n x}\, \mathrm{e}^{-\mathrm{i}\omega t}, \tag{6.9.9}$$

其中 k_0 满足

$$\mathrm{ch}\, k_0 h - ck_0 h\, \mathrm{sh}\, k_0 h = 0。 \tag{6.9.10}$$

而 k_n 满足

$$\cos k_n h + ck_n h \sin k_n h = 0 \quad (n = 1, 2, 3, \cdots), \tag{6.9.11}$$

无量纲参数 c 为

$$c = \frac{g}{\omega^2 h}。 \tag{6.9.12}$$

(6.9.9)式中的 A_0 和 $A_n (n=1,2,3,\cdots)$ 是任意常数。关系式(6.9.10)和(6.9.12)给出了通常的表面波的色散关系式

$$\omega^2 = gk_0 \text{th} \, k_0 h \text{。} \tag{6.9.13}$$

因为地面激励的频率 ω 是给定的,故(6.9.13)式唯一地确定了由水坝振动而产生的表面波的波数 k_0 以及波长 $\lambda_0 \left(=\dfrac{2\pi}{k_0}\right)$。

接着我们再来确定(6.9.9)式中的系数 A_0 和 A_n。先由(6.9.9)式来求在 $x=0$ 处的水平速度,再利用(6.9.7)式可得

$$a\omega = A_0 k_0 \text{ch} \, k_0 y + \sum_{n=1}^{\infty} A_n k_n \cos k_n y \text{。} \tag{6.9.14}$$

将上式两边同时乘以 $\text{ch} \, k_0 y$,再从 0 到 h 积分上式,则积分后左边为

$$a\omega \int_0^h \text{ch} \, k_0 y \, dy = \frac{a\omega}{k_0} \text{sh} \, k_0 y \text{。}$$

而积分右边的第一项为

$$\begin{aligned} A_0 k_0 \int_0^h (\text{ch} \, k_0 y)^2 dy &= \frac{A_0 k_0}{2} \int_0^h (1 + \text{ch} \, 2k_0 y) dy \\ &= \frac{A_0 k_0}{2} h \left(1 + \frac{\text{sh} \, 2k_0 h}{2k_0 h}\right); \end{aligned}$$

积分后右边的第二项为

$$\sum_{n=-1}^{\infty} A_n k_n \int_0^h \cos k_n y \, \text{ch} \, k_0 y \, dy \text{。}$$

将上式中的积分设为 I,在将 I 作两次分部积分后,得

$$I = \frac{1}{k_0} \cos k_n h \, \text{sh} \, k_0 h + \frac{k_n}{k_0^2} \sin k_n h \, \text{ch} \, k_0 h - \frac{k_n^2}{k_0^2} I \text{。}$$

这里,只要再利用(6.9.10)式和(6.9.11)式,即可得 $I=0$。因此,得到

$$A_0 = \frac{2a\omega \, \text{sh} \, k_0 h}{k_0^2 h} \left(1 + \frac{\text{sh} \, 2k_0 h}{2k_0 h}\right)^{-1} = -\frac{2a\omega P_0}{k_0^2 (1 + cP_0^2)}, \tag{6.9.15}$$

其中

$$P_0 = \text{sh} \, k_0 h \text{。}$$

用同样的方法可求得 A_n。用 $\cos k_l y$ 同时乘以(6.9.14)式的两边,再从 0 到 h 关于 y 积分(6.9.14)式,可得

$$A_n = \frac{2a\omega P_n}{k_n^2 h (1 - cP_n^2)}, \tag{6.9.16}$$

其中
$$P_n = \sin k_n h。$$

压力 p' 可以通过(6.5.5)式、(6.5.8)式和(6.9.9)式求得为

$$p'_x = -\rho_0 \psi_{ty}$$

$$= i\rho_0 \omega [A_0 k_0 \operatorname{ch} k_0 y e^{i(k_0 x - \omega t)} + \sum_{n=1}^{\infty} A_n k_n \cos k_n y e^{-k_n x} e^{-i\omega t}]。$$

所以

$$p' = \rho_0 \omega [A_0 \operatorname{ch} k_0 y e^{i(k_0 x - \omega t)} - i \sum_{n=1}^{\infty} A_n \cos k_n y e^{-k_n x} e^{-i\omega t}]。 \quad (6.9.17)$$

取上式的实部,我们得到了作用在坝面($x = 0$)上的动压力分布为

$$\frac{p'(y)}{\rho_0 h(-a\omega^2)} = C_{p_0} \sin \omega t + C_{q_0} \cos \omega t。 \quad (6.9.18)$$

相对于给定的地面简谐变化的加速度 $-a\omega^2 \sin \omega t$ 来说,同相压力系数 C_{p_0} 为

$$C_{p_0} = 2 \sum_{n=1}^{\infty} \frac{P_n \cos k_n y}{k_n^2 h^2 (1 - cP_n^2)} \quad (0 \leqslant y \leqslant h); \quad (6.9.19)$$

异相(相位差90°)**压力系数** C_{q_0} 为

$$C_{q_0} = -\frac{2P_0 \operatorname{ch} k_0 y}{k_n^2 h^2 (1 - cP_0^2)} \quad (0 \leqslant y \leqslant h)。 \quad (6.9.20)$$

(6.9.19)式和(6.9.20)式中的 c 是按(6.9.12)式求得的,可见该数表示了重力效应和由振动引起的惯性效应之比。如果 c 较小,则在计算动压力时可忽略重力效应;如果 c 较大,则重力效应就显得重要了,这时,必须考虑由水坝振动而产生的表面波。对于同相压力系数 C_{p_0} 来说,如果固定某一深度 $\frac{y}{h}$,则当 c 增加时,C_{p_0} 减小,这意味着表面波能把水坝在地震时得到的能量传播到远处。异相压力系数是完全由表面波的存在而产生的,当 $c = 0$ 时,C_{q_0} 也就为零。对于固定的某一深度 $\frac{y}{h}$ 来说,C_{q_0} 当然随 c 的增大而增大。C_{p_0} 和 C_{q_0} 随深度而变化的曲线描绘在图 6-9 和图 6-10 上。

现在,我们来讨论水库中的流体密度不是常数但其变化也不太大的情况。设未扰动密度为

$$\bar{\rho}(y) = \rho_0 \left(1 - \varepsilon \frac{y}{h}\right) \quad (0 < \varepsilon \leqslant 1), \quad (6.9.21)$$

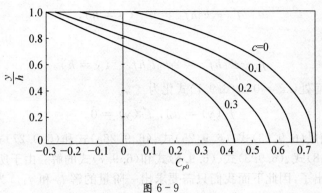

图 6-9

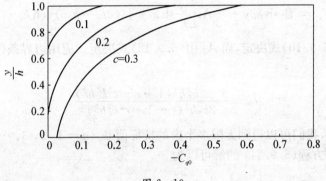

图 6-10

其中 ρ_0 是水库底部的流体密度。我们假定(6.9.1)式中的函数 $f(y)$ 和波数 k 都可以展开成关于小参数 ε 的渐近级数

$$k = k_0 + \varepsilon l_0 + \cdots, \tag{6.9.22a}$$

$$f(y) = f_0 + \varepsilon f_1 + \cdots. \tag{6.9.22b}$$

将(6.9.21)式和(6.9.22)式代入(6.9.2)式,合并所有 ε^0 的项,得到

$$f_1'' - k_0^2 f_0 = 0; \tag{6.9.23}$$

合并所有 ε^1 的项,可得 f_1 所满足的微分方程

$$f_1'' - k_0^2 f_1 = \frac{f_0'}{h} + k_0^2 (2l_0 - k_0 c) f_0. \tag{6.9.24}$$

水底的条件要求

$$f_0(0) = 0, \quad f_1(0) = 0. \tag{6.9.25}$$

再将(6.9.22)式代入(6.9.6)式,可得

$$f_0'' - ck_0^2 h f_0 = 0 \quad (y = h), \tag{6.9.26a}$$

和

$$f_1' - ck_0^2 h f_1 = 2ck_0 l_0 h f_0 \quad (y = h)。 \tag{6.9.26b}$$

在水坝的表面处($x=0$),(6.9.7)式化为

$$f_1'(y) = a\omega, \quad f_1'(y) = 0。 \tag{6.9.27}$$

可以看到:满足(6.9.23)式、(6.9.25)式、(6.9.26a)式和(6.9.27)式的解 f_0 就是满足(6.9.8)式、(6.9.3)式、(6.9.6)式和(6.9.7)式的解。由于所有的结果在前面已经给出了,因此下面我们只需要求出一阶量的解 l_0 和 f_1。为了求得 f_1,我们注意到,对于正的 k_0^2,满足条件(6.9.25)和方程(6.9.24)的解可以为

$$f_1^+ = B_0 \operatorname{sh} k_0 y + \frac{1}{2} A_0 \left[\frac{y}{h} \operatorname{sh} k_0 y + (2l_0 - k_0 c) y \operatorname{ch} k_0 y \right], \tag{6.9.28}$$

其中 k_0 由(6.9.10)式决定,而 A_0 由(6.9.15)式决定。应用边界条件(6.9.26b)可得 l_0 为

$$l_0 = \frac{1 - ck_0^2 h^2 (1 + c - c^2 k_0^2 h^2)}{2k_0 h^2 (c - 1 + c^2 k_0^2 h^2)}。 \tag{6.9.29}$$

对于负的 k_0^2,我们可以得到无限多个虚的特征值 $ik_n(n=1,2,3,\cdots)$,满足条件(6.9.25)和方程(6.9.24)的解可以为

$$f_1^- = \sum_{n=1}^{\infty} \left\{ B_n \sin k_n y + \frac{1}{2} A_n \left[\frac{y}{h} \sin k_n y + (2l_n - k_n c) y \cos k_n y \right] \right\}, \tag{6.9.30}$$

其中 k_n 由(6.9.11)式决定,而 A_n 由(6.9.16)式决定。l_n 是 l_0 的虚部,可由边界条件(6.9.26b)式决定

$$l_n = \frac{1 + ck_n^2 h^2 (1 + c + c^2 k_n^2 h^2)}{2k_n h^2 (1 - c + c^2 k_n^2 h^2)}。 \tag{6.9.31}$$

所以流函数 ψ 现在成为

$$\psi = [A_0 \operatorname{sh} k_0 y + \varepsilon f_1^+ + \cdots] e^{i(k_0 + \varepsilon l_0 + \cdots)x - i\omega t} + \left[\sum_{n=1}^{\infty} A_n \operatorname{sh} k_n y + \varepsilon f_1^- + \cdots \right] e^{-(k_n + \varepsilon l_n + \cdots)x - i\omega t}。 \tag{6.9.32}$$

只要应用坝面($x=0$)处的边界条件(6.9.27),并注意到 $\operatorname{ch} k_0 y$ 和 $\cos k_n y(n=1,2,3,\cdots)$ 在区间 $[0,h]$ 上形成正交函数组,就可以得到(6.9.32)式中的系数 B_0 和 B_n,B_0 和 B_n 是分别通过 f_1^+ 和 f_1^- 而被包含在(6.9.32)式中的。详细的求解过程可参阅文献[17]。

第七章 旋转流体中的波

正如在可压缩流体中能产生波、在分层流体中能产生内波一样,在旋转流体中也能产生波。本章先分析在旋转流体中产生波的原因及其特征,并列举几个例子,然后讨论自由振荡的各种模态,最后说明地转效应对河口潮汐的影响。

§7-1 Coriolis 力和地转流动

地球上的海水和大气可认为是处在以常角速度旋转的系统中,在旋转系统中微小扰动所产生的运动特性与在非旋转系统中产生的运动特性相比,其差别可以很大。为了研究海水和大气的运动以及在其他旋转系统中流体的运动,我们通常都采用旋转的相对坐标系。这是因为对海水和大气运动这一种地球物理现象,是相对于旋转着的地球来进行研究、测量和记录的,另外,有关旋转系统中流体的许多重要和奇特的现象都发生在流体几乎是作刚性旋转的时候,相对于随流体旋转的参考系统来说,其剩余运动是很微弱的,这种微弱性会给分析带来方便。

设直角坐标系绕原点 O 以常角速度 ω 旋转,坐标系的 3 个单位矢量 i, j, k 虽然长度不变,但其方向随时间不断变化,它们的终点速度为

$$\frac{d\boldsymbol{i}}{dt} = \boldsymbol{\omega} \times \boldsymbol{i}, \quad \frac{d\boldsymbol{j}}{dt} = \boldsymbol{\omega} \times \boldsymbol{j}, \quad \frac{d\boldsymbol{k}}{dt} = \boldsymbol{\omega} \times \boldsymbol{k}.$$

因此,如以 $(x(t), y(t), z(t))$ 表示运动着的流体质点的直角坐标,即

$$\boldsymbol{r} = x\boldsymbol{i} + y\boldsymbol{j} + z\boldsymbol{k},$$

并以

$$\boldsymbol{v} = (u, v, w) = \left(\frac{dx}{dt}, \frac{dy}{dt}, \frac{dz}{dt}\right)$$

表示相对速度,那么流体质点的绝对速度为

$$\frac{\mathrm{d}\boldsymbol{r}}{\mathrm{d}t} = \boldsymbol{i}\frac{\mathrm{d}x}{\mathrm{d}t} + \boldsymbol{j}\frac{\mathrm{d}y}{\mathrm{d}t} + \boldsymbol{k}\frac{\mathrm{d}z}{\mathrm{d}t} + x\frac{\mathrm{d}\boldsymbol{i}}{\mathrm{d}t} + y\frac{\mathrm{d}\boldsymbol{j}}{\mathrm{d}t} + z\frac{\mathrm{d}\boldsymbol{k}}{\mathrm{d}t}$$
$$= u\boldsymbol{i} + v\boldsymbol{j} + w\boldsymbol{k} + (x\boldsymbol{\omega}\times\boldsymbol{i} + y\boldsymbol{\omega}\times\boldsymbol{j} + z\boldsymbol{\omega}\times\boldsymbol{k})$$
$$= \boldsymbol{v} + \boldsymbol{\omega}\times\boldsymbol{r}.$$

将上式关于时间再求一次导数,并作类似的处理,便得下面的绝对加速度的表达式:

$$\frac{\mathrm{d}^2\boldsymbol{r}}{\mathrm{d}t^2} = \frac{\mathrm{d}\boldsymbol{v}}{\mathrm{d}t} + \boldsymbol{\omega}\times\frac{\mathrm{d}\boldsymbol{r}}{\mathrm{d}t}$$
$$= \frac{\mathrm{d}\boldsymbol{v}}{\mathrm{d}t} + \boldsymbol{\omega}\times\boldsymbol{v} + \boldsymbol{\omega}\times(\boldsymbol{v} + \boldsymbol{\omega}\times\boldsymbol{r})$$
$$= \frac{\mathrm{d}\boldsymbol{v}}{\mathrm{d}t} + 2\boldsymbol{\omega}\times\boldsymbol{r} + \boldsymbol{\omega}\times(\boldsymbol{\omega}\times\boldsymbol{r}),$$

其中

$$\frac{\mathrm{d}\boldsymbol{v}}{\mathrm{d}t} = \frac{\mathrm{d}u}{\mathrm{d}t}\boldsymbol{i} + \frac{\mathrm{d}v}{\mathrm{d}t}\boldsymbol{j} + \frac{\mathrm{d}w}{\mathrm{d}t}\boldsymbol{k}$$

表示在以角速度 $\boldsymbol{\omega}$ 旋转的坐标系中的相对加速度,上式中右端第二项 $2\boldsymbol{\omega}\times\boldsymbol{r}$ 为 Coriolis 加速度,Coriolis 加速度引起 Coriolis 力,Coriolis 力对旋转流体的运动有着重要的作用。上式中右端第三项 $\boldsymbol{\omega}\times(\boldsymbol{\omega}\times\boldsymbol{r})$ 为向心加速度,因为向心加速度的大小为 $\omega^2 r$,其方向由流体质点指向转轴,故当我们假设 $\boldsymbol{\omega} = \omega\boldsymbol{k}$ 后,就有

$$\boldsymbol{\omega}\times(\boldsymbol{\omega}\times\boldsymbol{r}) = -\omega^2(x\boldsymbol{i} + y\boldsymbol{j}) = -\nabla\left(\frac{\omega^2(x^2+y^2)}{2}\right).$$

因此,这时旋转系统的运动方程为

$$\frac{\mathrm{d}\boldsymbol{v}}{\mathrm{d}t} + 2\boldsymbol{\omega}\times\boldsymbol{v} = -\nabla\varphi_{\circ} \tag{7.1.1}$$

上式中的 φ 为(其中已设 $x^2 + y^2 = r^2$)

$$\varphi = \frac{p}{\rho} - \frac{1}{2}\omega^2 r^2 + gz^*(x, y, z),$$

其中 gz^* 这一项表示旋转系统中以坐标 x, y, z 表示的重力势函数。在地球物理流体力学中,地球自转角速度为 $\omega = 7.29 \times 10^{-5}/\mathrm{s}$,故 $-\frac{1}{2}\omega^2 r^2$ 这项数值很小,可以忽略不计。

从 (7.1.1) 式可以看到,在均匀旋转 ($\boldsymbol{v} = \boldsymbol{0}$) 系统中,由于该式的左边为零,故 φ 值必定是均匀的。另外,在自由面上 p 为一常量,所以该自由面的形状可由

$$gz^*(x, y, z) - \frac{1}{2}\omega^2 r^2 = 常数$$

给定。对于绕铅垂轴 z 轴旋转的流体来说，由于在势函数 φ 中，$z^* = z$，因而自由面为一抛物面，其方程为

$$z = \frac{\omega^2 r^2}{2g} + 常数。$$

在方程(7.1.1)中，如果以 Ω 记旋转角速度的大小，记 L, U 为该系统的特征长度和特征速度，特征时间取为 $\frac{L}{U}$，则第一项惯性力的量级为 $\frac{U^2}{L}$，第二项 Coriolis 力的量级为 ΩU，惯性力与 Coriolis 力之比为

$$\frac{\frac{U^2}{L}}{\Omega U} = \frac{U}{\Omega L} = R_0。 \tag{7.1.2}$$

R_0 称为 **Rossby 数**。易知，当 $R_0 \ll 1$ 时，旋转作用对流动影响甚大；但当 $R_0 \gg 1$ 时，旋转作用对流动的影响可不予考虑。在这一章中，我们总是考虑 Coriolis 力占优的流动，即在此流动中 Rossby 数很小。

现在我们来引进地转流动的概念，因为假定 Rossby 数很小，故方程(7.1.1)就可化为

$$2\boldsymbol{\omega} \times \boldsymbol{v} = -\nabla \varphi。 \tag{7.1.3}$$

当 $\boldsymbol{\omega}$ 取为 z 方向时，上式就可化为

$$2\boldsymbol{\omega} \times \boldsymbol{r} = -\nabla_H \left(\frac{p}{\rho}\right)。 \tag{7.1.4}$$

在(7.1.3)式的 φ 中已忽略了向心加速度。(7.1.4)式中的算子 ∇_H 为

$$\nabla_H = \frac{\partial}{\partial x}\boldsymbol{i} + \frac{\partial}{\partial y}\boldsymbol{j},$$

该式表示在水平面内的流动中，Coriolis 力与压力保持平衡，这种流动称为**地转流动**。可见，地转流动有一个重要特点：因为 Coriolis 力垂直于流动方向，所以压力梯度也垂直于流动方向。这意味着沿流线压力是常数，这一点与非旋转系明显不同。根据 Bernoulli 方程，在非旋转系中，沿流线一般压力是变化的。

地转流动还有另一个有趣的特性：在将(7.1.3)式两边取旋度后，将上式展开，有

$$\nabla \times (\boldsymbol{\omega} \times \boldsymbol{v}) = \boldsymbol{0}。$$

将上式展开，有

$$\omega \cdot \nabla v - v \cdot \nabla \omega + v(\nabla \cdot \omega) - \omega(\nabla \cdot v) = 0。$$

因为 ω 不是位置的函数,所以上式中的第二项、第三项为零。利用连续性方程 $\nabla v = 0$ 后,上式就可化为

$$\omega \cdot \nabla v = 0。$$

如果仍使 ω 取 z 轴方向,则有

$$\omega \frac{\partial v}{\partial z} = 0,\text{或者} \frac{\partial v}{\partial z} = 0。 \tag{7..1.5}$$

由上式可知在平行于转轴的方向上速度场不发生变化。这个结果称为 Taylor - Prondmann 定理(简称 T - P 定理),将它写成分量形式就有

$$\frac{\partial u}{\partial z} = \frac{\partial v}{\partial z} = \frac{\partial w}{\partial z} = 0。 \tag{7.1.6}$$

如果在所讨论的流场中有垂直于转轴的固壁,则在固壁上 $w = 0$,因此,在整个流场中成立

$$\frac{\partial u}{\partial z} = \frac{\partial v}{\partial z} = 0, \ w = 0。 \tag{7.1.7}$$

该定理又说明了:对于与转轴相垂直的平面来说,该平面内的流动完全是二维的。T - P 定理证实了物质线永远保持与转轴平行,可见这种物质线具有一定的刚度。

§7-2 惯 性 波

这里,我们先来说明一下在旋转流体中也能产生波动。我们知道,波动是由于流体质点的振动所造成的,由最简单的质点弹簧系统可知,质点偏离平衡位置后,由于存在着弹力这一恢复力,从而使质点有回到平衡位置的趋势。在日常生活中我们还可以看到,回转仪和自行车因其部件的转动而变得稳定,并在转轴侧倾以后能回到原来位置。另外,还有像链和绳子这种易弯的柔性体,当它们绕一个端点旋转时也能被拉直,这说明此时链和绳子已具有抗弯的刚度。那么,在旋转流体中波是怎样产生的呢? 假定我们所讨论的流体绕铅垂轴旋转,且运动是轴对称的,因此,周向运动方程为

$$v_t + uv_r + wv_r + \frac{uv}{r} = 0。$$

将上式两边乘以 r,可得

$$\frac{\mathrm{d}}{\mathrm{d}t}(rv)=0, \tag{7.2.1}$$

其中算子

$$\frac{\mathrm{d}}{\mathrm{d}t}=\frac{\partial}{\partial t}+u\frac{\partial}{\partial r}+w\frac{\partial}{\partial z}。$$

可见,在随流过程中角动量 $k=rv$ 保持不变。

现在,我们把位于水平面内半径为 $r=r_1$ 的圆环处的流体向外移动一段距离,以致使这些流体质点组成 $r=r_2(>r_1)$ 的圆环。我们来考察圆环 $r=r_2$ 上的流体质点的径向受力情况。这时,圆环上的流体质点在径向受到两个力:向外的离心力 $\frac{v_2^2}{r_2}$ 和向内的压力,并且质点所受到的压力不再与它所受的离心力平衡。这是因为 $k=rv$,所以由 $v_2<v_1$,就有 $\frac{v_2^2}{r_2}<\frac{v_1^2}{r_1}$。但由于在圆环 $r=r_2$ 两侧的压力差足以抵抗在 $r=r_1$ 处的离心力 $\frac{v_1^2}{r_1}$,圆环 $r=r_2$ 会向内收缩,这样圆环 $(r=r_1)$ 会由于惯性在越过 $r=r_1$ 后发生振荡,我们将由此产生的波称为**惯性波**。

接下来我们定量地讨论惯性波。假设流体在旋转系中作微小的轴对称波动。因为 $\frac{\partial}{\partial \theta}\equiv 0$,故在柱面坐标系 (r,θ,z) 中的控制方程为

$$\frac{\partial u}{\partial t}=-\frac{\partial \varphi}{\partial r}+2\omega v, \tag{7.2.2a}$$

$$\frac{\partial v}{\partial t}=-2\omega u, \tag{7.2.2b}$$

$$\frac{\partial w}{\partial t}=-\frac{\partial \varphi}{\partial z}。 \tag{7.2.2c}$$

由连续性方程可引进 Stokes 流函数 ψ:

$$u=-\frac{1}{r}\frac{\partial \psi}{\partial z},\ w=\frac{1}{r}\frac{\partial \psi}{\partial r}。 \tag{7.2.3}$$

在(7.2.2)式中先消去 φ,再消去 v,然后应用(7.2.3)式可得

$$\frac{\partial^2}{\partial t^2}\left(\frac{\partial^2}{\partial r^2}-\frac{1}{r}\frac{\partial}{\partial r}\right)\psi+\left(4\omega^2+\frac{\partial^2}{\partial t^2}\right)\frac{\partial^2 \psi}{\partial z^2}=0。 \tag{7.2.4}$$

如果流体相对于旋转坐标系作自由振动,则可认为 ψ 对时间的依赖关系为 $\bar{\psi}\mathrm{e}^{\mathrm{i}\sigma t}$,于是,上式化为

$$\sigma^2\left(\frac{\partial^2 \bar{\psi}}{\partial r^2} - \frac{1}{r}\frac{\partial \bar{\psi}}{\partial r}\right) + (\sigma^2 - 4\omega^2)\frac{\partial^2 \bar{\psi}}{\partial z^2} = 0。 \qquad (7.2.5)$$

再作变换 $\eta = r^2$，上式即可化为

$$4\sigma^2 \eta \frac{\partial^2 \bar{\psi}}{\partial \eta^2} + (\sigma^2 - 4\omega^2)\frac{\partial^2 \bar{\psi}}{\partial z^2} = 0。 \qquad (7.2.6)$$

当 $\sigma^2 < 4\omega^2$ 时，方程(7.2.6)为双曲型；而当 $\sigma^2 > 4\omega^2$ 时，方程(7.2.6)为椭圆型。因此，在旋转流体中，当 σ 适当小时，也会产生波。

如果 ψ 按正弦规律随 z 变化，即认为

$$\psi = f(\eta) \mathrm{e}^{\mathrm{i}(kz+\sigma t)}, \qquad (7.2.7)$$

其中 k 为波数，则(7.2.6)式就化为

$$f'' - \frac{k^2}{4\eta}\left(1 - \frac{4\omega^2}{\sigma^2}\right)f = 0。 \qquad (7.2.8)$$

设流体被包含在半径为 a 的圆柱体内，故 u 在轴线上和固壁处的值均为零，那么，边界条件为

$$f(0) = 0, \ f(a^2) = 0。 \qquad (7.2.9)$$

(7.2.8)式和(7.2.9)式就构成了 Sturm-Liouville 方程，这样，我们就可以利用数学中已有的理论来进行讨论。从(7.2.8)式已可看出，如果 $\sigma^2 > 4\omega^2$，则 f 前的系数是负的，不可能同时满足(7.2.9)式中的两个边界条件；仅当 $\sigma^2 < 4\omega^2$ 时，f 随 η 的变化才是振荡的，才有可能同时满足(7.2.9)式中的两个边界条件。

从(7.2.7)式来看，波动沿轴向传播，即沿旋转轴传播。这与 T-P 定理所证实的平行于转轴的物质线具有一定的刚度有关。

§7-3 Rossby 波

Rossby 早在 1933 年就发表了研究一类波动的论文。Rossby 指出：地球表面的流体在向北移动或向南移动时都会引起一种恢复力。正是由于这种恢复力，才迫使流体质点产生振动，由这种振动所引起的波动就称为 Rossby 波。这节中我们采用一个简单装置作为产生 Rossby 波的模型，并只要作一些简单的推导就能得到问题的解。

如图 7-1 所示，我们采用的装置的底面是

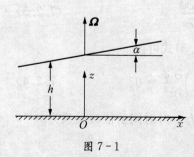

图 7-1

一块水平平板，其顶面是一块略微倾斜的平板。设顶面与 x 轴平行，仅与 y 轴有一个微小的倾角 α，坐标原点就取在底面上，两板均以常角速度 $\mathbf{\Omega}$ 绕铅垂轴（z 轴）旋转。我们的目的就是要考察两平板之间的流体将如何运动，为此，使用三维的小振幅波的运动方程

$$\frac{\partial \boldsymbol{v}}{\partial t} + 2\boldsymbol{\Omega} \times \boldsymbol{v} = -\frac{1}{\rho}\nabla p \text{。} \tag{7.3.1}$$

上述方程包括了 Coriolis 力，$\boldsymbol{v} = (u, v, w)$。又深度 h 仅在 y 方向上稍有均匀变化，即有

$$\frac{\partial h}{\partial x} = 0, \quad \frac{\partial h}{\partial y} = \gamma \quad (\gamma = \tan\alpha) \text{。} \tag{7.3.2}$$

此外，我们还假定波动保持地转流动的特性，即由 (7.1.6) 式，有

$$\frac{\partial u}{\partial z} = \frac{\partial v}{\partial z} = 0,$$

但 $\frac{\partial w}{\partial z} \neq 0$。于是，连续性方程

$$\frac{\partial u}{\partial x} + \frac{\partial v}{\partial y} + \frac{\partial w}{\partial z} = 0$$

中的前两项与 z 无关，即

$$\frac{\partial w}{\partial z} = -\left(\frac{\partial u}{\partial x} + \frac{\partial v}{\partial y}\right) = \text{常数} \text{。} \tag{7.3.3}$$

为简化分析，现选择 z 轴，使得该轴精确地垂直于两板中的某一块板（如 $z = 0$）。由于在 $z = 0$ 的边界上 $w = 0$，因此

$$\frac{\partial w}{\partial z} = \frac{w_h}{h}, \tag{7.3.4}$$

其中 w_h 是 w 在上边界 $z = h$ 上的值。注意到这时的流动必须平行于这一边界，于是

$$w_h = v_h \tan\alpha = \gamma v_h = \gamma v \text{。} \tag{7.3.5}$$

利用连续性方程，就有

$$\frac{\partial u}{\partial x} + \frac{\partial v}{\partial y} + \frac{\gamma w}{h} = 0 \text{。} \tag{7.3.6}$$

Rossby 波就是由方程 (7.3.6) 和方程组 (7.3.1) 中的前两个方程

$$\frac{\partial u}{\partial t} - 2\Omega v = -\frac{1}{\rho}\frac{\partial p}{\partial x}, \tag{7.3.7}$$

$$\frac{\partial v}{\partial t} + 2\Omega u = -\frac{1}{\rho}\frac{\partial p}{\partial y} \tag{7.3.8}$$

所决定的。我们要寻找一种解,使得在这种解中,其速度 u 和 v 都不是 y 的函数。这样,尽管我们考察的是一种非常特殊的情况,但这仍能使我们看到 Rossby 波的主要特征。

将(7.3.7)式关于 y 求偏导,得

$$\frac{\partial^2 p}{\partial x \partial y} = 0。$$

将(7.3.8)式关于 x 求偏导,利用上式,就有

$$\frac{\partial^2 v}{\partial t \partial x} + 2\Omega \frac{\partial u}{\partial x} = 0。$$

再利用(7.3.6)式,就有

$$\frac{\partial^2 v}{\partial t \partial x} - \frac{2\Omega\gamma}{h} v = 0。 \tag{7.3.9}$$

当 γ 是小量时,$\dfrac{2\Omega\gamma}{h}$ 可作常数处理,这时,方程(7.3.9)就是常系数线性方程。我们拟找

$$v = v_0 e^{i(kx-\omega t)}$$

这种形式的解,即如果对于实数 k,我们能找到实数 ω,则这种流动就可用波运动来描述。现把 v 代入(7.3.9)式,可得

$$\omega k v_0 - \frac{2\Omega\gamma}{h} v_0 = 0。$$

于是

$$k = \frac{2\Omega\gamma}{h\omega}。 \tag{7.3.10}$$

这时,色散关系式为

$$\omega = \frac{2\Omega\gamma}{hk}, \tag{7.3.11}$$

相速度为

$$c = \frac{\omega}{k} = \frac{h\omega^2}{2\Omega\gamma},$$

群速度为

$$c_g = \frac{d\omega}{dk} = -\frac{h\omega^2}{2\Omega\gamma}。$$

由上面的讨论可知,Rossby 波是一种色散波,且其色散关系式为(7.3.11)

式。可见,这种波是行波,但一旦装置停止旋转,则因为 k 和 ω 都依赖于 Ω,所以波动特征也就自然消失。另外,由于波速公式前只出现一个正号,因此这种波只能单向传播,从而不能由两列反相传播的行波叠加而得到驻波。这两点与以后将要讨论的 Sverdrup 波不同。

将图 7-1 所示的装置以角速度 Ω 绕 z 轴旋转时,我们来考察装置中的流场。因为根据假定,u 和 v 都不是 z 的函数,所以我们只需讨论在 xy 平面中的流态。v 虽不随 y 变化,但却随 x 和 t 周期变化,故这种流动可用波动来描述。我们已经求得

$$v = v_0 \mathrm{e}^{\mathrm{i}(kx-\omega t)}。$$

在上式中,对于给定的 k 可由 (7.3.11) 式求得实数 ω。这时我们就可把 (7.3.6) 式简化为

$$\frac{\partial u}{\partial x} + \frac{\gamma}{h} v_0 \mathrm{e}^{\mathrm{i}(kx-\omega t)} = 0。 \tag{7.3.12}$$

将上式关于 x 积分,就可得

$$u = \mathrm{i}\frac{\gamma}{hk} v。 \tag{7.3.13}$$

由此可知,u 和 v 的相位差为 $\frac{\pi}{2}$。

如果在上述的 Rossby 波上再叠加一个平行于 x 轴的均匀流动(例如,速度为 U),就能使波动的特征更醒目一点。在 x-y 平面上,波动使得均匀流动变得蜿蜒曲折,均匀流动组合了 Rossby 波后的瞬时流线就成为波状,且在平行于 x 轴的直线两旁来回摆动。在波峰或波谷处,因为 v 为零,故 $|u|$ 达到极大值,当然 u 可能与 U 同向,也可能反向;而在节点处,$|v|$ 达到极大值,但 $u=0$。因此在节点处,x 方向的速度仅为 U。然而应该注意到,本装置中的 Rossby 波的波运动仅包含速度分量 u 和 v。

§7-4 定常螺旋运动中的惯性波

我们来考察理想流体在直圆管中作螺旋运动这种定常流动。由于这时控制方程没有作过线性化近似,因而控制方程是精确的,并且运动的幅度也不必是小量,但这一方程仍很简单,可以求解。

我们仅讨论轴对称运动,现采用固定的柱面坐标系 (r, θ, z),这时,对应的速度分量为 u, v 和 w。设 Ω 为体力势,则轴对称运动的控制方程为

$$\frac{Du}{Dt} - \frac{v^2}{r} = -\frac{\partial}{\partial r}\left(\frac{p}{\rho} + \Omega\right), \qquad (7.4.1)$$

$$\frac{Dv}{Dt} + \frac{uv}{r} = 0, \qquad (7.4.2)$$

$$\frac{Dw}{Dt} = -\frac{\partial}{\partial z}\left(\frac{p}{\rho} + \Omega\right), \qquad (7.4.3)$$

其中

$$\frac{D}{Dt} \equiv \frac{\partial}{\partial t} + u\frac{\partial}{\partial r} + w\frac{\partial}{\partial z}. \qquad (7.4.4)$$

方程(7.4.2)可改写为

$$\frac{D}{Dt}(vr) = 0. \qquad (7.4.5)$$

上式就是(7.2.1)式。它表示质点的角动量守恒，或者表示由流体质点所组成的某一封闭曲线的环量守恒。这个结果对运动不论定常与否都适用，但对于定常运动，由于质点总是在同一流线或同一流面上，因此，在这里，(7.4.5)式就意味着 vr 必是流函数，即

$$(vr)^2 = f(\psi),$$

这里 ψ 为 Stokes 流函数。如果流动定常，则(7.4.1)式和(7.4.2)式可以改写为

$$w(u_z - w_r) - \frac{f(\psi)}{r^3} = -\frac{\partial}{\partial r}\left(\frac{p}{\rho} + \frac{u^2 + w^2}{2} + \Omega\right),$$

$$u(w_r - u_z) = -\frac{\partial}{\partial z}\left(\frac{p}{\rho} + \frac{u^2 + w^2}{2} + \Omega\right).$$

将前一式关于 z 求导，将后一式关于 r 求导，然后将所得的两个式子相减，再利用连续性方程

$$(ru)_r + (rw)_z = 0, \qquad (7.4.6)$$

就可得

$$\frac{D}{Dt}\left(\frac{\zeta}{r}\right) + \frac{1}{r^4}\frac{\partial f(\psi)}{\partial z} = 0, \qquad (7.4.7)$$

其中 ζ 为涡矢量的 θ 方向分量，其定义为

$$\zeta = w_r - u_z = \frac{1}{r}\left(\frac{\partial^2}{\partial r^2} - \frac{1}{r}\frac{\partial}{\partial r} + \frac{\partial^2}{\partial z^2}\right)\psi. \qquad (7.4.8)$$

于是，方程(7.4.7)现在可改写为

$$\frac{D}{Dt}\left(\frac{\zeta}{r}\right)-u\frac{f'(\psi)}{r^3}=\frac{D}{Dt}\left(\frac{\zeta}{r}+\frac{f'(\psi)}{2r^2}\right)=0, \tag{7.4.9}$$

其中 $f'(\psi)=\dfrac{\mathrm{d}f}{\mathrm{d}\psi}$。这里,我们已经使用了 Stokes 流函数 ψ 的定义:

$$u=-\frac{1}{r}\psi_z,\ w=\frac{1}{r}\psi_r\text{。}$$

积分(7.4.9)式,并设积分常数为 $h(\psi)$,则有

$$\left(\frac{\partial^2}{\partial r^2}-\frac{1}{r}\frac{\partial}{\partial r}+\frac{\partial^2}{\partial z^2}\right)\psi+\frac{f'(\psi)}{2}=r^2h(\psi)\text{。} \tag{7.4.10}$$

上式就是理想流体作螺旋运动的控制方程。

如果在无穷远($z=\infty$)处,轴向速度为常数且等于 $-W$,流体以恒定角速度 ω 旋转,以致使那里的流体处于刚体旋转和平移,则

$$v=\omega r, \tag{7.4.11a}$$

$$\psi=-\frac{Wr^2}{2}\text{。} \tag{7.4.11b}$$

在无穷远处,有

$$f(\psi)=\omega^2 r^4=\frac{4\omega^2}{W^2}\psi^2\text{。}$$

再将(7.4.11)式应用于无穷远处,便有

$$h(\psi)=-\frac{2\omega^2}{W}\text{。}$$

因此,(7.4.10)式就成为

$$\left(\frac{\partial^2}{\partial r^2}-\frac{1}{r}\frac{\partial}{\partial r}+\frac{\partial^2}{\partial z^2}\right)\psi+\frac{4\omega^2}{W^2}\psi=-\frac{2\omega^2}{W}r^2\text{。} \tag{7.4.12}$$

虽然在推导过程中没有作线性化近似,但方程(7.4.12)却是线性化方程,这个方程是由 Long 最早得到的。

显然,方程(7.4.12)有一特解

$$\psi_0=-\frac{Wr^2}{2}, \tag{7.4.13}$$

因此,只需求出方程(7.4.12)的齐次方程的通解即可。现用分离变量法来求解,设 $\psi=R(r)Z(z)$,将该式代入(7.4.12)式后,得

$$\frac{R''-\dfrac{1}{r}R'}{R}=-\left(\frac{Z''}{Z}+\frac{4\omega^2}{W^2}\right)=-\lambda^2,$$

其中 λ 为特征值。因为当 $z \to \infty$ 时,齐次方程的通解趋于零,所以

$$Z = C\exp\left[-\left(\lambda^2 - \frac{4\omega^2}{W^2}\right)^{\frac{1}{2}} z\right],$$

其中 C 为积分常数。关于 R 的方程可化为

$$R'' - \frac{1}{r}R + \lambda^2 R = 0。$$

这个方程可以化为标准的 Bessel 方程。设 $R = r^a \theta$,其中 a 为待定常数,θ 是 r 的未知函数,代入上述方程,可得

$$r^a \theta_{rr} + (-1+2a)r^{a-1}\theta_r + \{\lambda^2 r^a + (a^2-2a)r^{a-2}\}\theta = 0。$$

如取 $-1+2a = 1$,即 $a = 1$,则得到

$$\theta_{rr} + \frac{1}{r}\theta_r + \left(\lambda^2 - \frac{1}{r^2}\right)\theta = 0。$$

由于当 $r = 0$ 时,θ 应取有限值,因此

$$\theta = D J_1(\lambda r),$$

其中 D 也为积分常数。根据变换

$$R = Dr J_1(\lambda r),$$

最后,应有

$$\psi = Ar J_1(\lambda r)\exp\left[-\left(\lambda^2 - \frac{4\omega^2}{W^2}\right)^{\frac{1}{2}} z\right],$$

其中 $A = CD$ 为待定常数。注意到管壁条件:当 $r = b$ 时,$u = 0$,就有

$$J_1(\lambda b) = 0。$$

设 λ_n 是 $J_1(x)$ 的第 n 个零点 ($n = 1, 2, \cdots$),则特征值 λ 应满足

$$\lambda = \frac{\lambda_n}{b}。$$

于是,方程 (7.4.12) 的通解为

$$\psi = -\frac{Wr^2}{2} + r\sum_{n=1}^{\infty} A_n \exp\left\{-[\lambda_n^2 - (R_0)^{-2}]^{\frac{1}{2}}\left(\frac{z}{b}\right)\right\} J_1\left(\lambda_n \frac{r}{b}\right)。$$

(7.4.14)

此处

$$R_0 = \frac{W}{2\omega b}$$

为 Rossby 数，b 为圆管的半径。当

$$\lambda_{N+1} > (R_0)^{-1} > \lambda_N$$

时，很显然，(7.4.14)式中前 N 项随 z 的变化呈周期性变化，即能够构成波动分量，其余的项则随着 z 的增大而很快衰减。这些波分量的生成可以通过在作螺旋运动的流动中轴对称地插入一个轴对称的物体来实现，并且看到这 N 个波就紧跟着出现在物体的后面。

已经有人研究过在半径为 b 的圆管内作螺旋运动的流体轴对称地绕流一个圆球的问题，球被轴对称地放置在管内，球的直径 $a = 0.4b$，这时，流动图案见图 7-2，从此图中可以看出，在球的后面出现了一些背风波(Lee 波)。

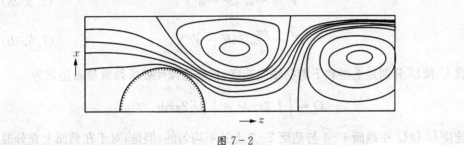

图 7-2

§7-5 旋转流动中的水跃

某一水层在平面上流动时，有时水层的自由面可以跳跃一个较大的高度，这种现象称为水跃。

下面我们考察在旋转流体中所产生的水跃。如图 7-3 所示，圆筒以恒定角速度旋转，流体就沿着圆筒内壁垂直地往下流，这样就形成了一个柱面状的液膜。如果在下游加以适当的控制，以致下游的液膜增厚，这样就会产生水跃。

设圆筒的角速度为 ω，水跃上游的液体也以同样的角速度旋转。圆筒的内径为 b，上游自由面的半径为 a，而下游自由面的半径为 a'。于是上游和下游液体的深度分别为

$$d = b-a \text{ 和 } d' = b-a'.$$

在现在的情况中，(7.1.1)式中的 φ 也是均匀的，也为常数。如果再忽略其中的重力势函数，而且假定当 $r = a$ 时压力 p 为零，则就有

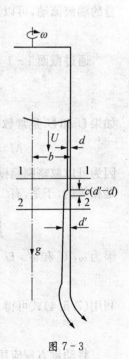

图 7-3

$$p = \frac{\rho\omega^2}{2}(r^2 - a^2)。 \tag{7.5.1}$$

下游液体的角速度 ω' 通常要随半径而变,但为了方便起见,也假定 ω' 为常数,尽管这样做未必合适,但也不会产生很大的误差。因此,同样可得

$$p' = \frac{\rho\omega'^2}{2}(r^2 - a^2)。 \tag{7.5.2}$$

根据图 7-3,作用在上游截面 1-1 上的总轴向力 P 和作用在下游截面 2-2 上的总轴向力 P' 可以分别由 p 和 p' 在各自的截面上积分得到,即

$$P = \frac{\rho\pi}{4}\omega^2(b^2 - a^2)^2, \tag{7.5.3a}$$

$$P' = \frac{\rho\pi}{4}\omega'^2(b^2 - a'^2)^2。 \tag{7.5.3b}$$

设 U 和 U' 分别是上游和下游的轴向速度,根据连续性要求得流量表达式为

$$Q = \int_a^b U 2\pi r \mathrm{d}r = \int_{a'}^b U' 2\pi r \mathrm{d}r。$$

速度 U 和 U' 在截面 1-1 与截面 2-2 上是不均匀的,但是,对于在截面上充分混合的湍流流动,可以认为 U 和 U' 基本上是均匀的,故可得

$$U(b^2 - a^2) = U'(b^2 - a'^2)。 \tag{7.5.4}$$

通过截面 1-1 和截面 2-2 的动量通量分别为

$$M = \int_a^b \rho U^2 2\pi r \mathrm{d}r \text{ 和 } M' = \int_{a'}^b \rho U'^2 2\pi r \mathrm{d}r。$$

如果 U 和 U' 是常数,则

$$M = \rho\pi U^2(b^2 - a^2) \text{ 和 } M' = \rho\pi U'^2(b^2 - a'^2)。 \tag{7.5.5}$$

因为可以忽略圆筒壁所施加给流体的力矩,故可以认为水跃前、后的动量矩通量是相等的,于是,有

$$\int_a^b (\rho\omega r^2) U 2\pi r \mathrm{d}r = \int_{a'}^b (\rho\omega' r^2) U' 2\pi r \mathrm{d}r。 \tag{7.5.6}$$

因为 ω、U 和 ω'、U' 都是常数,所以

$$\omega U(b^4 - a^4) = \omega' U'(b^4 - a'^4)。$$

利用(7.5.4)式可得

$$\omega(b^2 + a^2) = \omega'(b^2 + a'^2)。 \tag{7.5.7}$$

将动量方程应用于截面 1-1 和截面 2-2 之间的液体,便得

$$P - P' + W = M' - M, \tag{7.5.8}$$

其中 W 是上述控制体内的液体重量。如果认为液体深度在该区域内从 d 到 d' 是线性变化的,而水跃长度假定为 $c(d'-d)$ 或者为 $c(a-a')$,其中 c 为比例常数,则

$$W = g\rho\pi c(a-a')\left[b^2 - aa' - \frac{1}{3}(a-a')^2\right]。$$

这样,动量方程(7.5.8)现在成为

$$\frac{\rho\pi}{4}\left[\omega^2(b^2-a^2)^2 - \omega'^2(b^2-a'^2)^2\right] + g\rho\pi c(a-a')\left[b^2 - aa' - \frac{1}{3}(a-a')^2\right]$$
$$= \rho\pi\left[U'^2(b^2-a'^2) - U(b^2-a^2)\right]。$$

利用(7.5.4)式和(7.5.7)式,上式可写为

$$(1-a^2a'^2)(1-a^2)$$
$$= F_1^2(1-a^2)(1+a'^2) + \frac{cG(1-a'^2)(1+a'^2)^2[3(1-aa') - (a-a')^2]}{3(a+a')},$$
$$\tag{7.5.9}$$

其中

$$a = \frac{a}{b},\ a' = \frac{a'}{b},\ F_1 = \frac{U}{\omega b},\ G = \frac{g}{b\omega^2}。$$

利用(7.5.9)式可以由 a, F_1, G 和 c 求得 a'。

如果 d 和 d' 与 b 相比是小量,则 a 和 a' 就接近于1,因此,除了 a 和 a' 出现在相减的那些项之外,其他项都以1代替,则有

$$(1-aa')(1-a')$$
$$= 2F_1^2(1-a) + cG(1-a')\left[(1-aa') - \frac{1}{3}(a-a')^2\right]。$$
$$\tag{7.5.10}$$

如果记

$$\eta = \frac{d'}{d} \text{ 和 } F^2 = \frac{U^2}{\omega^2 bd},$$

则(7.5.10)式成为

$$\eta(\eta+1)(1-cG) = 2F^2。 \tag{7.5.11}$$

上述方程(7.5.11)的根为

$$\eta = \frac{d'}{d} = \frac{1}{2}\left[-1 + \sqrt{1 + \frac{8F^2}{1-cG}}\right]。 \tag{7.5.12}$$

这个公式是由易家训等在 1963 年得到的。他们的实验结果绘在图 7-4 中,由此图可知,(7.5.12)式在选取 $c = 7$ 时基本上是适用的。在本问题中,液体在作螺旋运动。这种螺旋运动中的水跃现象,Binnie 在 1962 年就已观察到了。

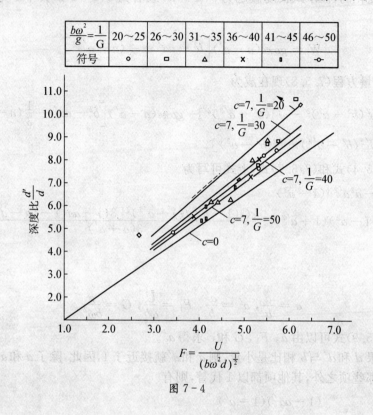

图 7-4

§7-6 旋转流体中的长波方程

在研究大气与海洋的某些动力学特征时,我们可以使用长波方程。这时,长波方程中仅包含了 Coriolis 加速度,而并没有考虑到其他因素。

建立如图 7-5 所示的直角坐标系,假设水平方向的特征长度为 L,特征速度为 U;而垂直方向的特征长度为 D,特征速度为 W。根据长波假定,有 $\delta = \dfrac{D}{L} \ll 1$。

从某一参考面 $z = 0$ 算起的流体自由面的高度为 $h(x, y, t)$,底边界的高度为 $h_B(x, y)$,D 为水深 $h - h_B$ 的平均值。将转动轴就取为 z 轴,角速度为 Ω。这样,连续性方程为

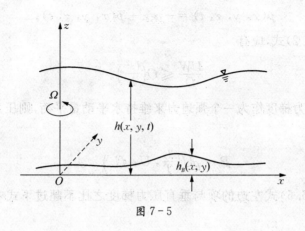

图 7-5

$$\frac{\partial u}{\partial x}+\frac{\partial v}{\partial y}+\frac{\partial w}{\partial z}=0. \tag{7.6.1}$$

上式中前两项的量级为 $O\left(\frac{U}{L}\right)$，第三项的量级为 $O\left(\frac{W}{D}\right)$，一般还要求后一量级不大于前一量级，即

$$W \leqslant O(\delta U). \tag{7.6.2}$$

在大尺度海洋运动中，有关的特征量约为：$U \sim 10^2$ cm/s，$W \sim 10^{-1}$ cm/s，$L \sim 10^8$ cm，$D \sim 10^6$ cm，故 $\delta \sim 10^{-2}$，由此可见，(7.6.2)式确实可以满足。现在来估计运动方程中各项的大小，用分量形式把运动方程写为

$$\frac{\partial u}{\partial t}+\left[u\frac{\partial u}{\partial x}+v\frac{\partial u}{\partial y}+w\frac{\partial u}{\partial z}\right]-fv=-\frac{1}{\rho}\frac{\partial \bar{p}}{\partial x}, \tag{7.6.3}$$
$$\frac{U}{T} \quad\quad \frac{U^2}{L} \quad\; \frac{U^2}{L} \quad\; \frac{UW}{D} \quad\; fU \quad\;\; \frac{P}{\rho L}$$

$$\frac{\partial v}{\partial t}+\left[u\frac{\partial v}{\partial x}+v\frac{\partial v}{\partial y}+w\frac{\partial v}{\partial z}\right]+fu=-\frac{1}{\rho}\frac{\partial \bar{p}}{\partial y}, \tag{7.6.4}$$
$$\frac{U}{T} \quad\quad \frac{U^2}{L} \quad\; \frac{U^2}{L} \quad\; \frac{UW}{D} \quad\; fU \quad\;\; \frac{P}{\rho L}$$

$$\frac{\partial w}{\partial t}+\left[u\frac{\partial w}{\partial x}+v\frac{\partial w}{\partial y}+w\frac{\partial w}{\partial z}\right]=-\frac{1}{\rho}\frac{\partial \bar{p}}{\partial z}, \tag{7.6.5}$$
$$\frac{W}{T} \quad\quad \frac{UW}{L} \quad\; \frac{UW}{L} \quad\; \frac{WW}{D} \quad\;\; \frac{P}{\rho D}$$

其中 Coriolis 参数为 $f=2\Omega$，$\bar{p}$ 为扰动压力，T 为时间尺度，P 为扰动压力尺度。上面 3 式中的每项量级的大小都已用特征尺度写在各项的下面。总压力 $p(x,y,z,t)$ 现在为

$$p(x, y, z, t) = -\rho g z + \overline{p}(x, y, z, t)。$$

根据(7.6.2)式,应有

$$\frac{UW}{D} \leqslant O\left(\frac{U^2}{L}\right)。$$

为了使水平压力梯度作为一个强迫力来维持水平动量平衡,则压力尺度应由下式给出

$$P = \rho U \left(\frac{L}{T}, U, fL\right)_{max}。 \qquad (7.6.6)$$

这意味着(7.6.5)式左边的项与垂直压力梯度之比不超过下式中较大项的量级,即

$$\frac{\rho\left(\frac{W}{T}, \frac{WU}{L}\right)}{\frac{P}{D}} = O\left(\rho \frac{\frac{dw}{dt}}{\frac{\partial \overline{p}}{\partial z}}\right), \qquad (7.6.7)$$

或者由(7.6.6)式,有

$$\rho \frac{\frac{dw}{dt}}{\frac{\partial \overline{p}}{\partial z}} = \frac{\delta^2 \left(\frac{1}{T}, \frac{U}{L}\right)_{max}}{\left(\frac{1}{T}, \frac{U}{L}, f\right)_{max}} = \frac{\delta^2 \left(\frac{1}{Tf}, \frac{U}{Lf}\right)_{max}}{\left(\frac{1}{Tf}, \frac{U}{Lf}, 1\right)_{max}}。$$

可以看出,上式的量级比 $O(\delta^2)$ 还要小,因此至少可以精确到 $O(\delta^2)$ 的量级,这样,(7.6.5)式中的 $\rho\frac{dw}{dt}$ 可以忽略不计,或用总压力写成更简洁的形式

$$\frac{\partial p}{\partial z} = -\rho g + O(\delta^2)。 \qquad (7.6.8)$$

这就是静水压力的近似,也就是说可以用(7.6.8)式来代替(7.6.5)式。直接积分上式,可得

$$p = -\rho g z + A(x, y, t),$$

其中 $A(x, y, t)$ 是积分常数。由边界条件:自由面上的压力为常压 p_0,即由

$$p(x, y, h, t) = p_0,$$

可得

$$p = \rho g(h - z) + p_0。 \qquad (7.6.9)$$

所以在任何点上, $p - p_0$ 就等于某时刻该点上方单位面积流体柱的重量。

由(7.6.9)式我们易得水平压力梯度 $\dfrac{\partial p}{\partial x}$,$\dfrac{\partial p}{\partial y}$ 与 z 无关,即

$$\frac{\partial p}{\partial x} = \rho g \frac{\partial h}{\partial x}, \qquad (7.6.10)$$

$$\frac{\partial p}{\partial y} = \rho g \frac{\partial h}{\partial y}。 \qquad (7.6.11)$$

因此,水平运动方程变为

$$\frac{\partial u}{\partial t} + u\frac{\partial u}{\partial x} + v\frac{\partial u}{\partial y} - fv = -g\frac{\partial h}{\partial x}, \qquad (7.6.12)$$

$$\frac{\partial v}{\partial t} + u\frac{\partial v}{\partial x} + v\frac{\partial v}{\partial y} + fu = -g\frac{\partial h}{\partial y}。 \qquad (7.6.13)$$

利用上面两式可知 u 和 v 与 z 无关,因此可将(7.6.1)式关于 z 积分得

$$w(x,y,z,t) = -z\left(\frac{\partial u}{\partial x} + \frac{\partial v}{\partial y}\right) + \widetilde{w}(x,y,t)。$$

在刚性底面 $z = h_B$ 处,法向速度为零,即

$$w(x,y,h_B,t) = u\frac{\partial h_B}{\partial x} + v\frac{\partial h_B}{\partial y}。$$

因此

$$\widetilde{w}(x,y,t) = u\frac{\partial h_B}{\partial x} + v\frac{\partial h_B}{\partial y} + h_B\left(\frac{\partial u}{\partial x} + \frac{\partial v}{\partial y}\right)。$$

所以

$$w(x,y,z,t) = (h_B - z)\left(\frac{\partial u}{\partial x} + \frac{\partial v}{\partial y}\right) + u\frac{\partial h_B}{\partial x} + v\frac{\partial h_B}{\partial y}。 \qquad (7.6.14)$$

在自由面 $z = h$ 上的运动学条件为

$$w = \frac{\partial h}{\partial t} + u\frac{\partial h}{\partial x} + v\frac{\partial h}{\partial y}。 \qquad (7.6.15)$$

联立(7.6.14)式和(7.6.15)式得

$$\frac{\partial h}{\partial t} + \frac{\partial}{\partial x}[(h - h_B)u] + \frac{\partial}{\partial y}[(h - h_B)v] = 0。 \qquad (7.6.16)$$

定义总深度 H 为

$$H = h - h_B。$$

将 H 代入(7.6.16)式,得

$$\frac{\partial H}{\partial t} + \frac{\partial}{\partial x}(uH) + \frac{\partial}{\partial y}(vH) = 0, \quad (7.6.17a)$$

或等价地写为

$$\frac{dH}{dt} + H\left(\frac{\partial u}{\partial x} + \frac{\partial v}{\partial y}\right) = 0。\quad (7.6.17b)$$

当流体柱横截面积 A 以相对变化速率

$$\frac{1}{A}\frac{dA}{dt} = \frac{\partial u}{\partial x} + \frac{\partial v}{\partial y} \quad (7.6.18)$$

增加时，其总厚度必须减小，因此

$$\frac{1}{H}\frac{dH}{dt} + \frac{1}{A}\frac{dA}{dt} = 0。\quad (7.6.19)$$

此式为 $\frac{d(AH)}{dt} = 0$，即在随流运动时，体积 AH 保持不变。

从(7.6.17b)式中我们还可以解出

$$\frac{\partial u}{\partial x} + \frac{\partial v}{\partial y} = -\frac{1}{H}\frac{dH}{dt}。$$

再代入(7.6.14)式，便得

$$w \equiv \frac{dz}{dt} = \frac{z - h_B}{H}\frac{dH}{dt} + u\frac{\partial h_B}{\partial x} + \frac{\partial h_B}{\partial y}。\quad (7.6.20)$$

这就意味着

$$\frac{d}{dt}\left(\frac{z - h_B}{H}\right) = 0。\quad (7.6.21)$$

所以随流体运动时 $\frac{z-h_B}{H}$ 是守恒的，而 $\frac{z-h_B}{H}$ 是每个流体质点距离底部边界的相对高度(即相对位置)，故随流时相对高度是不变的。

§7-7 小振幅波运动

研究小振幅波运动可以对方程和边界条件作线性化近似，这样处理起来也比较简单，而且用线性化方程求出的那些自由振荡模态或自由波动的解，往往可以说明在比较复杂的情况中出现波动的基本机制。

接着上一节的讨论，我们令静止流体层的厚度为 $H_0(x, y)$，那么总深度 $H(x, y, t)$ 为

$$H(x, y, t) = H_0(x, y) + \eta(x, y, t)。 \tag{7.7.1}$$

根据小振幅波假定，略去变量的高阶小量后，(7.6.12)式、(7.6.13)式和(7.6.17a)式就分别化为

$$\frac{\partial u}{\partial t} - fv = -g\frac{\partial \eta}{\partial x}, \tag{7.7.2}$$

$$\frac{\partial v}{\partial t} + fu = -g\frac{\partial \eta}{\partial y}, \tag{7.7.3}$$

$$\frac{\partial \eta}{\partial t} + \frac{\partial}{\partial x}(uH_0) + \frac{\partial}{\partial y}(vH_0) = 0。 \tag{7.7.4}$$

用 $\boldsymbol{u} = \boldsymbol{i}U + \boldsymbol{j}V$ 定义线性化的质量通量矢量，其中

$$U = uH_0, \ V = vH_0。$$

借助于这一定义，(7.7.2)~(7.7.4)式又可分别化为

$$\frac{\partial U}{\partial t} - fV = -gH_0\frac{\partial \eta}{\partial x}, \tag{7.7.5}$$

$$\frac{\partial V}{\partial t} + fU = -gH_0\frac{\partial \eta}{\partial y}, \tag{7.7.6}$$

$$\frac{\partial \eta}{\partial t} + \frac{\partial U}{\partial x} + \frac{\partial V}{\partial y} = 0。 \tag{7.7.7}$$

将(7.7.5)式和(7.7.6)式分别关于 x 和 y 求导后相加，可得

$$\frac{\partial}{\partial t}\left(\frac{\partial V}{\partial y} + \frac{\partial U}{\partial x}\right) - f\left(\frac{\partial V}{\partial x} - \frac{\partial U}{\partial y}\right) = -g(\nabla H_0 \cdot \nabla \eta + H_0 \nabla^2 \eta) = -g\nabla(H_0 \nabla \eta)。 \tag{7.7.8}$$

再将(7.7.5)式和(7.7.6)式分别关于 y 和 x 求导后相减，又得

$$\frac{\partial}{\partial t}\left(\frac{\partial V}{\partial x} - \frac{\partial U}{\partial y}\right) + f\left(\frac{\partial V}{\partial y} + \frac{\partial U}{\partial x}\right) = -g\left\{\frac{\partial H_0}{\partial x}\frac{\partial \eta}{\partial y} - \frac{\partial H_0}{\partial y}\frac{\partial \eta}{\partial x}\right\}。 \tag{7.7.9}$$

然后，将(7.7.8)式关于 t 求导后与(7.7.9)式联立，就有

$$\left(\frac{\partial^2}{\partial t^2} + f^2\right)\left(\frac{\partial V}{\partial y} + \frac{\partial U}{\partial x}\right) = -g\frac{\partial}{\partial t}\nabla \cdot (H_0 \nabla \eta) - fg\left\{\frac{\partial H_0}{\partial x}\frac{\partial \eta}{\partial y} - \frac{\partial H_0}{\partial y}\frac{\partial \eta}{\partial x}\right\}。$$

利用(7.7.7)式后，上式就化为只含有 η 的方程

$$\frac{\partial}{\partial t}\left[\left(\frac{\partial^2}{\partial t^2} + f^2\right)\eta - \nabla \cdot (c_0^2 \nabla \eta)\right] - gfJ(H_0, \eta) = 0, \tag{7.7.10}$$

其中

$$c_0^2 = gH_0 。 \tag{7.7.11}$$

(7.7.10)式中引进的 Jacobi 式为

$$J(H_0, \eta) = \begin{vmatrix} \dfrac{\partial H_0}{\partial x} & \dfrac{\partial \eta}{\partial x} \\ \dfrac{\partial H_0}{\partial y} & \dfrac{\partial \eta}{\partial y} \end{vmatrix} = \dfrac{\partial H_0}{\partial x} \dfrac{\partial \eta}{\partial y} - \dfrac{\partial H_0}{\partial y} \dfrac{\partial \eta}{\partial x} 。$$

由(7.7.10)式求得 η 后,再求解由(7.7.2)式和(7.7.3)式导出的两个常微分方程

$$\left(\dfrac{\partial^2}{\partial t^2} + f^2 \right) u = -g \left[\dfrac{\partial^2 \eta}{\partial x \partial t} + f \dfrac{\partial \eta}{\partial y} \right], \tag{7.7.12}$$

$$\left(\dfrac{\partial^2}{\partial t^2} + f^2 \right) v = -g \left[\dfrac{\partial^2 \eta}{\partial y \partial t} - f \dfrac{\partial \eta}{\partial x} \right], \tag{7.7.13}$$

就可求得 u 和 v。很清楚,从上面两式的左边可知,Coriolis 力起到了恢复力的作用。

下面,我们对于等深流体层来求方程(7.7.10)的平面波解。设流体层有足够大的侧向范围,我们可以把它理想化为一个无限平面,即这个范围远远超过所要讨论的波动的波长。我们就来讨论在此无限平面上深度均匀的流体层中可能存在的自由振荡。因为 H_0 为常数,所以(7.7.10)式中的系数也为常数,于是,可以寻找到平面波形式的解,即

$$\eta = \mathrm{Re}(\eta_0 \mathrm{e}^{\mathrm{i}(kx+ly-\sigma t)}), \tag{7.7.14}$$

式中 Re 表示取该函数的实部,η_0 是波幅,而波动的位相 θ 由下式给出

$$\theta = kx + ly - \sigma t 。$$

如图 7-6 所示,在给定的时刻,$kx+ly$ 等值线上各点的位相相等,因而其表面的高度也相等,图 7-6 上画出了等位相线(例如波峰线),等位相线的法线方向由大小为 K 的波矢量

$$\boldsymbol{K} = \nabla \theta = \boldsymbol{i} k + \boldsymbol{j} l \tag{7.7.15}$$

给出。

两条相邻的等位相线之间的垂直距离 λ 即为波长,设 A,B 两点的坐标分别为 (x, y) 和 $(x+\Delta x, y+\Delta y)$,则

$$\dfrac{\lambda}{\Delta x} = \dfrac{K}{k}, \quad \dfrac{\lambda}{\Delta y} = \dfrac{K}{l} 。 \tag{7.7.16}$$

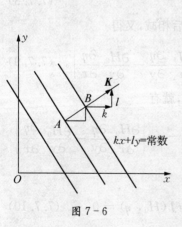

图 7-6

根据图 7-6，A，B 两点的位差应为 2π，所以
$$k\Delta x + l\Delta y = 2\pi. \tag{7.7.17}$$
将 (7.7.16) 式代入 (7.7.17) 式可有
$$2\pi = \lambda \frac{k^2 + l^2}{K} = \lambda K.$$
故
$$K = \frac{2\pi}{\lambda}.$$
显然，K 即为波数。

在任一给定点处，位相随时间变化的速率为
$$\sigma = -\frac{\partial \theta}{\partial t}.$$
根据定义，相速度 $c = \dfrac{\sigma}{K}$，则位相沿 x 轴前进的速度应为
$$c_x = \frac{c}{\cos a} = \frac{\sigma}{k}.$$
对于以速度 c_x 沿 x 轴运动的观察者来说，θ 是常数。同样
$$c_y = \frac{\sigma}{l}.$$
必须指出，相速度并不满足矢量合成的法则，在 x 方向的相速度并不是 K 方向的相速度在 x 轴上的分量，那个速度分量应为 $\dfrac{\sigma k}{K^2}$，显然这一数值并不等于 c_x。

如果把 (7.7.10) 式中的 H_0 取为常数，则 (7.7.14) 式的确是解的条件是
$$\sigma \eta_0 (f^2 - \sigma^2 + c_0^2 K^2) = 0. \tag{7.7.18}$$
因为运动是非定常的，故 $\sigma \neq 0$，而且波幅 η_0 也不应为零，所以仅当 σ 是由 (7.7.18) 式所确定的 K 的一个特定函数时，平面波 (7.7.14) 式才是一个解。这时，由 (7.7.18) 式所确定的色散关系式为
$$\sigma = \sigma(K) = \pm (f^2 + c_0^2 K^2)^{\frac{1}{2}}, \tag{7.7.19}$$
或
$$c = \pm \left(c_0^2 + \frac{f^2}{K^2} \right)^{\frac{1}{2}}. \tag{7.7.20}$$
相速度 c 取正值或负值表示波沿着 K 的方向或 K 的反向运动。没有旋转（$f = 0$）

时,所有波长的波都以同样的相速度$(gH_0)^{\frac{1}{2}}$运动,这就是通常线性理论中的浅水波的速度。由(7.7.20)式还可知道,旋转效应使相速度增加。

我们称色散关系式为(7.7.20)式的平面波为 **Sverdrup 波**,这个波有最小频率f,f在赤道处为零,向两极逐渐增大。所以,如果北半球某点处的f与$|\sigma|$相等,则由(7.7.18)式可知,在该点以北的海区中不可能存在频率为σ的Sverdrup波。另外,这种波与已经讨论过的 Rossby 波不同,前者属于**第一类波**,而后者属于**第二类波**。这两类波的区别是:当旋转效应消失时,第二类波失去波动特性,但第一类波仍具有波动特性,只是有一个数量的修正。

§7-8 Poincaré 波和 Kelvin 波

本节中我们要研究在浅的旋转流体层中线性振荡波型。现在,我们把注意力转到在有界区域中出现的波型上,如图 7-7 所示,考虑一平行于x轴且宽度为L的河道。由于该区域在y方向上有界,所以,无限域中η随x和y周期变化的关系在此不再适用。这时,在河道两侧的固壁处y方向的速度必须为零,考虑到(7.7.13)式,这一条件就意味着

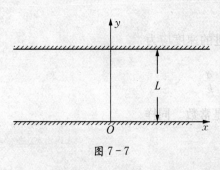

图 7-7

$$\frac{\partial^2 \eta}{\partial y \partial t} - f\frac{\partial \eta}{\partial x} = 0 \quad (y = 0, L)\text{。} \tag{7.8.1}$$

当H_0为常数时,η的控制方程仍是

$$\frac{\partial}{\partial t}\left[\left(\frac{\partial^2}{\partial t^2} + f^2\right)\eta - c_0^2\nabla^2\eta\right] = 0\text{。} \tag{7.8.2}$$

我们可以寻找如下形式的随x和t作周期变化的波动解

$$\eta = \operatorname{Re}\bar{\eta}(y)\mathrm{e}^{\mathrm{i}(kx-\sigma t)}, \tag{7.8.3}$$

上式中$\bar{\eta}(y)$是复的波振幅,它随与河道垂直的坐标y变化。将(7.8.3)式代入(7.8.1)式和(7.8.2)式,得到关于$\bar{\eta}$的特征值问题,即

$$\frac{\mathrm{d}^2\bar{\eta}}{\mathrm{d}y^2} + \left[\frac{\sigma^2 - f^2}{c_0^2} - k^2\right]\bar{\eta} = 0, \tag{7.8.4}$$

$$\frac{\mathrm{d}\bar{\eta}}{\mathrm{d}y} + f\frac{k}{\sigma}\bar{\eta} = 0 \quad (y = 0, L)\text{。} \tag{7.8.5}$$

方程(7.8.4)的通解为
$$\bar{\eta} = A\sin ay + B\cos ay, \qquad (7.8.6)$$
其中
$$a^2 = \frac{\sigma^2 - f^2}{c_0^2} - k^2 \text{。} \qquad (7.8.7)$$
利用边界条件(7.8.5)式,得
$$aA + \frac{fk}{\sigma}B = 0, \qquad (7.8.8a)$$
$$A\left[a\cos aL + \frac{fk}{\sigma}\sin aL\right] + B\left[\frac{fk}{\sigma}\cos aL - a\sin aL\right] = 0\text{。} \qquad (7.8.8b)$$

仅当上述方程组的系数行列式为零时,A 和 B 才可能有非零解。经过一些运算后,上述条件给出的特征关系式为
$$(\sigma^2 - f^2)(\sigma^2 - c_0^2 k^2)\sin aL = 0\text{。} \qquad (7.8.9)$$
上式存在 3 种情况:或者 $\sin aL = 0$,或者 $\sigma^2 = f^2$,或者 $\sigma^2 = c_0^2 k^2$。下面分别考虑这 3 种情况。

(1) 方程
$$\sin aL = 0\text{。}$$
当 a 满足
$$a = \frac{n\pi}{L} \quad (n = 1, 2, 3, \cdots) \qquad (7.8.10)$$
时可以成立,该方程有无限多个解。但注意 $a = n = 0$ 不可能是一个解。这是因为当 $a = 0$ 时,从(7.8.6)式可知 $\bar{\eta}$ 为常数,所以 $\frac{\partial \bar{\eta}}{\partial y} = \frac{\partial \eta}{\partial y} = 0$。再从(7.7.13)式解得
$$v = \frac{gf}{f^2 - \sigma^2}\frac{\partial \eta}{\partial x},$$
故 v 与 y 无关,且不等于零,因此不能满足 v 在 $y = 0$ 及 $y = L$ 处为零的边界条件,从而(7.8.3)式中的 $\bar{\eta}(y)$ 不可能是常数。这说明该问题没有波峰平行于 y 轴的平面波解,当然在非旋转系统中这样的解是完全可能的。

由(7.8.7)式和(7.8.10)式,又有
$$a^2 = \frac{\sigma^2 - f^2}{c_0^2} - k^2 = \left(\frac{n\pi}{L}\right)^2,$$

或者

$$\sigma = \sigma_n = \pm \left[f^2 + c_0^2 \left(k^2 + \frac{n^2 \pi^2}{L^2} \right) \right]^{\frac{1}{2}} \quad (n = 1, 2, 3, \cdots)。 \quad (7.8.11)$$

该式与自由面波的色散关系(7.7.19)式基本一样,只是有一个重要的不同之处:波矢量的 y 分量在此已被离散化为 $\frac{\pi}{L}$ 的整数倍。这种波我们就称为 **Poincaré 波**,在动力学性质上它与前面描述过的自由平面波类似。

从(7.8.11)式可知,σ 有大小相等但符号相反的两个解,这就意味着 Poincaré 波在 x 轴的正方向上和在 x 轴的负方向上的传播速度相等。注意该频率总大于 f,但实际上因为 y 方向已离散化,所以

$$\sigma \geqslant \left[f^2 + \frac{c_0^2 \pi^2}{L^2} \right]^{\frac{1}{2}}。$$

于是,利用(7.8.8a)式和(7.8.10)式就求得

$$\eta = \eta_0 \left[\cos \frac{n\pi y}{L} - \frac{L}{n\pi} \frac{f}{c_x} \sin \frac{n\pi y}{L} \right] \cos(kx - \sigma t), \quad (7.8.12)$$

其中 η_0 是振幅,c_x 是 x 方向上的相速度,但要注意这时解在 y 方向上的变化依赖于相速度 c_x 的符号。

如以(7.8.12)式所示的 η 代入(7.7.13)式,我们便可以求得 v 且 v 不恒为零。因此,在 Poincaré 波中,水质点在纵向(波传播方向)和侧向都有位移。

(2) 方程(7.8.9)的第二个解为

$$\sigma = \pm c_0 k。$$

可见,色散关系式中不包含 f,这是一个颇为引人注意的结果,因为它正是非旋转系统中波峰连线与 y 轴平行的平面波的色散关系式。很显然,这个解补充了 Poincaré 波族,可作为该波族中因旋转效应而不能存在的那个 ($n=0$) 波型。这种波型我们称为 **Kelvin 波**,它的波动场也具有值得注意的一些特点,在本章末我们还可以直接应用这些结果。

考虑沿 x 轴正向传播的波,即 $\sigma = c_0 k$,则由(7.8.7)式得

$$a^2 = \frac{f^2}{c_0^2}。$$

所以 a 为纯虚数,即 $a = \pm \frac{\mathrm{i}f}{c_0}$,不失一般性,我们可取 $a = \frac{\mathrm{i}f}{c_0}$,再直接从(7.8.4)式和(7.8.5)式求得波高为

$$\eta = \eta_0 \mathrm{e}^{-\frac{fy}{c_0}} \cos[k(x - c_0 t)]。 \quad (7.8.13)$$

波高随 y 的衰减决定于 $R = \dfrac{c_0}{f}$，R 称为 **Rossby** 半径。此外，设

$$u = A e^{-\frac{fy}{c_0}} \cos[k(x - c_0 t)]。$$

代入(7.7.12)式并利用(7.8.13)式后，得到

$$u = \frac{g}{c_0} \eta。 \tag{7.8.14}$$

用同样的方法，利用(7.7.13)式可得

$$v \equiv 0。$$

由此可知，在 Kelvin 波中水质点仅沿着纵向有位移，这一点与 Poincaré 波是不同的。

由(7.8.13)式我们可知，Kelvin 波的自由面沿 y 轴方向有一个坡度。对于一个面对波传播方向的观察者来说，当 $\cos[k(x - c_0 t)]$ 大于零时，波高在他的右方较高，此时 u 也大于零。所以此时 Coriolis 加速度指向 y 轴的正向，而 Coriolis 力则指向 y 轴的负向。由于上述的自由面坡度恰能使 Coriolis 力、重力和流体压力处于平衡，所以这也是一种地转运动。

(3) 方程(7.8.9)的第三个解是频率为 Coriolis 参数的一种振荡，即为

$$\sigma = \pm f$$

的一种振荡。这时因为(7.7.12)式和(7.7.13)式左边的算子 $\dfrac{\partial^2}{\partial t^2} + f^2$ 变为零，所以不能再用上述方法通过(7.7.12)式和(7.7.13)式由 η 来求 u 和 v。但如果直接利用(7.8.3)式和 $\sigma = f$，则(7.7.2)式和(7.7.3)式分别化为

$$f\bar{u} - \mathrm{i}f\bar{v} = gk\bar{\eta}, \tag{7.8.15}$$

$$f\bar{u} - \mathrm{i}f\bar{v} = -g\frac{\mathrm{d}\bar{\eta}}{\mathrm{d}y}, \tag{7.8.16}$$

式中 $\bar{u}(y)$ 和 $\bar{v}(y)$ 分别是 u 和 v 的复的幅值，即

$$u = \mathrm{Re}\,\bar{u}\mathrm{e}^{\mathrm{i}(kx - ft)},$$
$$v = \mathrm{Re}\,\bar{v}\mathrm{e}^{\mathrm{i}(kx - ft)}。$$

将(7.8.15)式和(7.8.16)式联立，就得到

$$\frac{\mathrm{d}\bar{\eta}}{\mathrm{d}y} + k\bar{\eta} = 0。$$

解出

$$\bar{\eta} = \eta_0 e^{-ky}。 \qquad (7.8.17)$$

另一方面,因为 $\sigma = f$,所以(7.7.4)式为

$$-if\bar{\eta} + H_0\left(ik\bar{u} + \frac{d\bar{v}}{dy}\right) = 0。 \qquad (7.8.18)$$

由上式,有

$$\frac{d\bar{v}}{dy} = \frac{if\bar{\eta}}{H_0} - ik\bar{u},$$

或者

$$\frac{d\bar{v}}{dy} - k\bar{v} = \frac{if\bar{\eta}}{H_0} - ik\bar{u} - k\bar{v} = \frac{if\bar{\eta}}{H_0}\left(1 - \frac{k(\bar{u} - i\bar{v})H_0}{f\bar{\eta}}\right)。$$

再利用(7.8.15)式和(7.8.17)式,得到

$$\frac{d\bar{v}}{dy} - k\bar{v} = \frac{if\bar{\eta}}{H_0}\left(1 - \frac{k^2 c_0^2}{f^2}\right) = \frac{if\eta_0}{H_0}\left(1 - \frac{k^2 c_0^2}{f^2}\right)e^{-ky}。$$

其通解为

$$\bar{v} = v_0 e^{ky} - \frac{if}{2k}\frac{\eta_0}{H_0}\left(1 - \frac{k^2 c_0^2}{f^2}\right)e^{-ky},$$

其中 v_0 为任意积分常数。为了满足 $\bar{v}(0) = 0$ 的条件,必须适当的选择 v_0,即

$$v_0 = \frac{if\eta_0}{2kH_0}\left(1 - \frac{k^2 c_0^2}{f^2}\right),$$

$$\bar{v} = \frac{if\eta_0}{kH_0}\left(1 - \frac{k^2 c_0^2}{f^2}\right)\text{sh}ky。 \qquad (7.8.19)$$

此外,还要满足一个条件,即 $\bar{v}$ 在 $y = L$ 时必须为零,这就要求

$$\frac{k^2 c_0^2}{f^2} = 1。$$

在这种情况下 $v \equiv 0$,而 $\sigma = f = c_0 k$。因此,该波与上述的 Kelvin 波没有区别,故 $\sigma = f$ 是特征值问题的虚假根。

§7-9 河道和海洋中的 Rossby 波

设一宽度为 L 的河道,与图 7-7 类似,只是 H_0 在 y 方向稍有变化,即

$$H_0 = D_0\left(1 - \frac{sy}{L}\right), \tag{7.9.1}$$

式中 $s \ll 1$。我们考察在这种场合下可能存在的自由振荡。这时,我们仍寻找下述形式的解

$$\eta = \mathrm{Re}(\bar{\eta}(y)\mathrm{e}^{\mathrm{i}(kx-\sigma t)}),$$

那么由(7.7.10)式可知,关于 $\bar{\eta}(y)$ 的方程现在变为

$$\left(1 - s\frac{y}{L}\right)\frac{\partial^2 \bar{\eta}}{\partial y^2} - \frac{s}{L}\frac{\mathrm{d}\bar{\eta}}{\mathrm{d}y} + \bar{\eta}\left[\frac{\sigma^2 - f^2}{gD_0} - k^2\left(1 - s\frac{y}{L}\right) - \frac{fs}{L\sigma}k\right] = 0。 \tag{7.9.2}$$

由(7.8.5)式得到边界条件为

$$\frac{\mathrm{d}\bar{\eta}}{\mathrm{d}y} + \frac{fk}{\sigma}\bar{\eta} = 0 \quad (y = 0, L)。 \tag{7.9.3}$$

由于 $\dfrac{y}{L}$ 总小于1,因此对于小的 s(即深度变化较小),(7.9.2)式的一个很好的近似为

$$\frac{\mathrm{d}^2\bar{\eta}}{\mathrm{d}y^2} - \frac{s}{L}\frac{\mathrm{d}\bar{\eta}}{\mathrm{d}y} + \bar{\eta}\left[\frac{\sigma^2 - f^2}{c_0^2} - k^2 - \frac{fs}{L\sigma}k\right] = 0。 \tag{7.9.4}$$

这是一个二阶常系数常微分方程,在解中忽略了 s^2 的项后,其解可以表示为

$$\bar{\eta} = \mathrm{e}^{\frac{sy}{2L}}[A\sin\alpha y + B\cos\alpha y], \tag{7.9.5}$$

其中

$$\alpha^2 = \frac{\sigma^2 - f^2}{c_0^2} - k^2 - \frac{fsk}{L\sigma}。 \tag{7.9.6}$$

再利用边界条件(7.9.3)式(仍略去 s^2 的项),就得到特征值满足的方程为

$$(\sigma^2 - f^2)(\sigma^2 - k^2c_0^2)\sin\alpha L = 0。 \tag{7.9.7}$$

要注意与 $\sin\alpha L$ 相乘的系数同 $s=0$(即平底的情况)完全一样(见(7.9.9)式),因此,当 s 很小时,坡度的存在并不会改变 Kelvin 波。对应于 $\sin\alpha L$ 为零的那些根,现在要满足

$$\alpha L = n\pi,$$

即

$$\sigma^2 - \frac{fskc_0^2}{L\sigma} - c_0^2\left(k^2 + \frac{n^2\pi^2}{L^2} + \frac{f^2}{c_0^2}\right) = 0。 \tag{7.9.8}$$

和以前一样 n 必须大于零。(7.9.8)式有两类性质截然不同的解。第一类解的频率均大于 f，因此在三次方程(7.9.8)中与 s 有关的项均可略去，这样做可以精确到 $O(s)$，我们就又得到 Poincaré 波

$$\sigma^2 = f^2 + c_0^2 \left(k^2 + \frac{n^2\pi^2}{L^2} \right) + O(s) \quad (n=1,2,\cdots). \tag{7.9.9}$$

所有高频的 Poincaré 波也不受底边界小坡度的影响。

下面我们来讨论第二类解(除了方程(7.9.9)外，方程(7.9.8)式的第三个根)，这时，频率为 $\sigma = O(s)$，这样，(7.9.8)式中第一项可略去。于是，导出的河道 Rossby 波的色散关系为

$$\sigma = -s\left(\frac{f}{L}\right) \frac{k}{k^2 + \frac{n^2\pi^2}{L^2} + \frac{f^2}{c_0^2}} \quad (n=1,2,\cdots). \tag{7.9.10}$$

这种波也符合 §7-3 中所述的 Rossby 波的特征，它是一种只能单向传播的行波。

接下来我们再来讨论这种低频的河道 Rossby 波的某些特点。将(7.9.10)式改写为

$$\sigma = -s\left(\frac{f}{L}\right) \frac{1}{k + \frac{\left(\frac{n^2\pi^2}{L^2} + \frac{f^2}{c_0^2}\right)}{k}}。$$

可见，当

$$k = k_n = \left(\frac{n^2\pi^2}{L^2} + \frac{f^2}{c_0^2} \right)^{\frac{1}{2}}$$

时，上式的分母具有极小值，因此 $|\sigma|$ 取极大值

$$\left| \frac{s}{2} \frac{f}{\left(n^2\pi^2 + \frac{f^2 L^2}{c_0^2}\right)^{\frac{1}{2}}} \right| 。 \tag{7.9.11}$$

故对于小的 s，Rossby 波的频率总小于 f，可见，这是一种低频波。由(7.9.10)式我们易知，河道 Rossby 波的存在总要求 s 和 f 均不等于零。

河道中的 Rossby 波实际是由于底部不平所引起的，故这种 Rossby 波又称为**地形 Rossby 波**。但是，在海洋这样的大范围的区域中，当地的旋转角速度 f 是不相等的，正是由于这一个原因，在平底的海域中也能产生 Rossby 波。

在下面的讨论中，我们将像 §7-3 中讨论的 Rossby 波那样，使用 β 平面近

似,即假定地球的球形表面可以局部地用平面近似来代替,而且,当地的 Coriolis 参量随纬度的变化是线性的。

设运动方程为

$$\frac{\partial u}{\partial t} - fv = -\frac{1}{\rho}\frac{\partial p}{\partial x}, \qquad (7.9.12)$$

$$\frac{\partial v}{\partial t} + fu = -\frac{1}{\rho}\frac{\partial p}{\partial y}, \qquad (7.9.13)$$

而且认为流体运动时,其垂直方向上的速度 w 不随 z 而变,因此,连续性方程为

$$\frac{\partial u}{\partial x} + \frac{\partial v}{\partial y} = 0。$$

将(7.9.12)式关于 y 求导,将(7.9.13)式关于 x 求导,再将得到的两式相减后消去压力项,得

$$\frac{\partial}{\partial t}\left(\frac{\partial u}{\partial y} - \frac{\partial v}{\partial x}\right) - \beta v = 0, \qquad (7.9.14)$$

其中 β 是 f 随 y 线性变化的系数。引入流函数

$$u = -\psi_y, \quad v = \psi_x,$$

于是,(7.9.14)式变为涡度方程

$$\nabla_H^2 \frac{\partial \psi}{\partial t} + \beta \frac{\partial \psi}{\partial x} = 0, \qquad (7.9.15)$$

其中 ∇_H^2 是水平 Laplace 算子。令 ψ 形如

$$\psi = e^{i(kx+ly-\sigma t)}, \qquad (7.9.16)$$

这里 k 和 l 分别为 x 方向上和 y 方向上的波数。波动的波长为 $\frac{2\pi}{K}$, $K^2 = k^2 + l^2$。如果用 α 表示 x 轴与波数矢量 K 之间的夹角,那么由图 7-8 可知

$$k = K\cos\alpha, \quad l = K\sin\alpha。 \qquad (7.9.17)$$

将(7.9.16)式代入(7.9.15)式便得到波动的色散关系为

$$\sigma = -\frac{\beta k}{K^2}, \qquad (7.9.18)$$

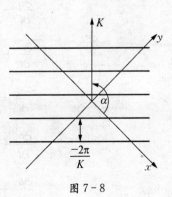

图 7-8

或者

$$c = \frac{\sigma}{k} = -\frac{\beta}{K^2},\tag{7.9.19}$$

式中 c 为波峰沿 x 轴方向传播的波速。上式表明，整个波动型式具有向西移动的分量，且移动速度为 c。在地球表面处，不论在海洋中，还是在大气中，Rossby 波均由东向西传播。

§7-10 大洋中的波动

在讨论大洋的波动时，我们要同时考虑到海水的分层效应、地球的旋转效应以及地表的弯曲效应，当然，由于问题的复杂性，仍要作一些简化。我们把大洋作为围在地球表面的且其深度 H 不变的液体层，所以大洋中的波动就是在重力作用下该液体层的微小振动。

我们按文献[18]使用球坐标系 (λ, φ, z) 来讨论这一问题，其中取 z 轴为垂直向上 $(-H \leqslant z \leqslant 0)$，取 λ 为经度 $(0 < \lambda < 2\pi)$，取 φ 为纬度 $\left(-\frac{\pi}{2} < \varphi < \frac{\pi}{2}\right)$。由于重力总是作用在空间中的铅锤方向上，故在球坐标系中很容易表达。此外，因为 $|z| \ll a$（这里 a 为地球半径），故在写出球坐标系中的基本方程时，方程中的 Lame 系数可近似为

$$h_\lambda = a\cos\varphi, \quad h_\varphi = a, \quad h_z = 1。$$

现在，我们来考虑大洋中的自由振动，包含上述 3 种效应的流体运动的线性化方程为

$$\frac{\partial u}{\partial t} - 2\Omega v \sin\varphi = -\frac{1}{\rho_0}\frac{1}{a\cos\varphi}\frac{\partial p'}{\partial \lambda},\tag{7.10.1}$$

$$\frac{\partial v}{\partial t} + 2\Omega u \sin\varphi = -\frac{1}{\rho_0}\frac{1}{a}\frac{\partial p'}{\partial \varphi},\tag{7.10.2}$$

$$\frac{\partial w}{\partial t} = -\frac{1}{\rho_0}\frac{\partial p'}{\partial z} - g\frac{\rho'}{\rho_0},\tag{7.10.3}$$

$$\frac{\partial \rho'}{\partial t} + w\frac{d\rho_0}{dz} + \rho_0 \operatorname{div} \boldsymbol{V} = 0,\tag{7.10.4}$$

$$\frac{\partial \rho'}{\partial t} + w\frac{d\rho_0}{dz} = 0,\tag{7.10.5}$$

式中，u，v 和 w 分别为流体速度 $\boldsymbol{V}$ 的纬向、经向和垂向上的分量。静止状态的

流体密度和压力分别为 $\rho_0(z)$ 和 $p(z)$,而 ρ' 和 p' 分别为相对于未扰动值的密度和压力的偏差。Coriolis 力是按照通常的近似式表示的,它的完整表达式是 $2\mathbf{\Omega} \times \mathbf{V}(-2\Omega v\sin\varphi + 2\Omega w\cos\varphi, 2\Omega u\sin\varphi, -2\Omega u\cos\varphi)$。因为这里讨论的是长波,故可以认为垂直速度比水平速度小。当然,在赤道($\varphi = 0$)附近,被忽略的项 $2\Omega w\cos\varphi$,$-2\Omega u\cos\varphi$ 是很重要的。但是如果保留 Coriolis 力的完整表达式,问题就会变得更加复杂。

设自由海面为 $z = \eta(\lambda, \varphi, t)$,显然,自由面 $z = 0$ 上的动力学条件和运动学条件分别为

$$p' = \rho_0 g\eta, \tag{7.10.6}$$

$$w = \frac{\partial \eta}{\partial t}, \tag{7.10.7}$$

在海底 $z = -H$ 上的边界条件为

$$w = 0。 \tag{7.10.8}$$

这里,我们仅研究在无界海洋中具有周期变化的波动问题,因此,要使用分离变量法来求解。设

$$(u, v, w, p', \rho') = \text{Re}\{(\tilde{u}, \tilde{v}, \tilde{w}, \tilde{p}, \tilde{\rho})\exp(-i\sigma t)\}, \tag{7.10.9}$$

式中复振幅 $\tilde{u}, \tilde{v}, \tilde{w}, \tilde{p}$ 和 $\tilde{\rho}$ 都是 λ, φ 和 z 的函数,σ 是振动频率,是一个特征值。将(7.10.3)式关于 t 求偏导数后利用(7.10.5)式消去 ρ',同时,再利用(7.10.5)式也可以消去(7.10.4)式中的 ρ'。然后,将(7.10.9)式代入(7.10.1)~(7.10.4)中各式,便得

$$-i\sigma\tilde{u} - 2\Omega\tilde{v}\sin\varphi = -\frac{1}{\rho_0}\frac{1}{a\cos\varphi}\frac{\partial \tilde{p}}{\partial \lambda}, \tag{7.10.10}$$

$$-i\sigma\tilde{v} + 2\Omega\tilde{u}\sin\varphi = -\frac{1}{\rho_0}\frac{1}{a}\frac{\partial \tilde{p}}{\partial \varphi}, \tag{7.10.11}$$

$$(\sigma^2 - N^2)\tilde{w} + \frac{i\sigma}{\rho_0}\frac{\partial \tilde{p}}{\partial z} = 0, \tag{7.10.12}$$

$$\rho_0 \text{div}_h(\tilde{u}, \tilde{v}) + \rho_0 \frac{\partial \tilde{w}}{\partial z} = 0。 \tag{7.10.13}$$

这里,$N^2 = -\frac{g}{\rho_0}\frac{d\rho_0}{dz}$ 是 Brunt–Väisälä 频率,div_h 表示水平面内取散度。下面我们尝试寻求这种形式的解

$$(\tilde{u}, \tilde{v}) = \frac{1}{\rho_0(z)}P(z)[U(\lambda, \varphi), V(\lambda, \varphi)], \tag{7.10.14a}$$

$$\tilde{w} = i\sigma W(z)\pi(\lambda, \varphi), \qquad (7.10.14b)$$

$$\tilde{p} = P(z)\pi(\lambda, \varphi)。 \qquad (7.10.14c)$$

将上式代入(7.10.13)式,得

$$\frac{\mathrm{div}_h(U, V)}{i\sigma\pi} = \frac{-\rho_0 \frac{\mathrm{d}w}{\mathrm{d}z}}{P} = \varepsilon。 \qquad (7.10.15)$$

这里,ε 是分离变量常数,亦即为特征值。再将(7.10.14)式代入(7.10.10)~(7.10.13)式,并考虑到(7.10.15)式,便得到关于 U,V 和 π 的方程

$$-i\sigma U - 2\Omega V\sin\varphi = -\frac{1}{a\cos\varphi}\frac{\partial\pi}{\partial\lambda}, \qquad (7.10.16)$$

$$-i\sigma V + 2\Omega U\sin\varphi = -\frac{1}{a}\frac{\partial\pi}{\partial\varphi}, \qquad (7.10.17)$$

$$-i\sigma\varepsilon\pi + \mathrm{div}_h(U, V) = 0, \qquad (7.10.18)$$

和关于 P,W 的方程

$$\frac{\mathrm{d}P}{\mathrm{d}z} + (\sigma^2 - N^2)\rho_0 W = 0, \qquad (7.10.19)$$

$$\frac{\mathrm{d}W}{\mathrm{d}z} + \frac{\varepsilon}{\rho_0}P = 0。 \qquad (7.10.20)$$

我们再来写出关于 P,$\overline{W}$ 的边界条件,由(7.10.6)式和(7.10.7)式消去 η,得

$$P + g\rho_0 \overline{W} = 0 \quad (z = 0), \qquad (7.10.21)$$

由(7.10.8)式得

$$W = 0 \quad (z = -H)。 \qquad (7.10.22)$$

现在我们来求解两个问题,一个是由方程(7.10.16)~(7.10.18)构成的**问题 H**,另一个是由方程(7.10.19)和(7.10.20)以及边界条件(7.10.21)和(7.10.22)构成的**问题 V**。为了使问题 H 和问题 V 有非零解,则由 ε 和 σ 构成的一对特征值(ε,σ)就不能任意选取,问题 H 和问题 V 分别有各自的特征值(ε,σ)曲线族,这两族曲线的所有交点就给出了大洋中可能的自由振动的频率。

不难看出地球的旋转和球状效应只在问题 H 中表现出来,而重力、分层效应和自由面的影响也仅在问题 V 中表现出来。这些效应的分离,对一般问题的研究是十分有用的。

§7-11 问题 V 的特征值曲线

当大洋中的稳定分层的平衡状态受到扰动时,就会产生一系列波动的各种恢复力,产生这些恢复力的主要因素有重力、分层效应、地球的旋转和球状效应。由于所有这些因素都组合在一起,因此,首先借助于简单模型分别对其中每个因素进行研究是有益的。

我们现在先来研究问题 V。在讨论过程中,我们假设 $N = N_0 =$ 常数,而且假设 $\rho_0(z) = \rho_0(0) \exp\left[-\left(\dfrac{N_0^2}{g}\right)z\right] \approx \rho_0(0)$。因此,方程(7.10.19)和方程(7.10.20)就很容易合并成一个常系数方程

$$\frac{d^2 W}{dz^2} + \varepsilon(N_0^2 - \sigma^2)W = 0 。$$

令 σ 固定,首先找出正的特征值 ε。如果 $\sigma^2 > N_0^2$,则

$$W = \operatorname{sh}\{\sqrt{\varepsilon(\sigma^2 - N_0^2)} \cdot (z + H)\},$$

$$P = -\left(\frac{\rho_0}{\varepsilon}\right)\sqrt{\varepsilon(\sigma^2 - N_0^2)} \cdot \operatorname{ch}\{\sqrt{\varepsilon(\sigma^2 - N_0^2)} \cdot (z + H)\} 。$$

根据(7.10.21)式,得到特征值 ε 所满足的关系式为

$$\operatorname{th}\{\sqrt{\varepsilon(\sigma^2 - N_0^2)}\,H = \frac{\sqrt{\sigma^2 - N_0^2}}{g\sqrt{\varepsilon}} 。 \tag{7.11.1}$$

如果 $\sigma^2 < N_0^2$,则

$$W = \sin\{\sqrt{\varepsilon(N_0^2 - \sigma^2)} \cdot (z + H)\},$$

$$P = -\left(\frac{\rho_0}{\varepsilon}\right)\sqrt{\varepsilon(N_0^2 - \sigma^2)} \cdot \cos\{\sqrt{\varepsilon(N_0^2 - \sigma^2)} \cdot (z + H)\} 。$$

同样,根据(7.10.21)式可得

$$\tan\{\sqrt{\varepsilon(N_0^2 - \sigma^2)}\,H = \frac{\sqrt{N_0^2 - \sigma^2}}{g\sqrt{\varepsilon}} 。 \tag{7.11.2}$$

如果 $\varepsilon < 0$,则
当 $\sigma^2 < N_0^2$ 时,有

$$\operatorname{th}\sqrt{-\varepsilon(N_0^2 - \sigma^2)}\,H = -\frac{\sqrt{N_0^2 - \sigma^2}}{g\sqrt{-\varepsilon}} ; \tag{7.11.3}$$

当 $\sigma^2 > N_0^2$ 时,有

$$\tan\sqrt{-\varepsilon(\sigma^2-N_0^2)}H = -\frac{\sqrt{\sigma^2-N_0^2}}{g\sqrt{-\varepsilon}}. \qquad (7.11.4)$$

这样,就可确定出 ε。

方程(7.11.1)~(7.11.4)的图解曲线如图 7-9 所示,由图中看出方程 (7.11.1)有单根 ε_0,方程(7.11.3)没有根,而方程(7.11.2)和方程(7.11.4)分别具有可数根集 $\varepsilon_0, \varepsilon_1, \varepsilon_2, \cdots$ 和 $\varepsilon_{-1}, \varepsilon_{-2}, \cdots$。为了将从不同的特征方程求得的不同根区别开来,这里我们采用了不同的下标。此外,在图 7-9(a)~(d)中还分别定义了:

(1) $\varepsilon > 0, \sigma^2 > N_0^2, a = \dfrac{\sqrt{(\sigma^2-N_0^2)}}{g}, b = H\sqrt{(\sigma^2-N_0^2)}$;

(2) $\varepsilon > 0, \sigma^2 < N_0^2, a = \dfrac{\sqrt{(N_0^2-\sigma^2)}}{g}, b = H\sqrt{(N_0^2-\sigma^2)}$;

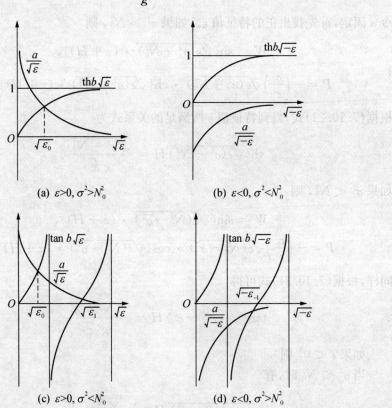

图 7-9

(3) $\varepsilon < 0, \sigma^2 < N_0^2, a = \dfrac{\sqrt{(N_0^2 - \sigma^2)}}{g}, b = H\sqrt{(N_0^2 - \sigma^2)}$;

(4) $\varepsilon < 0, \sigma^2 > N_0^2, a = \dfrac{\sqrt{(\sigma^2 - N_0^2)}}{g}, b = H\sqrt{(\sigma^2 - N_0^2)}$。

特征曲线 $\varepsilon_i(\sigma)$ 的形态也容易估计出来,从图 7-9(a) 中可得出:当 $\sigma \to \infty$ 时,$\varepsilon_0 \to \infty$。不过,按(7.11.1)式可知此时两者的关系为 $g^2\varepsilon \sim \sigma^2$。此外,当 $\sigma \to 0$ 时,据(7.11.2)式,我们近似地有 $\varepsilon_0(0) \approx \dfrac{1}{gH}$。这个近似式的误差小达 $\dfrac{N_0^2 H}{g}$ 的数量级(对大洋来说约为 10^{-2})。按照这个精度,用

$$\tan H\sqrt{\varepsilon(N_0^2 - \sigma^2)} = 0, \qquad (7.11.5a)$$

和

$$\tan H\sqrt{-\varepsilon(\sigma^2 - N_0^2)} = 0 \qquad (7.11.5b)$$

来代替方程(7.11.2)和方程(7.11.4),我们就容易求出 ε_i(参见图 7-9(b) 和 (c))。因此,对应有

$$\varepsilon_i = \dfrac{(i\pi)^2}{H^2(N_0^2 - \sigma^2)}, \quad i = 1, 2, 3, \cdots, \qquad (7.11.6a)$$

和

$$\varepsilon_i = \dfrac{-(i\pi)^2}{H^2(\sigma^2 - N_0^2)}, \quad i = -1, -2, -3, \cdots。 \qquad (7.11.6b)$$

图 7-10 精确地给出了特征值曲线 $\varepsilon_i(\sigma)$ 的特征。

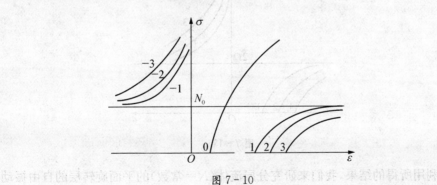

图 7-10

§7-12 问题 H 的特征值曲线

上节中我们研究了问题 V,这一节我们将研究最简单情况下平面旋转层的 H 问题。因为讨论的是平面旋转层问题,所以用球坐标来表达方程(7.10.16)～(7.10.18)的形式必须作这样的改变,即用 ∂x 来代替 $a\cos\varphi\partial\lambda$,用 ∂y 来代替 $a\partial\varphi$,用 2Ω 代替 $2\Omega\sin\varphi$。用 $\dfrac{\partial U}{\partial x}+\dfrac{\partial V}{\partial y}$ 代替 $\text{div}_h(U,V)$。

我们要求问题 H 的下列形式的解:

$$(U, V, \pi) = (U_0, V_0, \pi_0)\exp[\mathrm{i}(kx+ly)]。$$

这里,U_0,V_0,π_0 都是常数,k 和 l 是沿 x 和 y 轴的波数。把这些表达式代入(7.10.16)～(7.10.18)式,便得到关于 U_0,V_0 和 π_0 的齐次代数方程组。令该方程组的系数行列式等于零后,就得到

$$\sigma^2 = (2\Omega)^2 + \frac{k^2+l^2}{\varepsilon}。 \qquad (7.12.1)$$

图 7-11 表示的是特征值曲线(7.12.1)的图形。为了方便起见,我们将 $\varepsilon>0$ 和 $\varepsilon<0$ 两个半平面中的曲线分别称为第一类曲线和第三类曲线。

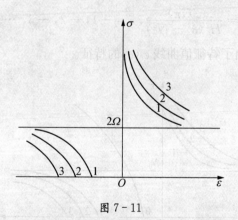

图 7-11

利用所得的结果,我们来研究分层流体($N=$常数)的平面旋转层的自由振动问题。为此,先来考察$(\varepsilon\text{-}\sigma)$平面。设问题 V 的特征值曲线 $\varepsilon_0(\sigma)$ 与问题 H 的第一类特征值曲线相交,这些交点对应于方程(7.10.1)～(7.10.5)的非零解,我们把这种解称为**重力表面波**。由图 7-10 中 $n=0$ 的那条曲线和图 7-11 中第一类曲线的交点来看,必有 $\sigma>2\Omega$,即 $\sigma^2>4\Omega^2$。这结论对应于(7.7.19)式,在那里有

$\sigma > f = 2\Omega$。当 $\varepsilon > 0$ 时,从(7.12.1)式来看,问题 V 的特征值曲线与问题 H 的特征值曲线的交点必落在图 7-11 中的第一类曲线上,这结论也是非常显然的。容易看出,如果把 $z=0$ 处的边界条件(7.10.21)也改成固壁条件 $W(0)=0$,则这时问题 V 的色散关系式(7.11.1)就变为对于任意的 σ 均有 $\varepsilon=0$。于是,问题 V 的特征值曲线与问题 H 的第一类曲线就没有交点,因此,这类波是完全由自由面效应产生的,所以,将这类波就称为重力表面波。

从(7.11.1)式和(7.12.1)式消去 ε 后,便得到了 $\sigma > N_0$ 情况下表面波的色散关系式

$$\text{th} k_h H \sqrt{\frac{\sigma^2 - N_0^2}{\sigma^2 - 4\Omega^2}} = \sqrt{\frac{(\sigma^2 - N_0^2)(\sigma^2 - 4\Omega^2)}{g k_h}}, \quad (7.12.2)$$

其中

$$k_h = \sqrt{k^2 + l^2}。 \quad (7.12.3)$$

上述表面波的色散关系式既考虑了分层效应,又考虑了旋转效应。如果都不考虑这两种效应的话,即取 $N_0 = 0$ 和 $\Omega = 0$,那么,(7.12.2)式就退化为在第二章中所给出过的色散关系式。

下面,我们利用(7.12.2)式来计算两种极限状态。

首先对于短波($k_h H \gg 1$)的情况,(7.12.2)式可以化为

$$\sqrt{(\sigma^2 - N_0^2)(\sigma^2 - 4\Omega^2)} = g k_h。$$

对于大洋中的短波,有 $|\sigma| \gg N_0$ 和 $\sigma > 2\Omega$,故上式可简化为

$$\sigma^2 = g k_h。 \quad (7.12.4)$$

此时,色散关系式不受分层和旋转效应的影响。

其次,对于长波($k_h H \ll 1$)的情况,(7.12.2)式可以化为

$$\sigma^2 - 4\Omega^2 = g H k_h^2。 \quad (7.12.5)$$

可见,旋转效应会使长波的频率提高,上式和(7.7.19)式是相同的。

类似于上面的定义,我们也设问题 V 的特征值曲线 $\varepsilon_i(\sigma)$ 和问题 H 的第一类特征值曲线相交,且交点对应于方程(7.10.1)~(7.10.5)的非零解,我们把这种解称为**内重力波**。显然从图 7-10 和图 7-11 中的两族曲线来看,仅当 $2\Omega < N_0$ 时,这两族曲线才能相交,因此,内波的频率位于 $2\Omega < |\sigma| < N_0$ 的范围内。实际上,这些波的产生并不决定于自由表面的存在与否,这是因为 $\varepsilon_i(\sigma)$ 的近似公式(7.11.5)不论对上边界是自由面还是固壁都是一样的。内波生成的物理原因是由于在稳定分层的流体中起恢复力作用的 Archimedes 力(等于重力与浮力之差)的影响,这在 §6-1 中我们曾分析过。内波的色散关系式可由(7.11.6a)式

和(7.12.1)式中消去 ε 后,得到

$$\sigma^2 = \frac{4\Omega^2 m^2 + N_0^2 k_h^2}{k_h^2 + m^2},\tag{7.12.6}$$

其中

$$m^2 = \frac{(n\pi)^2}{H^2} \quad (n = 1, 2, 3, \cdots).$$

我们现在假定液体是均匀的($N_0 = 0$),那么问题 V 的特征曲线 $\varepsilon_i(\sigma)(i = -1, -2, \cdots)$ 将必然与问题 H 的第三类特征值曲线相交,这由图 7-10 和图 7-11 中两族曲线的相对位置就可知。此时,我们将方程(7.10.1)~(7.10.5)所对应的非零解称为**旋转波**,或者同前面一样称为惯性波。

存在这种波动的物理原因是由于地球的自转。事实上,我们可先把方程(7.10.1)和(7.10.2)用平面坐标来表示为

$$\frac{\partial u}{\partial t} - 2\Omega v = -\frac{1}{\rho_0} \frac{\partial p'}{\partial x},$$

$$\frac{\partial v}{\partial t} + 2\Omega u = -\frac{1}{\rho_0} \frac{\partial p'}{\partial y}。$$

将上面两式中的 v 消去后,得

$$\frac{\partial^2 u}{\partial t^2} + 4\Omega^2 u = -\frac{1}{\rho_0}\left(\frac{\partial^2 p'}{\partial x \partial t} + 2\Omega \frac{\partial p'}{\partial y}\right)。$$

这个方程实质上与方程(7.7.12)是完全一样的。如同内重力波一样,当自由表面用固壁来代替时,即将边界条件取为 $W(0) = 0$ 时,也能得到(7.9.6b)式。(7.9.6b)式原来是将自由面边界条件作近似后得到的,因此,上边界条件的改变并不影响旋转波的存在。旋转波的色散关系式可以由(7.9.6b)和(7.12.1)两式消去 ε 后得到。对于 $N_0 = 0$ 的情况,我们有

$$\sigma^2 = (2\Omega)^2 \frac{m^2}{k_h^2 + m^2} = (2\Omega)^2 \cos^2\theta,\tag{7.12.7}$$

式中,$m^2 = \frac{(n\pi)^2}{H^2}$ $(n = -1, -2, \cdots)$ 具有垂直波数的平方的意义,而 θ 为波数矢量 (k, l, m) 和旋转轴(z 轴)之间的夹角。显然,由(7.12.7)式我们总有 $\sigma^2 < 4\Omega^2$。

由图 7-10 和图 7-11 可知,如果 $N_0 \neq 0$,则只有在 $2\Omega > N_0$ 的条件下,问题 H 的第三类特征值曲线才能与问题 V 的特征值曲线相交 $\varepsilon_i(\sigma)(i = -1, -2, \cdots)$,亦即才能存在旋转波。

如果考虑到地球的球面形状的影响,就应考虑到会产生 Rossby 波。关于这

种波,前面已有过简单的介绍,在此,我们就不再作进一步的讨论了。

§7-13 地转效应对河口潮汐的影响

在研究河口潮汐时,如果河口宽度很大,则必须考虑地转效应的修正。这种修正不但可以使潮汐要素在数值上更为精确,有时甚至可以在根本上改变潮汐的面目。

为简化起见,我们考虑一无限长河道中的地转效应对行波潮型的影响。此时,我们假设只有 x 方向的流速,即 $v=0$, $w=0$,并忽略摩擦阻力及非线性的影响。此时,方程(7.1.1)中前两个方程在线性化后为

$$\frac{\partial u}{\partial t} = -\frac{1}{\rho}\frac{\partial p}{\partial x}, \tag{7.13.1}$$

$$2\omega\sin\varphi \cdot u = -\frac{1}{\rho}\frac{\partial p}{\partial y}。 \tag{7.13.2}$$

这里,ω 为地球的自转角速度,φ 为当地的纬度。利用静水压力的表达式(7.6.9),上面两式又可写为

$$\frac{\partial u}{\partial t} = -g\frac{\partial \eta}{\partial x}, \tag{7.13.3}$$

$$2\omega\sin\varphi \cdot u = -g\frac{\partial \eta}{\partial y}。 \tag{7.13.4}$$

此处,η 为自由面的高度。设河底是水平的,则连续性方程(7.6.17a)现在化为

$$\frac{\partial \eta}{\partial t} = -D\frac{\partial u}{\partial x}。 \tag{7.13.5}$$

由方程(7.13.3)和方程(7.13.5)消去 u 后,得

$$\frac{\partial^2 \eta}{\partial t^2} - gD\frac{\partial^2 \eta}{\partial x^2} = 0。 \tag{7.13.6}$$

记 $\sqrt{gD} = c$,由此可得解 η 为

$$\eta = f(x+ct) + g(x-ct)。$$

假设在河口($x=0$)处潮汐波型比例于 $\cos\sigma t$,则向 x 轴正向传播的行波波型为

$$\eta = B\cos k(x-ct) = B\cos(\sigma t - kx), \tag{7.13.7}$$

其中 B 为 y 的函数。把(7.13.7)式代入(7.13.3)式,可求得 u 为

$$u = B\frac{g}{c}\cos(\sigma t - kx) = \frac{g}{c}\eta。 \quad (7.13.8)$$

再代入(7.13.4)式得到关于 B 的方程为

$$B' + mB = 0,$$

其中 $m = 2\omega\dfrac{\sin\psi}{c}$。求解后可得 $B = ae^{-my}$,a 表示 $y = 0$ 处潮波的幅度。因此,最后得

$$\eta = ae^{-my}\cos(\sigma t - kx)。 \quad (7.13.9)$$

从中可知,潮汐的传播速度不受地转效应的影响,但沿着 y 方向上的各点的振幅则因地转效应而有所不同。这个振幅等于 ae^{-my},且和距离 y 有关。而且,在北半球位于潮波运动方向,右侧的振幅变化要大于左侧的。同时,从(7.13.8)式可知,右侧的潮流速度 u 的变化也大于左侧的。从该式还可以看到涨潮时,潮流速度与潮波运动方向一致;退潮时,两者的方向则不一致。此外从(13.9)式知道,涨潮时在以潮波传播方向为法向的断面上,高水位自右向左下倾,从而存在一个水面波降;退潮时在该断面上低水位自右向左上升,从而也存在一个水面波降。如图 7-12 所示,这种横向的水面波降称为**横比降**,例如,在长江口就能观测到这种横向的水面波降。这时由于涨潮、退潮所引起的地转偏向力(即 Coriolis 力)和重力恰与流体压力保持平衡,由于地转偏向力和重力的合力必须垂直于液面,因此,一定会产生横比降。这种地转效应影响的潮波运动,就是§7-8 中所讨论过的 Kelvin 波。因为 Kelvin 波中的水质点只在纵向有位移,故可以满足在河道两壁 $v = 0$ 的要求,这里的(7.13.9)式可以直接从(7.8.13)式得到。

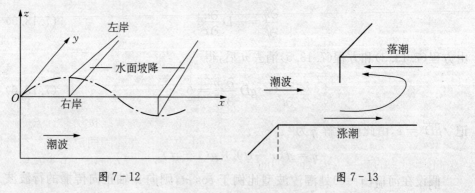

图 7-12   图 7-13

如图 7-13 所示,在河口地区,由于河口在涨潮时左岸(观察者面对下游河口)的潮位及潮流速度均大于右岸的;而在退潮时情况相反。因此,在一个潮周

期内,在水平面内存在着一个不对称的潮流运动,以致使抛锚在这里的船只在锚附近打转。

接下来,我们再来研究在狭长海湾中或河口地区内设有挡潮闸,且闸端封闭的情况(见图 7-14)。这时潮波遇到固壁壁面后反射回来而产生反射波;另一方面由于地转效应,故当水质点在 x-z 纵向平面内振动时,还会在 y-z 横向平面内振动。如果地球不自转的话,则在 x-z 平面内必定会产生一个纵向波,但是,当考虑到地球的自转时,海水又是怎么样运动的呢?

如果地球不自转的话,则闸上水质点的运动方向总为垂直方向,因此该处为驻波的波腹。在离闸门 $\frac{L_0}{4}$ 处为一个波节(L_0 为驻波的波长)。为方便起见,

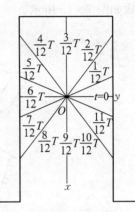

图 7-14

我们在考虑地转效应的影响时,就将上述的驻波节线作为 y 轴,并将坐标原点取为其中点。这时,波高应由两个振幅相等而运动方向相反的 Kelvin 波互相叠加而得,即

$$\eta = ae^{-my}\cos(\sigma t - kx) + ae^{+my}\cos(\sigma t + kx)。 \qquad (7.13.10)$$

考虑到由 $\frac{\partial \eta}{\partial t} = 0$ 来确定高潮位(或低潮位)时,就可得到处于高潮位的点的轨迹

$$a\sigma e^{-my}\sin(\sigma t - kx) + a\sigma e^{+my}\sin(\sigma t + kx) = 0。$$

将上式先展开后再合并,得

$$\frac{\text{th}\, my}{\tan\frac{2\pi x}{L}} = \cot\frac{2\pi t}{T}。$$

考虑到在坐标原点附近,x 和 y 都是小量,故上式可近似为

$$y = \frac{2\pi x}{mL}\cot\frac{2\pi t}{T}, \qquad (7.13.11)$$

式中的 T 为波动周期。上式即表示了 x-y 平面内的一条直线按反时针方向绕原点转动。因为位于这直线上的潮位均为高潮,故称该直线为**同潮时线**。在海湾内不同时刻的高潮位按反时针方向转动的情况如图 7-14 所示。由于在原点附近的中心区域内没有潮位升降,因此我们将该区域称为无潮区,而不是像驻波那样在节线上没有自由面升降。可见,两个受地转影响的简谐行波叠加后得到的结果是所谓的"旋转波",而不再是驻波了。

如果将上述的模型用于讨论海湾的场合,也能找到无潮区,同潮时线也绕无潮区转动。根据已发行的潮汐表,在我国渤海和北黄海海域中,无潮区的位置大致如图 7-15 所示。

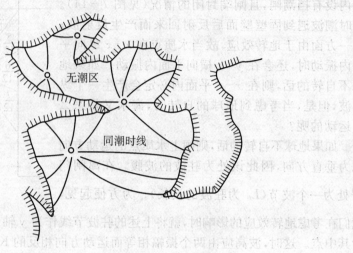

图 7-15

第八章 近岸带的波浪

水·波·动·力·学·基·础

本章在讨论近岸带波浪时,总是假设近岸带的海底是坡度相同的平直海滩。我们首先分析在这种海滩上的一些波动现象,然后,再利用辐射应力的概念,解释破波线两侧的增水和减水现象,并推导出破波带内的沿岸流的速度分布。最后,我们还讨论了离岸流的两个模型。

§8-1 浅化作用

区分近海区域的各部位,通常可用两套术语:一套是用来描述海滩剖面的术语,另一套是用来描述这个区域中的波浪和水流状况的术语。我们使用的近岸带这一术语属于后者的范围,**近岸带**是指从岸线向海延伸到刚刚超过破波区范围的这一地带。近岸带中的水体运动与人们活动有较密切的关系,例如,污染物的排放和迁移、泥沙的输运、海滩的侵蚀,等等,都与这区域中的水体有关。而在近岸带中除了直接的波浪所产生的水质点的往复运动外,还有由破波而产生的沿岸流和离岸流。

这一节中我们先讨论浅化作用。假设波浪在深海中形成,当波浪仍在深水域中传播时,因其能量衰减是很缓慢的,故波高 H_0、波长 L_0、周期 T_0 和波速 c_0 等波要素都能保持较稳定的数值,因此,这些数可以作为原始波要素。但当波浪从深水域向海岸传播时,由于水深逐渐变浅,故波要素以及波剖面形状、水质点的速度等都要随之变化。当水深继续变浅以致当波高与水深之比达到一定比值时,通常还要发生波浪破碎。近岸带海底是具有一定坡度的倾斜海滩,因此,当波在这种海滩上传播时,其特性就会发生各种变化,这种变化可称为**浅化作用**。

当讨论波在倾斜海滩上传播时,我们选取具有适当的波高及周期的规则波来进行研究,分析这种规则波在浅化作用下的变化。在分析浅化作用时,我们采取一种近似的方法,即计算在倾斜水底上、深度为 d 的铅垂面内的波动特性时,就利用由水深为恒值 d 时所导出的波动特性。当然,这种恒定水深的波动特性也由于不同的波浪理论而有所不同。但这种近似至少在破波前可以用来计算波速、波长和波高等要素的变化。

下面我们就以恒定水深的小振幅波为例来进行讨论,这时波速 c 取为

$$c^2 = \frac{gL}{2\pi} \text{th} \frac{2\pi d}{L}。 \tag{8.1.1}$$

根据假定,上式也适用于倾斜水底上的波动,现在以下标注"0"来表示深水域中的值,则由上式得

$$c_0^2 = \frac{gL_0}{2\pi}。 \tag{8.1.2}$$

比较以上两式,可得

$$\frac{c^2}{c_0^2} = \frac{L}{L_0} \text{th} \frac{2\pi d}{L}。 \tag{8.1.3}$$

在§5-1中我们曾假定过在深水域和浅水域中波动的周期不变,在此,我们也假定周期 T 不随水深而变化,于是

$$\frac{c}{c_0} = \frac{\frac{L}{T}}{\frac{L_0}{T}} = \frac{L}{L_0}。 \tag{8.1.4}$$

由(8.1.3)式和(8.1.4)式得

$$\frac{c}{c_0} = \frac{L}{L_0} = \text{th} \frac{2\pi d}{L}, \tag{8.1.5}$$

或者

$$\frac{c}{c_0} = \frac{L}{L_0} = \text{th} \left(2\pi \frac{\frac{d}{L_0}}{\frac{L}{L_0}} \right)。 \tag{8.1.6}$$

下面,我们再来计算波高的变化。波高与能量有关,而能量又以群速度传播,在水深为 d 和深水的情况下,能量的传播速度分别为

$$c_g = \frac{c}{2} \left[1 + \frac{\frac{4\pi d}{L}}{\text{sh} \frac{4\pi d}{L}} \right], \tag{8.1.7}$$

和

$$c_{g_0} = \frac{c_0}{2}。 \tag{8.1.8}$$

根据能量通量也不随水深变化的条件,则也应有

$$E_0 c_{g_0} = E c_g, \tag{8.1.9}$$

其中 E_0 和 E 为波动能量。那么,波高之比(称为**浅化系数**)为

$$\frac{H}{H_0} = \left(\frac{E}{E_0}\right)^{\frac{1}{2}} = \left[\operatorname{th}\frac{2\pi d}{L}\left(1 + \frac{\frac{4\pi d}{L}}{\operatorname{sh}\frac{4\pi d}{L}}\right)\right]^{-\frac{1}{2}}。\tag{8.1.10}$$

与(8.1.6)式一样,把上式中的 $\frac{d}{L}$ 写成 $\frac{\left(\frac{d}{L_0}\right)}{\left(\frac{L}{L_0}\right)}$。这样一来,由(8.1.6)式就确定了 $\frac{L}{L_0}$ 和 $\frac{c}{c_0}$ 与相对深度 $\frac{d}{L_0}$ 之间的关系,而由(8.1.10)式就确定了 $\frac{H}{H_0}$ 与相对深度 $\frac{d}{L_0}$ 之间的关系。由上述函数关系所描绘的曲线表示在图 8-1 中。由该图可知,当小振幅波传向海岸时,即相对水深 $\frac{d}{L_0}$ 逐渐减小时,$\frac{H}{H_0}$ 开始变化缓慢,而当 $0.5<\frac{d}{L_0}<1$ 时,$\frac{H}{H_0}$ 几乎没有变化;然后 $\frac{H}{H_0}$ 有所减小,当 $\frac{d}{L_0}=0.164$ 时,$\frac{H}{H_0}$ 达到最小,约减小了 $0.1H_0$。以后 $\frac{H}{H_0}$ 将迅速增大。

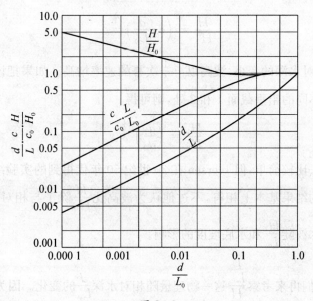

图 8-1

当 $\frac{d}{L} \leqslant 0.05$ 时,由图 8-1 可知,这时 $\frac{d}{L_0} \leqslant 0.0152$,这说明小振幅波已进入极浅水域,因而可得到一系列近似式

$$c = (gd)^{\frac{1}{2}}, \quad L = T(gd)^{\frac{1}{2}},$$
$$c_g = c(gd)^{\frac{1}{2}}。$$

与深水波相比,我们可得极浅水波各要素的关系式为

$$\frac{L}{L_0} = \frac{c}{c_0} = \left(2\pi \frac{d}{L_0}\right)^{\frac{1}{2}}。$$

上式可改写为

$$\frac{\frac{d}{L_0}}{\frac{d}{L}} = \left(2\pi \frac{d}{L}\right)^{\frac{1}{2}} \text{ 或 } \frac{d}{L} = \left(\frac{1}{2\pi} \frac{d}{L_0}\right)^{\frac{1}{2}}。 \tag{8.1.11}$$

当 $\frac{d}{L} \leqslant 0.05$ 时,由(8.1.10)式得

$$\frac{H}{H_0} = \left(\frac{4\pi d}{L}\right)^{-\frac{1}{2}}。 \tag{8.1.12}$$

利用(8.1.11)式,有

$$\frac{H}{H_0} = \left(8\pi \frac{d}{L_0}\right)^{-\frac{1}{4}}。$$

可见,随着相对水深的变小,波高以 $-\frac{1}{4}$ 次幂的速率增高。如果把该关系式分别应用于两个不同的铅垂截面 1 和 2 处,则可得

$$\frac{H_1}{H_2} = \left(\frac{d_1}{d_2}\right)^{-\frac{1}{4}}。 \tag{8.1.13}$$

尽管这个方法比较简单,但 Iversen 在 20 世纪 50 年代得到的实验结果却与由上述方法得到的结果基本上相符,不过他认为波高比 $\frac{H}{H_0}$ 除了与相对水深有关外,还应考虑深水波陡 $\frac{H_0}{L_0}$ 和水底坡度的影响。

下面,我们再来考察 $\frac{\frac{L}{L_0}}{\frac{H}{H_0}}$ 这一物理量随相对水深 $\frac{d}{L_0}$ 的变化。因为

$$\frac{\frac{L}{L_0}}{\frac{H}{H_0}} = \frac{\frac{1}{\delta}}{\frac{1}{\delta_0}} = \left(\frac{\delta}{\delta_0}\right)^{-1},$$

所以我们可以考虑相对波陡的倒数随相对水深的变化,其变化规律见图 8-2。由该图可见,随着 $\frac{d}{L_0}$ 的减小,小振幅波的波坦 $\frac{1}{\delta}$ 与深水波的波坦 $\frac{1}{\delta_0}$ 之比也随之减小,当 $\frac{d}{L_0}$ 越小时,波坦也就越小,而波陡也就越大。但波陡增大时要受到限制,破波时的波陡约为 $\delta_b \leqslant \frac{1}{7}$,越过这一极限值波浪就会破碎。因此,深水中的波陡不可能传播到很浅的水域,只有坦波和长波才能传播到极浅水域中去。

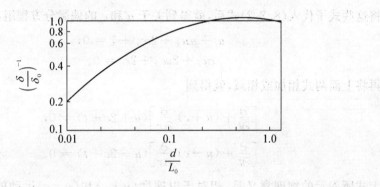

图 8-2

§8-2 波在斜坡上的爬高

上节中,我们认为倾斜水底上、深度为 d 的铅垂面上的波动特性就是水深为恒值 d 时的波动特性,当然这是一种近似处理的方法。本节中我们要采用严格满足底部条件的长波方程来讨论问题。在讨论时,我们仍假设海底是一个平直斜坡,坡度为常数 α。

我们现在来考察第三章中的长波方程

$$\eta_t + [u(\eta + H)]_x = 0, \tag{8.2.1a}$$

$$u_t + uu_x = -g\eta_x, \tag{8.2.1b}$$

其中 η 为波高,u 为水平方向的流速,H 为未扰动时的水深。设 $H = -\alpha x$,把 x,

η, t 和 u 分别用水平方向的特征长度 L, aL, $\sqrt{\dfrac{L}{ag}}$ 和 $\sqrt{gaL}$ 来无量纲化，则经上述两个方程化成的无量纲方程为

$$[u(\eta-x)]_x + \eta_t = 0, \tag{8.2.2a}$$

$$u_t + u u_x + \eta_x = 0。 \tag{8.2.2b}$$

这里，我们在假设 h^*, η^*, x^* 为有量纲的某些量时，引进如下的 c^2：

$$c^2 = \frac{h^* + \eta^*}{aL} = \frac{-ax^* + aL\eta}{aL} = \eta - x。$$

如将上式关于 x 和 t 的微分，则有

$$2cc_x = \eta_x - 1,\ 2cc_t = \eta_t。$$

将这些式子代入(8.2.2)式后，就得到关于 u 和 c 的偏微分方程组：

$$u_t + u u_x + 2 c c_x + 1 = 0, \tag{8.2.3a}$$

$$c u_x + 2 u c_x + 2 c_t = 0。 \tag{8.2.3b}$$

再将上面两式相加或相减，就得到

$$\left[\frac{\partial}{\partial t} + (u+c)\frac{\partial}{\partial x}\right](u+2c+t) = 0, \tag{8.2.4a}$$

$$\left[\frac{\partial}{\partial t} + (u-c)\frac{\partial}{\partial x}\right](u-2c+t) = 0。 \tag{8.2.4b}$$

上式所表示的物理意义是：相对于以速度 $(u+c)$ 和 $(u-c)$ 运动的观察者来说，$u+2c+t = \bar{\alpha}$ 和 $u-2c+t = \bar{\beta}$ 所表示的量保持恒定。

于是，我们又可以引进新的变数 λ, μ：

$$\lambda = \bar{\alpha} + \bar{\beta} = 2(u+t), \tag{8.2.5a}$$

$$\mu = \bar{\alpha} - \bar{\beta} = 4c。 \tag{8.2.5b}$$

将特征线方程

$$\frac{\mathrm{d}x}{\mathrm{d}t} = u + c, \tag{8.2.6}$$

$$\frac{\mathrm{d}x}{\mathrm{d}t} = u - c \tag{8.2.7}$$

用变数 $\bar{\alpha}$, $\bar{\beta}$ 来表示，则特征线方程可分别化为

$$\frac{\partial x}{\partial \bar{\beta}} - (u+c)\frac{\partial t}{\partial \bar{\beta}} = 0, \tag{8.2.8a}$$

$$\frac{\partial x}{\partial \bar{\alpha}} - (u-c)\frac{\partial t}{\partial \bar{\alpha}} = 0。 \tag{8.2.8b}$$

根据(8.2.5)式,若以 λ, μ 为变数,则上式又可化为

$$\frac{\partial x}{\partial \mu} - u\frac{\partial t}{\partial \mu} + c\frac{\partial t}{\partial \lambda} = 0, \tag{8.2.9a}$$

$$\frac{\partial x}{\partial \lambda} + c\frac{\partial t}{\partial \mu} - u\frac{\partial t}{\partial \lambda} = 0。\tag{8.2.9b}$$

将上面两式中的 x 消去后,得到

$$\mu\left(\frac{\partial^2 t}{\partial \lambda^2} - \frac{\partial^2 t}{\partial \mu^2}\right) = 3\frac{\partial t}{\partial \mu}。\tag{8.2.10}$$

如将 $t = \frac{\lambda}{2} - u$ 代入上式,则相应地上式就变为

$$\mu\left(\frac{\partial^2 u}{\partial \lambda^2} - \frac{\partial^2 u}{\partial \mu^2}\right) = 3\frac{\partial u}{\partial \mu}。\tag{8.2.10'}$$

现在引入函数 ϕ,使得 $u = \frac{\partial \phi}{\mu \partial \mu}$。将 $t = \frac{\lambda}{2} - u$ 代入(8.2.9a)式,并使用(8.2.5b)式就得到

$$x_\mu = -uu_\mu - \frac{\mu}{8} + \frac{\mu}{4}u_\lambda = -\frac{1}{2}\frac{\partial u^2}{\partial \mu} - \frac{\mu}{8} + \frac{1}{4}\phi_{\lambda\mu}。$$

关于 μ 积分上式,就得

$$x = -\frac{u^2}{2} - \frac{\mu^2}{16} + \frac{1}{4}\phi_\lambda。\tag{8.2.11}$$

根据 c^2 的定义,可得出自由面的位移为

$$\eta = c^2 + x = \frac{\phi_\lambda}{4} - \frac{u^2}{2}。\tag{8.2.12}$$

另外,我们再使用下列各式

$$t_{\lambda\lambda} = -u_{\lambda\lambda} = -\frac{\phi_{\lambda\lambda\mu}}{\mu},$$

$$t_\mu = -u_\mu = \frac{\phi_\mu}{\mu^2} - \frac{\phi_{\mu\mu}}{\mu},$$

$$t_{\mu\mu} = -\frac{2\phi_\mu}{\mu^3} + \frac{2\phi_{\mu\mu}}{\mu^2} - \frac{\phi_{\mu\mu\mu}}{\mu},$$

则由(8.2.10)式就可得

$$-\phi_{\lambda\lambda\mu} + \phi_{\mu\mu\mu} + \frac{\partial}{\partial \mu}\left(\frac{\phi_\mu}{\mu}\right) = 0。$$

关于 μ 积分上式，就有

$$\mu\phi_{\lambda\lambda} = (\mu\phi_\mu)_\mu \text{。} \tag{8.2.13}$$

至此，我们就将一阶非线性偏微分方程组(8.2.8)变成了二阶线性偏微分方程(8.2.13)。

我们假定当波沿斜坡上爬时还没有破碎，于是，我们就可以单值地确定有关物理量。将方程(8.2.13)的解取为

$$\phi = \bar{\phi}(\mu)\cos(\omega\lambda - \varepsilon), \tag{8.2.14}$$

其中 ω 和 ε 是两个任意常数。将(8.2.14)式代入方程(8.2.13)，且设 $\omega\mu = \tau$，就得到下面的方程

$$\frac{d^2\bar{\phi}}{d\tau^2} + \frac{1}{\tau}\frac{d\bar{\phi}}{dt} + \bar{\phi} = 0 \text{。}$$

为使 $\mu = 0$ 时 $\bar{\phi}$ 取有限值，只能取 $\bar{\phi} = J_0(\tau) = J_0(\omega\mu)$。最后，得

$$\phi = AJ_0(\omega\mu)\cos(\omega\lambda - \varepsilon) \text{。} \tag{8.2.15}$$

上式所表示的是其频率为 ω，且其振幅按 Bessel 函数变化的波浪。这种波浪在海底斜面上会产生反射，反射率为1，所以(8.2.15)式表示的波浪实际上是驻波。

这里，我们也可以将上述的 u, η, x, t 用参数 λ, μ 来表示。为方便起见，在(8.2.15)式中，设 $\omega = 1$ 和 $\varepsilon = 0$，因而 $\phi = AJ_0(\mu)\cos\lambda$。于是

$$u = \frac{1}{\mu}\frac{\partial\phi}{\partial\mu} = -\frac{A}{\mu}J_1(\mu)\cos\lambda \text{。}$$

同时，由(8.2.11)式和(8.2.12)式，又得

$$x = -\frac{A}{4}J_0(\mu)\sin\lambda - \frac{\mu^2}{16} - \frac{A}{2\mu^2}[J_1(\mu)\cos\lambda]^2, \tag{8.2.16}$$

和

$$\eta = -\frac{A}{4}J_0(\mu)\sin\lambda + O\left(\frac{A^2}{\mu^2}\right) \quad (\text{如果 } A \leqslant 1, \mu \geqslant 1) \text{。} \tag{8.2.17}$$

另外，由(8.2.5a)式还得到

$$t = \frac{\lambda}{2} + \frac{A}{\mu}J_1(\mu)\cos\lambda \text{。}$$

当 $|x| \geqslant 1$ 时，$\mu = 4c = 4\sqrt{\eta + |x|} \approx 4\sqrt{|x|}$，故由(8.2.17)式知道，外海深水处的波形大致可以用下式来表示

$$\eta \approx -\frac{A}{4}J_0(4\sqrt{|x|})\sin\lambda \text{。} \tag{8.2.18}$$

图 8-3 描绘了这种波形，图中波节的位置恰对应于零阶 Bessel 函数的第一个零点。如果忽略了(8.2.16)式中 A^2 这种项，则不论 μ 取何值，由该式就可得

$$x = -\frac{A}{4}J_0(\mu)\sin\lambda - \frac{\mu^2}{16} + O(A^2)。$$

(8.2.19)

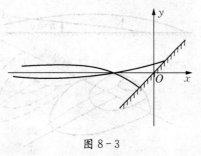

图 8-3

所以当 $\mu \to 0$ 时，有 $J_1(\mu) \sim \mu$，(8.2.16)式中的第三项保持为有限值。显然，当 $\mu \to 0$ 时，(8.2.19)式取极值，即

$$x_m = -\frac{A}{4}\sin\lambda。$$

所以，水体上溯的最高点位于 $x_m = \frac{A}{4}$ 处。

显然，在海塘及防波堤等水工建筑的设计中应考虑波浪在倾斜海滩上的这种上溯现象，工程界对该现象颇为重视。假如有一波高为 H 的正弦波垂直地射到铅垂壁面上，则在壁前会形成驻波。而且，铅垂壁面恰处于驻波的波腹处，所以此处的波高为 $2H$。于是，在铅垂壁面上，驻波的水质点达到的最大高度就明显地增加了。若将壁面倾斜安置时，则发现这个最大的高度会降低一些。如果波浪在倾斜海滩上传播时已经破碎，则碎波形成的水流也会涌上斜坡。我们将水流的水质点在斜坡上达到的最高点与静止水面之间的高度差称为**爬高**。在碎波情况中，由于问题的复杂性，爬高的计算是很困难的，通常要使用一些经验公式。本节中，我们是在假定波浪尚未破碎的前提下讨论波浪在斜坡上爬高的，这样，问题就变得稍微简单一些。

§8-3 边 缘 波

可以看到，我们在上一节中得到的波在岸边波幅最大，而远离海岸时波幅就很快衰减。这一节我们再从长波方程出发，讨论在近岸带中的另一种波。根据这种波的波形特征，我们将这类波称为**边缘波**。边缘波一般是波峰垂直于岸线、波长平行于岸线的驻波，且沿着海滩依次排列，交替出现一系列波节和波腹。在波节处，观察不到水面的垂直升降；而在波腹位置，则由于水面的上、下运动，就可以观察到整个边缘波的波高。在逐渐倾斜的海滩上，人们可以观测到边缘波"冲上来"和"退下去"的这种振动。一般来说，边缘波的波高在海岸处最大；离岸

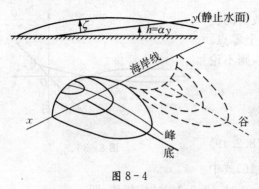

图 8-4

后其波高迅速减小,到破波带外侧不远的地方就变得微乎其微了,大致的情况如图 8-4 所示。虽然这种波动比较奇特,但在实验和海滨观测中都已经发现了边缘波的存在。

我们设 $\eta(x, y, t)$ 为线化边缘波的波高,$h(x, y)$ 为水深,$V=(u, v)$ 为流体的水平流速,定义算子 ∇ 为 $\nabla=(\frac{\partial}{\partial x}, \frac{\partial}{\partial y})$,则连续性方程为

$$\eta_t + \nabla \cdot (hV) = 0。 \tag{8.3.1}$$

动量方程为

$$V_t = -\frac{\nabla p}{\rho}。 \tag{8.3.2}$$

采用静水压力的假定,即

$$p = \rho g(\eta - z), \tag{8.3.3}$$

则动量方程为

$$V_t = -\nabla(g\eta)。 \tag{8.3.4}$$

现在将(8.3.1)式和(8.3.4)式中的 V 消去,得到

$$\eta_{tt} = \nabla \cdot (gh \nabla \eta), \tag{8.3.5}$$

这是一个变系数的双曲型偏微分方程。如果假定波是频率为 ω 的正弦波,则

$$\eta = \bar{\eta}(x, y) e^{-i\omega t}, \tag{8.3.6a}$$

$$V = v(x, y) e^{-i\omega t}。 \tag{8.3.6b}$$

由(8.3.1)式、(8.3.4)式和(8.3.5)式就得到 $\bar{\eta}(x, y)$ 和 $v(x, y)$ 所满足的方程:

$$i\omega\bar{\eta} = \nabla \cdot (hv), \tag{8.3.7}$$

$$v = -\frac{ig}{\omega} \nabla \bar{\eta}, \tag{8.3.8}$$

$$\nabla \cdot (h \nabla \bar{\eta}) + \frac{\omega^2}{g} \bar{\eta} = 0。 \tag{8.3.9}$$

在常深度情况下,(8.3.9)式就变成了 Helmholtz 方程。这里,我们认为海底也是一平直的斜坡,坡度为常数 s。若取平均海岸线为 y 轴,则海底为

$$z = -h = -sx \quad (x > 0)。 \tag{8.3.10}$$

因为上述各方程的系数均与 y 轴无关,故可设

$$\bar{\eta} = \eta_0(x)\mathrm{e}^{\mathrm{i}\beta y}, \tag{8.3.11}$$

其中 y 方向的波数 β 是常数。这里讨论的边缘波是行波,这种波沿着 y 方向即沿着海岸线运动。于是,由方程(8.3.9)得到

$$x\eta_0'' + \eta_0' + \left(\frac{\omega^2}{sg} - \beta^2 x\right)\eta_0 = 0. \tag{8.3.12}$$

作变换

$$\xi = 2\beta x, \quad \eta_0 = \mathrm{e}^{-\frac{\xi}{2}} f(\xi), \tag{8.3.13}$$

则方程(8.3.12)可写为

$$\xi f'' + (1-\xi) f' + \left[\frac{\omega^2}{2\beta sg} - \frac{1}{2}\right] f = 0. \tag{8.3.14}$$

这个方程称为**合流超几何方程**,或称为 **Kummer 方程**。一般来说,这个齐次方程存在两个特解,其中一个在海岸线 $\xi = 0$ 上有奇性,必须摒弃。而另一个就是能使 η_0 在 $\xi = 0$ 处有限且当 $\xi \to \infty$ 时为零的非平凡解,该非平凡解在下述条件下存在

$$\frac{\omega^2}{2\beta sg} = n + \frac{1}{2} \quad (n = 0, 1, 2, \cdots). \tag{8.3.15}$$

它对应于一个离散的特征值谱,特征函数正比于 Laguerre 多项式

$$f_n \propto L_n(\xi), \tag{8.3.16}$$

其中

$$L_n(\xi) = \frac{(-1)^n}{n!} \left[\xi^n - \frac{n^2}{1!}\xi^{n-1} + \frac{n^2(n-1)^2}{2!}\xi^{n-2} \right. \\ \left. - \frac{n^2(n-1)^2(n-2)^2}{3!}\xi^{n-3} + \cdots + (-1)^n n! \right]. \tag{8.3.17}$$

例如

$$L_0(\xi) = 1,$$
$$L_1(\xi) = 1 - \xi,$$
$$L_2(\xi) = 1 - 2\xi + \frac{1}{2}\xi^2.$$

前面几个模态画在图 8-5 中。由此图可见,较高的模态在离岸方向上衰减得很快,这些模态仅在近岸处有可观的振幅值。在实验室中和现场通常所观测到的边缘波都是 $n=1$ 的这种边缘波。边缘波在沿岸海洋学中颇引人注意,这是由于该波的最大振幅,亦即其最大浪峰出现在海岸上的缘故。

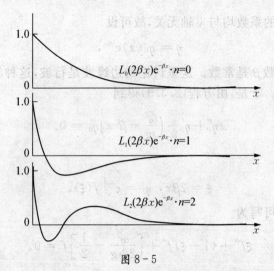

图 8-5

如果设海滩的倾角为 α，则 $s = \tan\alpha$。这样，色散关系式(8.3.15)可以改写为

$$\omega^2 = g\beta(2n+1)\tan\alpha。 \tag{8.3.18}$$

Ursell 也给出过类似的色散关系式

$$\omega^2 = g\beta\sin(2n+1)\alpha,$$

且证明了其中的 n 必须满足

$$(2n+1)\alpha \leqslant \frac{\pi}{2}。$$

综合有关的式子，我们就得到

$$\eta = Ae^{-\beta x}L_0(2\beta x)e^{i(\beta y - \omega t)}。$$

根据(8.3.18)式可知，在 y 方向上波数为 β 的波，其波速为

$$c = \pm\sqrt{\frac{g}{\beta(2n+1)\tan\alpha}}。$$

可见，这种边缘波以两个波速分别沿着 y 轴的正向和负向传播，可以由两个反向传播的行波叠加而得一个驻波。

§8-4 破波和辐射应力

波浪在向岸线推进时，一方面波速不断减小，另一方面水质点的运动则又因为波高的加大而迅速加快，因此，波峰的水质点的运动速度最终会赶上并超过波

形的传播速度,这时,波浪将破碎。波浪的破碎是一个复杂的现象,它与很多因素有关,而且有各种破碎方式。Galvin 认为可以按深水波陡 $\frac{H_0}{L_0}$ 和水底坡度 s 的不同,把波浪破碎分为两种基本形态。图 8-6 就表示了这种划分的方法。当 s 和 $\frac{H_0}{L_0}$ 都较小时,波浪以**溢波**的形式破碎。在这种情况下,波在传播过程中波面基本上仍保持水平方向的对称性。但波峰却越来越尖,最后在波峰前侧出现了浪花,使波好像戴了一顶"白帽",并顺着前侧倾泻扩散。当 s 和 $\frac{H_0}{L_0}$ 都较大时,波浪则以**卷波**的形式破碎。在这种情况下,波面随着深度的变浅逐渐变得不对称,前侧变得越来越陡峭,而后侧变得越来越平坦,最后波峰会翻卷倾倒,并卷进大量空气。更多的破波方式则是介于这两者之间。从实验结果来看,这种划分还是符合实际情况的。在图 8-6 中,记号△,○,□和×分别表示了溢波、卷波和过渡波浪类型。当然,在上述的分析中我们尚未考虑到非线性效应和水底摩擦,这两点对破波也是有影响的。

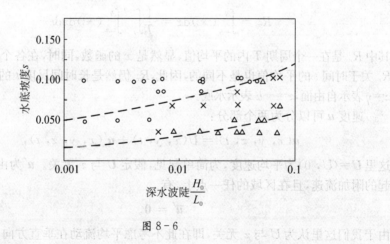

图 8-6

波浪开始破碎的位置称为**破波线**,在破波线处的水深称为**临界水深**,临界水深约为该处波高的 1.28 倍,在破波线内侧的海区称为**破波带**,这几节中我们都将讨论破波带内的水流运动。如果破波带较窄,则波浪在破碎后已没有足够的空间和水量可以再次形成波浪,而只是顺着岸滩上涌到一定的高度,然后再回流入海。如果破波带较宽,则波浪破碎以后能再次形成波浪并向前传播。重生波一般具有行波的特性,可以再一次破碎,这种反复过程可以进行好几次。

在破波带内的流体运动是十分复杂的,因为这不但要考虑破波以后的湍流效应,同时还要考虑波动效应,由于前一效应,流体质点要受到 Reynolds 应力的作用；由于后一效应，流体质点还要受到辐射应力的作用。1969—1970 年之间 Bowen[19]、Longuet‐Higgings[20]和 Thornton[21] 3 人几乎同时提出了辐射应力的概念，并认为在讨论破波带内的流体问题时应该把辐射应力也加到运动方程中去。

下面，我们来引进辐射应力的概念。在理想流体中，通过固定于空间的某一曲面的能量输运率为

$$R = \iint_S \left(p + \frac{1}{2}\rho \boldsymbol{u}^2 + \rho g z\right)\boldsymbol{u} \cdot \boldsymbol{n} \mathrm{d}S, \tag{8.4.1}$$

其中 $\boldsymbol{n}$ 为曲面的单位法向矢量，z 轴垂直向上。我们现在考虑的是二维问题，因此，通过 y 方向上宽度为 1 个单位、x 为常数的铅垂平面的水平方向的平均能量输运率为

$$R_x = \overline{\int_{-h}^{\eta} \left(p + \frac{1}{2}\rho \boldsymbol{u}^2 + \rho g z\right) u \mathrm{d}z}。 \tag{8.4.2}$$

其中定义

$$R_x = \overline{\int_{-h}^{\eta} (\ast) \mathrm{d}z} = \frac{1}{T}\int_t^{t+T}\int_{-h}^{\eta}(\ast)\mathrm{d}z\mathrm{d}t$$

其中 R_x 是在一个周期 T 内的平均值，显然是 x 的函数，同时，在各个不同周期内，R_x 关于时间 t 的平均值也是不同的，因此，R_x 仍然是长时间尺度 t 的函数。另外，$z=\eta$ 表示自由面，$z=-h$ 表示水底。

速度 $\boldsymbol{u}$ 可以分为两个部分：

$$\boldsymbol{u}(x,y,z,t) = \boldsymbol{U}(x,y,t) + \boldsymbol{u}'(x,y,z,t), \tag{8.4.3}$$

这里 $\boldsymbol{U}=(U,0)$ 为平均速度，为简单起见，假定 U 与 z 无关。$\boldsymbol{u}'$ 为由于波动所引起的附加流速，且在区域的任一点上，有

$$\overline{\boldsymbol{u}'} = \boldsymbol{0}。 \tag{8.4.4}$$

由于我们这里认为 U 与 z 无关，即在此不考虑平均流动在垂直方向的水流结构，因此这种假设仅适用于无旋流动。

现在我们把(8.4.3)式代入(8.4.2)式，便有

$$R_x = R_0 + R_1 + R_2 + R_3, \tag{8.4.5}$$

其中

$$R_0 = \overline{\int_{-h}^{\eta}\left(p + \frac{1}{2}\rho \boldsymbol{u}'^2 + \rho g z\right) u' \mathrm{d}s}, \tag{8.4.6a}$$

$$R_1 = \overline{\int_{-h}^{\eta}\left(p + \frac{1}{2}\rho \boldsymbol{u}'^2 + \rho g z + \rho u'^2\right)\mathrm{d}z U}, \tag{8.4.6b}$$

$$R_2 = \overline{\int_{-h}^{\eta} \frac{3}{2}\rho u' \mathrm{d}z U^2}, \tag{8.4.6c}$$

$$R_3 = \overline{\int_{-h}^{\eta} \frac{1}{2}\rho \mathrm{d}z U^3}。 \tag{8.4.6d}$$

上面几式中的 $\boldsymbol{u}'^2$ 和 u'^2 是不同的,前者还包含了垂直方向上的速度分量。直接考察 R_0 的表达式可知,R_0 为没有那种平均流动时纯粹由波动所造成的水平方向的能量输运率。我们认为现在的波是小振幅波,所以,根据第四章的结果,有

$$\eta = a\cos(kx - \sigma t + \theta) + O(a^2 k), \tag{8.4.7a}$$

$$\varphi = \frac{a\sigma}{k \operatorname{sh} kh} \operatorname{ch} k(z+h) \sin(kx - \sigma t + \theta) + O(a^2 \sigma)。 \tag{8.4.7b}$$

在此

$$\sigma^2 = gk \operatorname{th} kh, \tag{8.4.8a}$$

$$\frac{\sigma}{k} = c。 \tag{8.4.8b}$$

根据 §2-4 的结果,并精确到二阶量,有

$$R_0 = \frac{1}{4}\rho g a^2 c\left(1 + \frac{2kh}{\operatorname{sh}2kh}\right) = E c_g, \tag{8.4.9}$$

其中

$$E = \frac{1}{2}\rho g a^2 \tag{8.4.10}$$

为单位水平面积上的平均能量密度,群速度为

$$c_g = \frac{\mathrm{d}\sigma}{\mathrm{d}k} = \frac{1}{2}c\left(1 + \frac{2kh}{\operatorname{sh}2kh}\right)。 \tag{8.4.11}$$

这些结果以前就导出了,现在只是罗列一下而已。

现在,我们把 (8.4.6b) 式分解为两项之和:

$$R_1 = R_{11} + R_{12}, \tag{8.4.12}$$

其中

$$R_{11} = \overline{\int_{-h}^{\eta}\left(\frac{1}{2}\rho \boldsymbol{u}'^2 + \rho g z\right)\mathrm{d}z U} + \frac{1}{2}\rho g h^2 U, \tag{8.4.13a}$$

$$R_{12} = \overline{\int_{-h}^{\eta}(p + \rho u'^2)\mathrm{d}z U} - \frac{1}{2}\rho g h^2 U。 \tag{8.4.13b}$$

直接计算 R_{11},由 (8.4.7b) 式可得

$$u'^2 = \frac{a^2\sigma^2}{\text{sh}^2 kh}[\text{ch}^2 k(z+h)\cos^2(kx-\sigma t+\theta) + \text{sh}^2 k(z+h)\sin^2(kx-\sigma t+\theta)].$$

将上式代入(8.4.13a)式,得

$$R_{11} = \left(\frac{\rho}{4}\frac{a^2\sigma^2}{\text{sh}^2 kh}\int_{-h}^{\eta}[\text{ch}^2 k(z+h) + \text{sh}^2 k(z+h)]dz + \frac{1}{2}\rho g \overline{\eta^2}\right)U$$

$$= \left(\frac{\rho}{8k}\frac{a^2\sigma^2}{\text{sh}^2 kh}\text{sh}2k(\bar{\eta}+h) + \frac{1}{2}\rho g\overline{\eta^2}\right)U.$$

再利用(8.4.7a)式,就有

$$R_{11} = \frac{1}{2}\rho g a^2 U = EU.$$

很清楚R_{11}是由平均流速输运的波能量输运率。

R_{12}这一项以前我们尚未讨论过,它表示平均流速对辐射应力S_x所作的功。根据(8.4.13b)式,可定义辐射应力S_x为

$$S_x = \overline{\int_{-h}^{\eta}(p+\rho u'^2)dz} - \frac{1}{2}\rho g h^2. \tag{8.4.14}$$

从推导(5.2.20′)式可知,上式中的积分已经计算过了,即

$$S_x = \frac{1}{2}\rho g a^2\left(\frac{2kh}{\text{sh}2kh} + \frac{1}{2}\right) = E\left(\frac{2c_g}{c} - \frac{1}{2}\right). \tag{8.4.15}$$

显然,辐射应力S_x是一个二阶小量,故最后有

$$R_1 = (E+S_x)U = E\left(\frac{2c_g}{c} + \frac{1}{2}\right)U. \tag{8.4.16}$$

另外,(8.4.6)式及(8.4.6d)式也是不难计算的。对于R_2,有

$$R_2 = \overline{\int_{-h}^{0}\frac{3}{2}\rho u'dz U^2} + \overline{\int_{0}^{\eta}\frac{3}{2}\rho u'dz U^2} = \frac{3}{2}\rho U^2\left(\int_{-h}^{0}\overline{U'}dz + \overline{\int_{0}^{\eta}u'dz}\right)$$

$$\approx \frac{3}{2}\rho U^2 \overline{u'|_{z=0}\eta} = \frac{3}{4}\rho U^2 \frac{a^2\sigma}{\text{sh}^2 kh}\text{ch}kh,$$

所以

$$R_2 = \frac{3}{2}\frac{EU^2}{c}. \tag{8.4.17a}$$

最后

$$R_3 = \frac{1}{2}\rho h U^3. \tag{8.4.17b}$$

下面,我们来求由于波动而引起的质量输运率$\overline{Q_0}$。因为

$$\overline{Q_0} = \overline{\int_{-h}^{\eta} \rho u \, dz},$$

所以

$$\overline{Q_0} = \overline{\int_{-h}^{\eta} \rho u \, dz} = \rho \overline{\int_{-h}^{\eta} (U+u')dz} = \rho U h + \rho \overline{\int_{-h}^{\eta} u' dz} = \rho U h + \rho \overline{\int_{0}^{\eta} u' dz}$$

$$= \rho U h + \frac{\rho}{2} \frac{a^2 \sigma}{\mathrm{sh}\, kh} \mathrm{ch}\, kh。$$

于是，最后有

$$\overline{Q_0} = \rho U h + \frac{E}{c}。$$

由此可见由于波动，流体的质量通量增加了 $\frac{E}{c}$，从而由波动所引起的输运率为 $\frac{E}{\rho h c}$。因此，如果记总速度为 U' 的话，则

$$U' = U + \frac{E}{\rho h C}。 \tag{8.4.18}$$

这个式子我们在 §4-10 中曾导得过。若精确到二阶量，则有

$$R_2 + R_3 = \frac{1}{2}\rho h U'^3, \tag{8.4.19}$$

这表示流动本身的动能输运率。总之

$$R_x = E c_g + EU + S_x U + \frac{1}{2}\rho h U'^3。 \tag{8.4.20}$$

同理

$$R_y = EV + S_y U + \frac{1}{2}\rho h V^3, \tag{8.4.21}$$

其中 V 为 y 方向上的平均流动速度。而

$$S_y = \frac{1}{4}\rho g a^2 \frac{2kh}{\mathrm{sh}\, 2kh} = E\left(\frac{c_g}{c} - \frac{1}{2}\right) = E \frac{kh}{\mathrm{sh}\, 2kh}。 \tag{8.4.22}$$

我们现在对(8.4.14)式中的辐射应力 S_x 再作些解释。在波动场中的压力 p 可以分为两个部分，一部分是与波动无关的流体静压力

$$p = p_0 - \rho g z \,(p_0 \text{ 为大气压力});$$

另一部分是因波动而引起的动压力 Δp。由于在静压力的垂直方向积分所产生的这部分动量通量与波动无关，而且通过任意闭曲面的这部分净通量为零。因

此，如果考虑 x 方向的动量通量的超出量的话，则应为

$$\int_{-h}^{\eta}(p+\rho u'^2)\mathrm{d}z - \int_{-h}^{0}(p_0-\rho gz)\mathrm{d}z。 \qquad (8.4.23)$$

从力学上讲，水平动量通量可以与应力等价，例如，如果在二维的波动场中，我们作一与波传播方向垂直的铅垂断面，使其从海面伸向海底，那么，当有 x 方向的水平动量跨过这一断面并沿着传播方向迁移时，这一水平动量通量将使得断面一侧的水体的相应总动量增加，其等效作用就好像在这断面上作用着一个 x 方向的水平应力。另一方面，由(8.4.23)式所表示的水平动量通量是时间 t 的函数，它们有时取正的数值，有时取负的数值，因此，只有时间的平均值才能显示出有效的力学作用。当 p_0 取为零时，(8.4.23)式的时间平均就为

$$S_x = \overline{\int_{-h}^{\zeta}\left(p+\frac{1}{2}\rho u'^2\right)\mathrm{d}z} - \frac{1}{2}\rho gh^2。$$

这就是(8.4.14)式。因此，作用在法向为 x 轴的平面上的、水平方向的辐射应力 S_x 就是通过该平面的、水平动量通量超出量的时间平均值。

一般来说，若设平行和垂直于波的坐标分别为 ξ_1 和 ξ_2，即 $S_{11}=S_x$，$S_{22}=S_y$，则辐射应力张量为

$$S_{ij} = \begin{pmatrix} E\left(\dfrac{1}{2}+\dfrac{2kh}{\mathrm{sh}\,2kh}\right) & 0 \\ 0 & E\dfrac{2kh}{\mathrm{sh}\,2kh} \end{pmatrix}。 \qquad (8.4.24)$$

现在，来计算作用在 $x=$常数的平面上而力的方向为 y 方向的辐射应力 S_{xy}。设坐标系 Oxy 与主坐标系 $O\xi_1\xi_2$ 之间的夹角为 θ，则

$$S_{xy} = \sum_{i\cdot j}S_{ij}\frac{\partial x}{\partial \xi_i}\frac{\partial y}{\partial \xi_j} = S_{11}\sin\theta\cos\theta + S_{22}\cos\theta(-\sin\theta)$$

$$= E\left(\frac{1}{2}+\frac{kh}{\mathrm{sh}\,2kh}\right)\cos\theta\sin\theta = E\left(\frac{c_g}{c}\right)\cos\theta\sin\theta。 \qquad (8.4.25)$$

类似地，可计算作用在 $x=$常数的平面上而力的方向为 x 方向的辐射应力 S_{xx}：

$$S_{xx} = \sum_{i\cdot j}S_{ij}\frac{\partial x}{\partial \xi_i}\frac{\partial y}{\partial \xi_j} = S_{11}\cos^2\theta + S_{22}\sin^2\theta$$

$$= (S_{11}-S_{22})\cos^2\theta + S_{22}$$

$$= E + \left(\frac{1}{2}+\frac{2kh}{\mathrm{sh}\,2kh}\right)\cos^2\theta + E\frac{2kh}{\mathrm{sh}\,2kh}$$

$$= E\left(\frac{c_g}{c}\right)\cos^2\theta + E\left(\frac{c_g}{c}-\frac{1}{2}\right)。 \qquad (8.4.26)$$

§8-5 增水和减水

利用上节导出的辐射应力我们可以解释一些现象，其中之一就是**增水现象**和**减水现象**。所谓增水现象和减水现象就是当一列波传向倾斜海滩时，平均自由面开始时逐渐降低，在破波线附近降到最低点，然后再逐渐增高。在现场观测中发现，在岸坡水线处这种平均自由面的升高可达深水有效波高的 30%，因此，增水现象和减水现象已逐渐成为有关工程设计中必须考虑的因素。

现在，我们来考虑在两个固定的垂直平面 $x = x_0$，$x_0 + dz$ 之间流体的动量平衡。通过这两个平面的动量通量分别为 S 和 $S + \frac{\partial S}{\partial X} dx$。这时，在通过底部的法向上没有动量通过，但是平均压力 $\overline{p_h}$ 却提供了一个法向力 $-\overline{p_h} dl$，其中 dl 是沿底部测得的两平面之间的距离，这个力的水平分量为 $-\overline{p_h} dl \left(\frac{dh}{dl} \right) = -\overline{p_h} dh$。在准定常时，应有

$$\frac{dS}{dx} = \overline{p_h} \frac{dh}{dx}。 \tag{8.5.1}$$

现在，来考察垂直方向的动量方程

$$-\frac{1}{\rho} \frac{dp}{dz} = g + \frac{\partial w}{\partial t} + \left(u \frac{\partial w}{\partial x} + w \frac{\partial w}{\partial z} \right)。$$

利用连续性方程可将上式化为

$$-\frac{1}{\rho} \frac{dp}{dz} - g = \frac{\partial}{\partial z} \left(z \frac{\partial w}{\partial t} + w^2 \right) + \frac{\partial}{\partial x} \left(z \frac{\partial u}{\partial t} + uw \right)。$$

将上式从 $z = -h$ 到 $z = -\overline{\eta}$ 沿深度积分，有

$$\frac{1}{\rho}(p_h - p_s) = g(\eta + h) + \left[z \frac{\partial w}{\partial t} + w^2 \right]\bigg|_{-h}^{\eta} + \int_{-h}^{\eta} \frac{\partial}{\partial x} \left(z \frac{\partial u}{\partial t} + uW \right) dz。$$

上式中的 p_s 为自由面处的压力，可设为零。此外，因为

$$\left(z \frac{\partial w}{\partial t} + w^2 \right)_{z=\eta} = \eta \frac{\partial^2 \eta}{\partial t^2} + \left(\frac{\partial \eta}{\partial t} \right)^2,$$

所以

$$\frac{p_h}{\rho} = g(\eta + h) + \frac{\partial^2}{\partial t^2} \left(\frac{1}{2} \eta^2 \right) - \left(z \frac{\partial w}{\partial t} + w^2 \right)_{z=-h} + \int_{-h}^{\eta} \frac{\partial}{\partial x} \left(z \frac{\partial u}{\partial t} + uw \right) dz。 \tag{8.5.2}$$

如将上式中最后的积分分为

$$\left(\int_{-h}^{0}+\int_{0}^{\eta}\right)\frac{\partial}{\partial x}\left(z\frac{\partial u}{\partial t}+uw\right)\mathrm{d}z$$

两项,其中后一个积分为三阶小量,故在忽略了 $O(a^3)$ 后,(8.5.2)式化为

$$\frac{p_h}{\rho}=g(\eta+h)+\frac{\partial^2}{\partial t^2}\left(\frac{1}{2}\eta^2\right)-\left(z\frac{\partial w}{\partial t}+w^2\right)_{z=-h}+ \tag{8.5.3}$$
$$\int_{-h}^{0}\frac{\partial}{\partial x}\left(z\frac{\partial u}{\partial t}+uw\right)\mathrm{d}z.$$

将上式关于 t 取时间平均,则其中的时间导数项由于周期性而消失。于是,(8.5.3)式就可化为

$$\frac{1}{\rho}\overline{p_h}=g(\overline{\eta}+h)-(\overline{w^2})_{z=-h}+\int_{-h}^{0}\frac{\partial}{\partial x}(\overline{uw})\mathrm{d}z.$$

在底部上,由于 $u \sim a\dfrac{\mathrm{d}h}{\mathrm{d}x}$,即 $W^2 \sim a^2\left(\dfrac{\mathrm{d}h}{\mathrm{d}x}\right)^2$,因为其中还包含了 $\left(\dfrac{\mathrm{d}h}{\mathrm{d}x}\right)^2$(通常认为 $\left(\dfrac{\mathrm{d}h}{\mathrm{d}x}\right)$ 是小量)这个因子,故可将上式中的第二项忽略。在均匀深度时,$\overline{uw}$ 也将消失。通常至少有 $\overline{uw} \sim a^2 \dfrac{\mathrm{d}h}{\mathrm{d}x}$,于是

$$\frac{\partial}{\partial x}(\overline{uw}) \sim a^2 \frac{\partial^2 h}{\partial x^2},$$

因此也可将上式中第三项忽略。

这样,上述方程最后简化为

$$\overline{p_h}=\rho g(h+\overline{\eta}). \tag{8.5.4}$$

在底部,平均压力等于平均静水压力,这与均匀深度时相同。

另外,由于(8.5.1)式我们又可得

$$\frac{\mathrm{d}S}{\mathrm{d}x}=\rho g(h+\overline{\eta})\frac{\mathrm{d}h}{\mathrm{d}x}. \tag{8.5.5}$$

由辐射应力的定义,有

$$S_x=\overline{\int_{-h}^{\eta}(p+\rho u^2)\mathrm{d}z}-\int_{-h}^{\overline{\eta}}\rho g(\overline{\eta}-z)\mathrm{d}z=S-\frac{1}{2}\rho g(h+\overline{\eta})^2.$$

将上式与(8.4.14)式比较后可以看出,上式只是把其中的 h 换成了 $h+\overline{\eta}$。由于现在的 $\overline{\eta}$ 不等于零,因此

$$\frac{\mathrm{d}S_x}{\mathrm{d}x}=\frac{\mathrm{d}S}{\mathrm{d}x}-\rho g(h+\overline{\eta})\frac{\mathrm{d}h}{\mathrm{d}x}-\rho g(h+\overline{\eta})\frac{\mathrm{d}\overline{\eta}}{\mathrm{d}x}.$$

将(8.5.5)式代入上式,便得到

$$\frac{\mathrm{d}S_x}{\mathrm{d}x} = -\rho g (h+\bar{\eta})\frac{\mathrm{d}\bar{\eta}}{\mathrm{d}x},$$

即

$$\frac{\mathrm{d}\bar{\eta}}{\mathrm{d}x} = -\frac{1}{\rho g(h+\bar{\eta})}\frac{\mathrm{d}S_x}{\mathrm{d}x}, \tag{8.5.6}$$

或近似地,有

$$\frac{\mathrm{d}\bar{\eta}}{\mathrm{d}x} = -\frac{1}{\rho g h}\frac{\mathrm{d}S_x}{\mathrm{d}x}. \tag{8.5.7}$$

由此可见,当有一恒定的微小的水平力 $-\frac{\mathrm{d}S_x}{\mathrm{d}x}$ 作用时,就产生了平均自由高度 $\bar{\eta}$ 的梯度。(8.5.7)式就表示了辐射应力与平均自由面高度 $\bar{\eta}$ 之间的关系,积分上式后就可得到 $\bar{\eta}$ 与 S_x 的具体依赖关系。

首先,我们假定没有破波,并且有底部摩擦等损失以及水底倾斜的反射都可忽略,即首先讨论破波带外侧的情况。此时,能量通量为常数,方程(8.5.7)可精确求解。设能量通量为常数 F,即 $Ec_g = F$,故由(8.4.15)式得

$$S_x = F\left(\frac{2}{c} - \frac{1}{2c_g}\right) = \sigma F\left[\frac{2k}{\sigma^2} - \left(\frac{\partial k}{\partial \sigma^2}\right)_h\right], \tag{8.5.8}$$

上式中的下标表示在求导时 h 保持常数。引进无量纲量 $kh = \xi$,$\frac{\sigma^2 h}{g} = \zeta$,此时色散关系式就成为

$$\xi \operatorname{th}\xi = \zeta \tag{8.5.9}$$

于是,有

$$\left(\frac{\partial k}{\partial \sigma^2}\right)_h = \left[\frac{\partial\left(\frac{\xi}{h}\right)}{\partial\left(\frac{\zeta}{gh}\right)}\right]_h = \frac{1}{g}\frac{\mathrm{d}\xi}{\mathrm{d}\zeta}. \tag{8.5.10}$$

将上式代入(8.5.8)式,就得到

$$S_x = \frac{\sigma F}{g}\left(\frac{2\xi}{\zeta} - \frac{\mathrm{d}\xi}{\mathrm{d}\zeta}\right).$$

在(8.5.7)式中,h 仅是 x 的函数,所以 ξ 和 ζ 也都仅是 x 的函数,于是

$$\mathrm{d}\bar{\eta} = -\frac{1}{\rho g h}\mathrm{d}S_x = \frac{\sigma^3 F}{\rho g^3}\frac{1}{\zeta}\mathrm{d}\left(\frac{\mathrm{d}\xi}{\mathrm{d}\zeta} - \frac{2\xi}{\zeta}\right)$$

$$= \frac{\sigma^3 F}{\rho g^3}\left[d\left(\frac{1}{\zeta}\frac{d\xi}{d\zeta}-\frac{2\xi}{\zeta^2}\right)+\left(\frac{d\xi}{d\zeta}-\frac{2\xi}{\zeta}\right)\frac{d\zeta}{\zeta^2}\right]$$

$$= \frac{\sigma^3 F}{\rho g^3}\left[d\frac{d}{d\zeta}\left(\frac{\xi}{\zeta}\right)-d\left(\frac{\xi}{\zeta^2}\right)+\left(\frac{d\xi}{d\zeta}-\frac{2\xi}{\zeta}\right)\frac{d\zeta}{\zeta^2}\right]$$

$$= \frac{\sigma^3 F}{\rho g^3}\left[d\frac{d}{d\zeta}\left(\frac{\xi}{\zeta}\right)\right]。$$

将上式积分后,为

$$\bar{\eta} = \frac{\sigma^3 F}{\rho g^3}\frac{d}{d\zeta}\left(\frac{\xi}{\zeta}\right)+ 常数。$$

但由于 $\frac{\xi}{\zeta} = \mathrm{cth}\xi$,且当深水($\xi = kh \gg 1$)时,$\frac{\xi}{\zeta} = \mathrm{cth}\xi \to 1$,因此,$\bar{\eta}$相对于深水处$\bar{\eta}_d$来说,上述的常数为零。于是,最后得

$$\bar{\eta} = \frac{\sigma^3 F}{\rho g^3}\frac{d}{d\zeta}(\mathrm{cth}\xi)。 \tag{8.5.11}$$

现在

$$F = Ec_g = E\left(\frac{\partial\sigma}{\partial k}\right)_h = \frac{E}{2\sigma}\left(\frac{\partial\sigma^2}{\partial k}\right)_h。$$

利用(8.5.10)式后,有

$$F = \frac{Eg}{2\sigma}\frac{d\zeta}{d\xi}。$$

所以

$$\bar{\eta} = \frac{\sigma^2 E}{2\rho g^2}\frac{d}{d\xi}(\mathrm{cth}\xi)。$$

求导后,有

$$\bar{\eta} = \frac{\sigma^2 E}{2\rho g^2}\left(-\frac{1}{\mathrm{sh}^2\xi}\right)=-\frac{1}{2}\frac{a^2 k}{\mathrm{sh}2kh}。 \tag{8.5.12}$$

在浅水 $kh \ll 1$ 中,有 $\mathrm{sh}2kh \sim 2kh$,故

$$\bar{\eta} \sim -\frac{a^2}{4h}。 \tag{8.5.13}$$

以上两式都表明,由于辐射应力的作用,使得倾斜水底上破波线外侧的平均自由面下降。下降的值比例于波幅的平方,并且随深度的减小而增大。

因为波幅 a 也依赖于局部水深,所以由(8.5.12)式还不易看清 $\bar{\eta}$ 随 h 的变化。为此,我们仍利用(8.5.11)式来讨论。在该式中 F 为常数,且等于 $\frac{1}{4}\frac{\rho g^2 a_0^2}{\sigma}$

(深水中的 F 值),而 a_0 是深水中的波幅,则
$$\bar{\eta} = -a_0^2 k_0 f(\zeta), \qquad (8.5.14)$$
k_0 为深水中的波数,其中
$$f(\zeta) = -\frac{1}{4}\frac{d}{d\zeta}(\text{cth}\,\xi)。$$

上式中的导数可以这样来计算:
$$\frac{d}{d\zeta}(\text{cth}\,\xi) = \frac{d}{d\xi}(\text{cth}\,\xi)\frac{d\xi}{d\zeta} = -\frac{1}{\text{sh}^2\xi}\left(\frac{d\zeta}{d\xi}\right)^{-1}$$
$$= -\frac{1}{\text{sh}^2\xi}\left(\text{th}\,\xi + \frac{\xi}{\text{ch}^2\xi}\right) = -\frac{\text{cth}^2\xi}{\xi + \text{sh}\,\xi\,\text{ch}\,\xi},$$
即
$$f(\zeta) = \frac{\text{cth}^2\xi}{4(\xi + \text{sh}\,\xi\,\text{ch}\,\xi)}。 \qquad (8.5.15)$$

ξ 和 ζ 通过(8.5.9)式相关, $f(\zeta)$ 的变化如图 8-7 所示。由该图可见,约在 $\zeta < 0.5$ 附近 f 急剧下降,在浅水中,由于 $\zeta \ll 1$,则对于 ξ,亦有 $\xi \ll 1$。于是,利用(8.5.9)式后就得
$$\zeta = \xi^2 + O(\xi^4)。$$

再由(8.5.15)式可得
$$f(\zeta) \sim \frac{1}{8}\xi^{-3} \sim \frac{1}{8}\zeta^{-\frac{3}{2}}。 \qquad (8.5.16)$$

上式在图 8-7 中用虚线表出,由图 8-7 看出,当 $\zeta < 0.5$ 时,(8.5.15)式和(8.5.16)式的结果很接近。另外,由(8.5.16)式得
$$\bar{\eta} \sim -\frac{a_0^2 k_0}{8\left(\frac{\sigma^2 h}{g}\right)^{\frac{3}{2}}} = -\frac{a_0^2 g^{\frac{1}{2}}}{8\sigma h^{\frac{3}{2}}}。 \qquad (8.5.17)$$

可见, $\bar{\eta}$ 与 $h^{\frac{3}{2}}$ 成反比。

在以上的讨论中,我们都假定了波浪尚未破碎,这时,波动能量和辐射应力随着与海岸的接近而逐渐增加,由此而导致了平均自由面的降低,上述讨论的推导过程基于小振幅波理论。由于波破碎后能量不断损失,辐射应力减少,因此就出现了平均自由面的升高现象,要准确地计算这种升高是很困难的,这里,我们

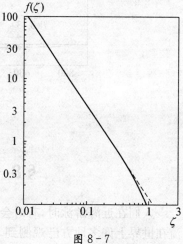

图 8-7

根据观察结果只是近似地将波破碎后的波腹与深度的关系取为正比例关系,即

$$2a = \frac{h}{1.3}。 \qquad (8.5.18)$$

在浅水中,由于 $\frac{c_g}{c} = 1$,因此由(8.4.15)式得

$$S_x = \frac{3}{2}E = \frac{3}{4}\rho g a^2。$$

在应用了(8.5.18)式后,(8.5.7)式就为

$$\frac{d\bar{\eta}}{dx} = -0.22 \frac{dh}{dx}。 \qquad (8.5.19)$$

对破波带内的浅滩有 $\frac{dh}{dx} < 0$,故平均自由面当趋近于岸线时会升高。从(8.5.19)式可知,在上述条件下,$\bar{\eta}$ 的梯度与波的初始波幅和周期无关。Fairchild 1958 年的实验证实了上述结论。

图 8-8 表示了在实验室内得到的破波线两侧的平均自由面的增水和减水,其中,黑点为实测值,实线为计算值,两条实线的交点和铅垂箭号所表示的破波位置很接近。将两条实线连起来就能大致看出破波带内平均自由面的升降。

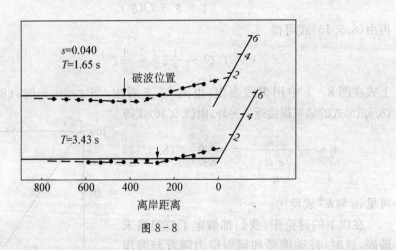

图 8-8

§8-6 沿 岸 流

人们在近海游泳时,有时会感觉到沿海岸有一股水流,这就是沿岸流。沿岸流在世界上许多地方已观测到,对于这种普通现象很早就有人想建立某种理论

来计算沿岸流的大小。当时,虽然只是通过动量和能量计算得到沿岸流的平均速度,但已经是根据破碎波的特性来讨论了。沿岸流的研究有不少用处。例如,在 19 世纪,人们普遍地认为潮流和靠近海岸的洋流是沿岸输沙的主要因素,现在我们知道,沿岸流才是沉积物运输的主要原因。

沿岸流在海岸线处的流速为零,在离海岸线一定距离处流速最大,以后就逐渐减小,在破波线附近流速就不太大了。下面,我们将以辐射应力作为沿岸流的驱动力,并在考虑从到水底的摩擦和水平混合作用的情况下来求得沿岸流的分布规律。

我们先假定在破波带内的破碎波是一种简谐行波,当然其波幅不是常数,同时还认为所讨论的沿岸流是定常的,流体为均匀的和不可压缩的。将流体压力取为静水压力,并忽略 Coriolis 力的作用,同时,认为流动微弱以致可以忽略波流的相互作用。对于二维的定常的沿岸流,y 方向的平均动量方程为

$$uv_x + vv_y = -g\overline{\eta_y} - \frac{1}{\rho(\overline{\eta}+h)}(S_{xy,x} + S_{yy,y}) +$$

$$\frac{1}{\rho(\overline{\eta}+h)}\left[\frac{\partial}{\partial x}\overline{\int_{-h}^{\eta}\tau_{xy}\mathrm{d}z} + \frac{\partial}{\partial y}\overline{\int_{-h}^{\eta}\tau_{yy}\mathrm{d}z}\right] - \frac{\overline{\tau_{hy}}}{\rho(\overline{\eta}+h)}\,.$$

(8.6.1)

这里,辐射应力可像 Reynolds 应力一样加到动量方程的右端。在破波带的内测,湍流效应和波动效应一样重要,故 Reynolds 应力和辐射应力都得考虑;在破波带的外侧,只须考虑波动效应。现在取 y 轴沿岸向,取 x 轴离岸向,取 z 轴沿铅垂方向,坐标原点就取在岸线上,设水底坡度为 s(见图 8-9)。我们进一步设沿岸流的流速不随 y 变化,而且 $u = 0$。这样一来,方程(8.6.1)就可化为

$$0 = \frac{\partial}{\partial x}\overline{\int_{-h}^{\eta}\tau_{xy}\mathrm{d}z} + T_{ry} - \overline{\tau_{hy}}, \quad (8.6.2)$$

这里

$$T_{ry} = -S_{xy,x}, \quad (8.6.3)$$

而 τ_{hy} 为底部摩擦力在 y 方向的分量。(8.6.2)式中的积分利用 Prandtl 理论可以模化为

$$\overline{\int_{-h}^{\eta}\tau_{xy}\mathrm{d}z} = \mu_{ex}hv, \quad (8.6.4)$$

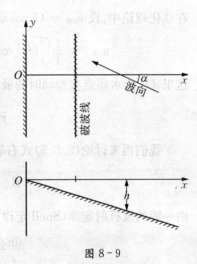

图 8-9

其中 μ_{ex} 为横向的湍流混合系数。于是(8.6.2)式可化为

$$0 = \frac{\partial}{\partial x}(\mu_{ex} h v) - S_{xy,x} - \bar{\tau}_{hy}. \tag{8.6.5}$$

下面,我们将对上式中的各项给出具体的表达式。首先,对右端第三项加以讨论,一般来说,波动中底部作用在水质点上的切向应力 τ_h 为

$$\tau_h = f'\rho |u_h| u_h, \tag{8.6.6}$$

其中 u_h 为底部水质点的瞬时速度矢量,f' 为摩擦因子。如果将沿岸流速度 v 叠加到质点的轨道速度上,则摩擦应力在一周期内的平均值不再为零。假定轨道速度矢量与 x 轴的夹角 α 很小,v 几乎垂直于轨道速度,则在一阶近似中,有

$$|u_h| = (|u_{hW}|^2 + |v|^2)^{\frac{1}{2}},$$

其中 u_{hW} 是 u_h 在 x 方向上的分量。因此,y 方向的附加摩擦力为

$$\tau_{hy} = f'\rho(|u_{hW}|^2 + |v|^2) \frac{v}{(|u_{hW}|^2 + |v|^2)^{\frac{1}{2}}} \approx f'\rho |u_{hW}| v.$$

将上式关于时间取平均后,有

$$\overline{\tau_{hy}} = f'\rho \overline{|u_{hW}|} v.$$

在线化理论中,设 $u_{hW} = U_0 \cos \omega t$,则

$$\overline{|u_{hW}|} = \frac{1}{T}\int_0^T U_0 |\cos \omega t| dt = \frac{4U_0}{T}\int_0^T \cos \omega t \, dt = \frac{2}{\pi} U_0.$$

这里,U_0 为水质点在振动时的最大轨道速度。故最后有

$$\overline{\tau_{hy}} = \frac{2}{\pi} f'\rho U_0 v. \tag{8.6.7}$$

我们再来讨论(8.6.5)式右端第二项,根据(8.4.25)式,有

$$S_{xy} = E \frac{c_g}{c} \cos \theta \sin \theta. \tag{8.6.8}$$

由一般的波折射定律(Snell 定律,见§2-10)可得

$$\frac{\sin \theta}{c} = 常数 = \frac{\sin \theta_0}{c_0}. \tag{8.6.9}$$

因此

$$S_{xy} = F_x \frac{\sin \theta_0}{c_0}, \tag{8.6.10}$$

其中 F_x 为垂直于岸向的波能量通量

$$F_x = E c_g \cos\theta_。$$

所以在破波线外侧,由于没有能量损失,F_x 为常数。因此 S_{xy} 也为常数,且为深水处的 S_{xy} 之值,即

$$S_{xy} = \frac{E_0}{2} \cos\theta \sin\theta_。$$

在破波线内测,由(8.6.10)式得

$$S_{xy,x} = F_{x,x} \frac{\sin\theta}{c}_。$$

在浅水区可取 $c_g = (gh)^{\frac{1}{2}}$,而且当波向与 x 轴之间的夹角很小时可取 $\cos\theta = 1$。另外,根据很多观测,在破波带内波幅比例于当地水深,即

$$a = \beta h, \tag{8.6.11}$$

其中 β 通常介于 0.3~0.6 之间。在(8.5.18)式中,$\beta = 0.385$。利用这些结果,可得

$$F_x = \frac{1}{2} \beta^2 \rho g^{\frac{3}{2}} h^{\frac{5}{2}}_。 \tag{8.6.12}$$

故最后有

$$S_{xy,x} = \frac{5}{4} \beta^2 \rho (gh)^{\frac{3}{2}} h_x \frac{\sin\theta}{c} = -\frac{5}{4} \beta^2 \rho (gh)^{\frac{3}{2}} s \frac{\sin\theta}{c}_。 \tag{8.6.13}$$

最后,我们来讨论(8.6.5)式右端第一项,对于其中的涡黏系数 μ_e 可以用半经验的方法进行估计,它具有 $\rho L U$ 的量纲,这里,L 和 U 分别代表特征长度和速度。取

$$L \propto x, \; U \propto (gh)^{\frac{1}{2}},$$

于是可将 μ_e 表示为

$$\mu_e = N \rho x (gh)^{\frac{1}{2}}, \tag{8.6.14}$$

其中 N 为无量纲常数,通常有 $0 < N < 0.016$。

现在,我们将(8.6.7)式、(8.6.13)和(8.6.14)式一起代入(8.6.5)式,就得到

$$p \frac{\partial}{\partial x}\left(x^{\frac{5}{2}} \frac{\partial v}{\partial x}\right) - q x^{\frac{1}{2}} v = \begin{cases} -r x^{\frac{3}{2}}, & 0 < x < x_b, \\ 0, & x_b < x < \infty, \end{cases} \tag{8.6.15}$$

其中

$$p = N \rho g^{\frac{1}{2}} s^{\frac{3}{2}}, \tag{8.6.16}$$

$$q = \frac{2}{\pi}\beta f'\rho g^{\frac{1}{2}} s^{\frac{1}{2}}, \tag{8.6.17}$$

$$r = \frac{5}{4}\beta^2 \rho g^{\frac{3}{2}} s^{\frac{5}{2}} \frac{\sin\theta_b}{(gh_b)^{\frac{1}{2}}}, \tag{8.6.18}$$

这里的 s 表示坡度，下标 b 表示破波线处的值。同时，(8.6.7)式中的 U_0 在利用 (8.4.7b)式后求得为

$$U_0 = \frac{a\sigma}{\operatorname{sh} kh} = \frac{a\sigma}{kh} = \frac{a}{h}c = \frac{\beta h}{h}(gh)^{\frac{1}{2}} = \beta(gh)^{\frac{1}{2}}\, . \tag{8.6.19}$$

在求解方程(8.6.15)时，引进无量纲距离和沿岸流流速

$$X = \frac{x}{x_b}, \; V = \frac{v}{v_0}, \tag{8.6.20}$$

其中

$$v_0 = \frac{5\pi}{8}\frac{\beta}{f'}(gh_b)^{\frac{1}{2}} s\sin\theta_b\, . \tag{8.6.21}$$

这样一来，方程(8.6.15)变为

$$P\frac{\partial}{\partial x}\left(X^{\frac{5}{2}}\frac{\partial v}{\partial x}\right) - X^{\frac{1}{2}}V = \begin{cases} -X^{\frac{3}{2}}, & 0 < X < 1, \\ 0, & 1 < X < \infty, \end{cases} \tag{8.6.22}$$

其中无量纲参数

$$P = \frac{\pi}{2}\frac{sN}{\beta f'} \tag{8.6.23}$$

反映了水平混合作用相对于水底摩擦的强弱。

作为一种特殊情况，我们在方程(8.6.22)中取 $P = 0$，即忽略水平混合作用，于是得到解

$$V = \begin{cases} X, & 0 < X < 1, \\ 0, & 1 < X < \infty, \end{cases} \tag{8.6.24}$$

或用有量纲的量表示为

$$v = \begin{cases} \dfrac{x}{x_b}v_0, & 0 < x < x_b, \\ 0, & x_b < x < \infty\, . \end{cases} \tag{8.6.25}$$

上式表明，在岸线 ($x = 0$) 处沿岸流流速为零，然后随 x 线性地增大。在破波线 ($x = x_b$) 处，流速达到最大值 v_0。所以(8.6.20)式中的 v_0 就是忽略水平混合作用时，在破波线处的沿岸流流速。但在破波线外侧，沿岸流流速为零，在 $x = x_b$ 处

流速不连续。这种情况实际上是不可能发生的,因为水平混合作用将使流速具有连续的分布。

现在我们来考虑水平混合的影响,并且使方程(8.6.22)的解在 $0 < X < \infty$ 中有界以及 V 和 $\dfrac{\partial V}{\partial X}$ 在破波线处连续。方程(8.6.22)为二阶非齐次的 Euler 型方程,作自变量变换 $X = e^t$,该方程就可化为

$$P\frac{d^2 V}{dt^2} + \frac{3}{2} P \frac{dV}{dt} - V = \begin{cases} -e^t, & -\infty < t < 0, \\ 0, & 0 < t < \infty. \end{cases} \tag{8.6.26}$$

齐次方程的特征根为

$$p_1 = -\frac{3}{4} + \left(\frac{9}{16} + \frac{1}{P}\right)^{\frac{1}{2}}, \tag{8.6.27a}$$

$$p_2 = -\frac{3}{4} - \left(\frac{9}{16} + \frac{1}{P}\right)^{\frac{1}{2}}. \tag{8.6.27b}$$

可以看出 $p_1 > 0$,$p_2 < 0$。齐次方程的两个特解可分别设为 $e^{p_1 t}$ 和 $e^{p_2 t}$。当 $P \neq \dfrac{2}{5}$ 时,可设非齐次方程的特解为 Ae^t,将这个特解代入方程(8.6.26),可得

$$A = \frac{1}{1 - \dfrac{5}{2} P}. \tag{8.6.28}$$

如果自变量仍用 X 表示,且保证 V 及 $\dfrac{\partial V}{\partial X}$ 在 $0 < X < \infty$ 中有界,那么,方程(8.6.26)的通解可表示为

$$V = \begin{cases} B_1 X^{p_1} + AX, & 0 < X < 1, \\ B_2 X^{p_2}, & 1 < X < \infty. \end{cases} \tag{8.6.29}$$

利用 V 及 $\dfrac{\partial V}{\partial X}$ 在 $X = 1$ 处的连续条件,可得上式的两个常数分别为

$$B_1 = \frac{p_2 - 1}{p_1 - p_2} A, \tag{8.6.30a}$$

$$B_2 = \frac{p_1 - 1}{p_1 - p_2} A. \tag{8.6.30b}$$

从上面可看出,尽管没有要求 V 在 $X = 1$ 处为零,但所得的(8.6.29)式却能满足这一要求。

当 $P = \dfrac{2}{5}$ 时,由(8.6.27)式可知

$$p_1 = 1, \tag{8.6.31a}$$

$$p_2 = -\frac{5}{2}. \tag{8.6.31b}$$

故根据(8.6.26)式中非齐次项的特征,应设其特解为 Ate^t,将这个特解代入(8.6.26)式,便得

$$A = -\frac{5}{7}.$$

这时,用 X 表示的方程(8.6.26)的通解为

$$V = \begin{cases} B_1 X - \dfrac{5}{7} X \ln X, & 0 < X < 1, \\ B_2 X^{-\frac{5}{2}}, & 1 < X < \infty. \end{cases} \tag{8.6.32}$$

也利用 V 及 $\dfrac{\partial V}{\partial X}$ 在 $X=1$ 处的连续条件,可求得

$$B_1 = B_2 = \frac{10}{49}.$$

(8.6.32)式表示当 $P \to \dfrac{2}{5}$ 时,解(8.6.29)的极限。

根据(8.6.29)式,以 P 为参数就可得到沿岸流流速随 X 的变化(见图 8-10),其中虚线贯穿的黑点代表流速的最大值。由此图可见,随 P 的增大,即随着水平混合的加强,会使得沿岸流扩展到破波线外侧。Longuet-Higgings 将上述理论曲线与许多实验结果作了比较,结果发现,观测值的大部分都落在 $P = 0.1$ 和 $P = 0.4$ 所对应的两条理论曲线之间,且越出后一曲线的情况很少,因此,$P = 0.4$ 有可能代表了这一参数的极大值。

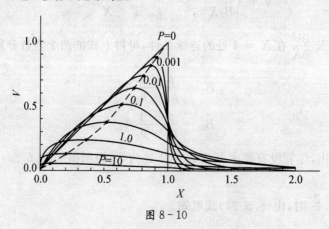

图 8-10

§8–7 离 岸 流

从上节中我们可以看到,在破波带内存在着平行于岸线的沿岸流,离岸方向的速度为零。理论上这种流动是不稳定的,另外,波浪要素和地形条件在沿岸方向也有变化,从而使离岸方向的流速不为零,所以在近岸带中,除了沿岸流以外,还存在着一种**离岸流**。

离岸流刚离开海岸时比较狭窄,流到一定深度后不再下行,而形成一个蘑菇状的头向四周扩散消失,图 8–11 给出了近岸带中水流的示意图,其中包括了沿岸流和离岸流。离岸流颈部的流速可达 1～2 m/s,而整个离岸流的长度有时为 30～100 m,有时也可达 400～500 m。离岸流有强烈的冲刷能力。在沙质海滩上,离岸流所过之处可以冲刷出一条条沟来,把水下沙洲切割成段。Hart 在 1925 年的《科学》杂志上层描写道:离岸流是"一种'河流',从表面上看,它深而有力,是一条显而易见、以强大流速流动着的溪流"。

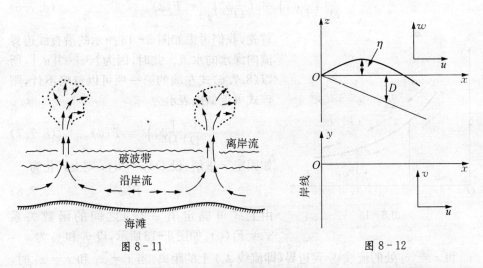

图 8–11   图 8–12

由于理论和观测上的困难,离岸流的研究结果基本上只能是定性的。1962 年 Arthur 首先提出了一个离岸流模型,如图 8–12 所示,按文献[22],考虑一水深为 D 的二维流动,其控制方程为

$$uu_x + vu_y = -g\eta_x, \tag{8.7.1}$$

$$uv_x + vv_y = -g\eta_y, \tag{8.7.2}$$

$$[u(\eta+D)]_x + [v(\eta+D)]_y = 0. \tag{8.7.3}$$

将(8.7.1)式关于 y 求导,将(8.7.2)式关于 x 求导,然后将所得的两式相减以便消去 η,再利用(8.7.3)式,便有

$$\frac{\mathrm{d}}{\mathrm{d}t}\left[\frac{v_x-u_y}{(\eta+D)}\right]=0, \tag{8.7.4}$$

其中 $\dfrac{\mathrm{d}}{\mathrm{d}t}=u\dfrac{\partial}{\partial x}+v\dfrac{\partial}{\partial y}$,方括号中的 v_x-u_y 是涡量的竖向分量。上式表示该涡量沿着流线是保持不变的,故海水在沿着流线向水深增大的地方流动时,竖向分量也随之增大。

我们现在设 $\eta\ll D$,则 η 可忽略不计。根据(8.7.3)式,可以定义如下的能满足连续性方程式的输运函数 ψ,即

$$D\cdot u=-\psi_y, \tag{8.7.5a}$$
$$D\cdot v=-\psi_x, \tag{8.7.5b}$$

$\psi(x,y)=$ 常数表示一条流线。

将(8.7.5)式代入(8.7.4)式,则得

$$\frac{1}{D}\left[\left(\frac{1}{D}\psi_x\right)_x+\left(\frac{1}{D}\psi_y\right)_y\right]=F(\psi). \tag{8.7.6}$$

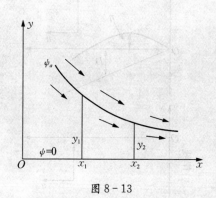

图 8-13

首先,我们考虑如图 8-13 所示的沿直线边界流向深水的水流。此时,因为 $|v_x|\ll|u_y|$,所以(8.7.6)式左端的第一项可以忽略不计,则该式可近似地表示为

$$\frac{1}{D}\left(\frac{1}{D}\psi_y\right)_y=F(\psi). \tag{8.7.7}$$

如固定 x 求解,设 $D\mathrm{d}y=\mathrm{d}\tilde{y}$,则上式化为

$$\varphi_{\tilde{y}\tilde{y}}=F(\psi). \tag{8.7.8}$$

由上式可确定出 ψ 与 $\tilde{y}$ 之间的函数关系 $\tilde{y}=F_1(\psi)$。如图 8-13 所示,设 y_1 和 y_2 为 $x=x_1$ 和 $x=x_2$ 处的流线 ψ_a 到边界(即流线 ψ_0)上的距离。当 $x=x_1$ 和 $x=x_2$ 时,根据 $D\mathrm{d}y=\mathrm{d}\tilde{y}$ 求下面积分:

$$\tilde{y}|_{y=y_1}-\tilde{y}|_{y=0}=\int_0^{y_1}D(x_1,y)\mathrm{d}y,$$

$$\tilde{y}|_{y=y_2}-\tilde{y}|_{y=0}=\int_0^{y_2}D(x_2,y)\mathrm{d}y。$$

但上面两式的左边都等于 $F_1(\psi_a)-F_1(\psi_0)$,于是

$$\int_0^{y_1} D(x_1, y)\mathrm{d}y = \int_0^{y_2} D(x_2, y)\mathrm{d}y.$$

设 $\overline{D}_1(x_1)$ 和 $\overline{D}_2(x_2)$ 分别是 $D(x_1, y)$ 和 $D(x_2, y)$ 在相应的积分区间内的平均值,则有

$$y_1 \overline{D}_1(x_1) = y_2 \overline{D}_2(x_2).$$

从而可知,从边界到某一流线的距离随平均水深的增大而减小,从 Arthur 的模式中可以看到离岸流的这一"颈缩"现象。

1969 年 Bowen 在 Aryhur 的假定下,将辐射应力作为驱动力来讨论离岸流,这为以后离岸流的研究奠定了基础。Bowen 仍然假设水底是均匀倾斜的,x 轴垂直于岸线,并与静止水面重合,y 轴与岸线重合,波向垂直于海岸,摩擦力项直接采用 $\dfrac{f'u}{\bar{\eta}+d}$ 和 $\dfrac{f'v}{\bar{\eta}+d}$。因此,有

$$-g\bar{\eta}_x + T_x - \frac{f'u}{\bar{\eta}+d} = 0, \tag{8.7.9a}$$

$$-g\bar{\eta}_y + T_y - \frac{f'v}{\bar{\eta}+d} = 0, \tag{8.7.9b}$$

其中

$$T_x = -\frac{1}{\rho(\bar{\eta}+d)} S_{xx,x}, \tag{8.7.10a}$$

$$T_y = -\frac{1}{\rho(\bar{\eta}+d)} S_{yy,y}. \tag{8.7.10b}$$

此处因为波向与 x 轴的夹角为零,故 $S_{xy} = S_{yx} = 0$。也将(8.7.9a)式关于 y 求导,将(8.7.9b)式关于 x 求导,然后将所得的两式相减,便得

$$f'\left[\frac{\xi}{h} - \frac{v}{h^2}h_x\right] + T_{x,y} - T_{y,x} = 0, \tag{8.7.11}$$

其中

$$\xi = v_x - u_y, \tag{8.7.12}$$

$$h = \bar{\eta} + d. \tag{8.7.13}$$

这里的 d 相当于(8.5.19)式中的 h,而这里的 h 为总深度。

容易证明,在破波线外侧 $T_{x,y} - T_{y,x} = 0$;在破波线内侧利用(8.7.10)式就有

$$T_{x,y} - T_{y,x} = -\frac{\partial}{\partial y}\left(\frac{1}{\rho h} S_{xx,x}\right) + \frac{\partial}{\partial x}\left(\frac{1}{\rho h} S_{yy,y}\right). \tag{8.7.14}$$

对于浅水($kh \ll 1$),由(8.4.24)式就有

$$S_{xx} = \frac{3}{16}\rho g H^2, \quad S_{yy} = \frac{1}{16}\rho g H^2,$$

这里 H 为波高。将上式代入(8.7.14)式,就有

$$T_{x,y} - T_{y,x} = -\frac{\partial}{\partial y}\left(\frac{3}{8}\frac{gH}{h}H_x\right) + \frac{\partial}{\partial x}\left(\frac{1}{8}\frac{gH}{h}H_y\right),$$

或者由(8.6.11)式有

$$T_{x,y} - T_{y,x} = -\frac{1}{2}g\beta H_{xy}. \tag{8.7.15}$$

设 $x = -x_s$ 处平均水面的升高 $\bar{\eta}$ 达到最大值,则在该处有 $h = \bar{\eta} + d = 0$。引入新坐标

$$\bar{x} = x + x_s, \tag{8.7.16}$$

于是利用(8.5.19)式就可以证明

$$h = \bar{\eta} + d = m\bar{x}, \tag{8.7.17}$$

式中

$$m = (1 - 0.22)s = 0.78s. \tag{8.7.18}$$

(8.7.17)式表示由于增水而引起的水底坡度的修正。因此,波高 H 随 $\bar{x}$ 的变化为

$$H = 2\beta h = 2\beta m \bar{x}. \tag{8.7.19}$$

现在我们假设波高沿 y 轴依下式具有小的周期性变化

$$H = 2\beta m \bar{x}(1 + \varepsilon\cos\lambda y), \tag{8.7.20}$$

其中 $\varepsilon \ll 1$,λ 为波高沿 y 轴变化的波数。将上式代入(8.7.15)式得

$$T_{x,y} - T_{y,x} = g\beta^2 m\varepsilon\lambda \sin\lambda y. \tag{8.7.21}$$

将上式以及(8.7.17)式都代入(8.7.11)式,得到

$$f'\left(\frac{\xi}{h} - \frac{mv}{h^2}\right) = B\sin\lambda y. \tag{8.7.22}$$

在破波带内侧,有

$$B = -g\beta^2 m\varepsilon\lambda; \tag{8.7.23}$$

在破波带外侧,有

$$B = 0.$$

按照 Arthur 的做法引入输运流函数 ψ 后,有

$$hu = -\psi_y, \quad hv = \psi_x. \tag{8.7.24}$$

它们显然满足连续性方程。利用上式，(8.7.12)式变为

$$\xi = \frac{1}{h}(\psi_{xx} + \psi_{yy}) - \frac{1}{h^2}(\psi_y h_y + \psi_x h_x). \tag{8.7.25}$$

将(8.7.25)式代入(8.7.22)式，并考虑到 $h_y = 0$ 和 $h_x = m$，于是，输运流函数 ψ 所满足的方程为

$$\frac{1}{h^2}(\psi_{\bar{x}\bar{x}} + \psi_{\bar{y}\bar{y}}) - \frac{2m}{h^3}\psi_{\bar{x}} = \frac{B}{f'}\sin\lambda y, \tag{8.7.26}$$

其中为了便于应用边界条件，求导时我们将 x 按(8.7.16)式换成了 $\bar{x}$。

Bowen 就边界条件：当 $\bar{x} = 0$ 时，$\psi = 0$ 给出上式的解为

$$\psi(\bar{x}, y) = \psi_1(\lambda \bar{x})\sin\lambda y, \tag{8.7.27}$$

其中

$$\psi_1(\lambda \bar{x}) = P(\lambda \bar{x} \operatorname{ch}\lambda \bar{x} - \operatorname{sh}\lambda \bar{x} + \frac{Bm^2}{f'\lambda^4}[2 - (\lambda \bar{x})^2 + 2\lambda \bar{x}\operatorname{sh}\lambda \bar{x} - 2\operatorname{ch}\lambda \bar{x}], \tag{8.7.28}$$

上式中 P 为常数，是由边界条件来确定的。由此便得

$$\psi_{\bar{x}} = \sin\lambda y \left[P\lambda^2 \bar{x}\operatorname{sh}\lambda \bar{x} + \frac{Bm^2}{f'\lambda^4}2\lambda^2 \bar{x}(\operatorname{ch}\lambda \bar{x} - 1) \right]. \tag{8.7.29}$$

将此式代入(8.7.24)式就得到速度分量 $v(\bar{x}, y)$。当 $\bar{x} = 0$ 时，其值为

$$v(0, y) = \left(\frac{1}{h}\psi_{\bar{x}}\right)_{\bar{x}=0} = 0.$$

由于在破波线外侧有 $B = 0$，则此时方程(8.7.26)的解当 $x \to \infty$ 时应有界。这样求得(8.7.26)式的解为

$$\psi(x, y) = Q(\lambda x + 1)e^{-\lambda x}\sin\lambda y, \tag{8.7.30}$$

其中 Q 为常数。由此得沿岸向的速度分量为

$$v(x, y) = \frac{1}{x_s}\psi_x = -\frac{Q\lambda^2}{s}e^{-\lambda x}\sin\lambda y. \tag{8.7.31}$$

上式表明，在破波带外面，对于任何给定的 y，v 的方向一致，且其值随离岸距离的增大而单调减少。

常数 P 及 Q 可根据 ψ 及 ψ_x 在破波线 ($\bar{x} = \bar{x}_b$ 或 $x = x_b = \bar{x}_b - x_s$) 处的连续条件来确定。

Bowen 按(8.7.27)式和(8.7.30)式分别计算了 $\dfrac{Bm^2}{f'\lambda^4} = -1.6$，$\lambda x_b = \dfrac{2\pi}{5}$ 时的

流线，这些流线如图8-14所示。图中的封闭流线所构成的流包颇引人注意。海岸附近会出现一系列这样的流包，且相邻的两个流包结构相似，但流向相反。图8-14表示在$\lambda y=0$即在$\lambda y=\pi$这两个断面分别对应于最大波高及最小波高的位置，图中虚线表示破波线。由于破波带内的流线密集，因此沿岸流较强。在破波带内，流动应该由波高最大处指向波高最小处，而且沿岸流和离岸流出现在最大波高和最小波高所在的断面附近。图上部的曲线表示输运流函数$\psi(x,y)$在断面$\lambda y=\dfrac{\pi}{2}$处随λx的变化情况。

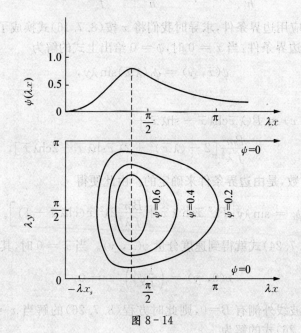

图 8-14

参 考 文 献

[1] 望月重,小林浩.天津大学海工教研室,大连工学院海工教研室合译.海洋建筑物的设计与实测.海洋出版社,1983
[2] 佐佐木达治郎.完全流体の流体力学.现代工学社,1976
[3] 文圣常,余宙中.海浪理论和计算原理.科学出版社,1985
[4] 巽友正.流体力学.培风馆,1982
[5] Stoker J. J.. *Water Waves*. Interscience Publishers Inc.. New York. 1957
[6] 梅强中.水波动力学.科学出版社,1984
[7] ECOR 日本委员会波浪委员会.海洋波浪の调査研究にする.
[8] Whitham G. B.. *Linear and Nonlinear Waves*. John Wiley & Sons. Inc., New York. 1974
[9] Luck J. C.. A Variational Principle for a Fluid with a Free Surface. *J. Fluid Mech.*, Vol. 27(1967)
[10] 陶明德,岑韵.在均匀剪切流中的 Stokes 波.力学学报.21 卷 4 期(1989)
[11] 郭柏灵,庞小峰.孤立子.科学出版社,1987
[12] Tao M. D. & Cen Y.. The Solution of an Accelerating Plate by Lagrangian Method. "*Engineering Mechanics - 7 th Conf. ASCE*". New York(1988)
[13] 富永政英.海洋波动——基础理论和观测成果.科学出版社,1984
[14] Tao M. D.. Asymptotic Solutions of Waves in Non-uniform Flow. *Proc. 3 ACFM*. Tokyo(1986)
[15] 陶明德.均匀流动中激浪的破碎问题.复旦学报,28 卷 2 期(1980)
[16] Yih C. S.. *Stratied Flow*. Academie Press, New York, 1980
[17] Chwang A. T.. Effect of Stratification on Hydrodynamic Pressure on Dams. *J. Engig. Math.*, Vol. 15(1981)
[18] 卡曼柯维奇 B. M.. 赵俊生,耿世江译.海洋动力基础.海洋出版社,1983
[19] Bowen A. H.. The Generation of Longshore Currents on a Plane Beach. *J. Marine Res.*, Vol. 27(1969)
[20] Longuet-Higgins M. S.. Longshore Currents Generated by Obliguely Incident Sea Waves 1,2. *J. Geophys. Res.*, Vol. 75(1970)
[21] Thornton E. B.. Variations of Longshore Current Across the Surf Zone. *Proc. 12 th Conf. on Coastal Engig.*, ASCE, Vol. 1(1970).
[22] 薛洪超,顾家龙,任汝述.海岸动力学.人民交通出版社,1980

图书在版编目(CIP)数据

水波动力学基础/吴云岗,陶明德编著.—上海:复旦大学出版社,2011.11
ISBN 978-7-309-08552-5

Ⅰ.水… Ⅱ.①吴…②陶… Ⅲ.水波-波动力学 Ⅳ.O353.2

中国版本图书馆 CIP 数据核字(2011)第 220793 号

水波动力学基础
吴云岗　陶明德　编著
责任编辑/范仁梅

复旦大学出版社有限公司出版发行
上海市国权路 579 号　邮编:200433
网址:fupnet@fudanpress.com　http://www.fudanpress.com
门市零售:86-21-65642857　团体订购:86-21-65118853
外埠邮购:86-21-65109143
上海申松立信印刷有限责任公司

开本 787×960　1/16　印张 19　字数 344 千
2011 年 11 月第 1 版第 1 次印刷

ISBN 978-7-309-08552-5/O·481
定价:35.00 元

如有印装质量问题,请向复旦大学出版社有限公司发行部调换。
版权所有　侵权必究